高等职业教育计算机系列教材

三 维 建 模

（微课版）

应 武　罗 杰　主 编
吴海燕　柯红红　管 越　副主编

电子工业出版社
Publishing House of Electronics Industry
北京·BEIJING

内 容 简 介

"三维建模"可作为一门专业选修课，该课程的重点和难点内容均集中在如何加强和提高学生的动手操作能力，以及如何将理论课所学知识迅速运用到实践中。编者根据这一情况，对本书内容进行了相应的调整和整合，采取案例式组织内容，用完整的案例作为理论知识的支撑，融合了常用的理论知识，重点加强了实践部分的内容，着重培养学生的动手操作能力。本书建议将教学课时设置为 60 课时，实施一体化教学。

通过本书的学习，学生将掌握基本的三维建模技能，具备造型、材质、灯光、渲染、动画、特效的应用能力，为以后从事影视广告、三维动画、游戏制作等相关领域的工作打下坚实的基础。

希望学生通过本书的学习，能理解工匠精神，培养良好的道德品质，成为一名合格的工作人员，为祖国的建设贡献自己的一份力量。

本书可作为高职高专院校计算机数字媒体专业的教材，也可作为从事多媒体制作的人员的参考书。

未经许可，不得以任何方式复制或抄袭本书之部分或全部内容。
版权所有，侵权必究。

图书在版编目（CIP）数据

三维建模：微课版 / 应武, 罗杰主编. -- 北京：电子工业出版社, 2024. 7. -- ISBN 978-7-121-48305-9

Ⅰ. TP391.414

中国国家版本馆 CIP 数据核字第 20248VB837 号

责任编辑：徐建军
印　　刷：三河市龙林印务有限公司
装　　订：三河市龙林印务有限公司
出版发行：电子工业出版社
　　　　　北京市海淀区万寿路 173 信箱　　邮编：100036
开　　本：787×1092　1/16　印张：12.25　字数：322 千字
版　　次：2024 年 7 月第 1 版
印　　次：2024 年 7 月第 1 次印刷
印　　数：1 200 册　　定价：43.00 元

凡所购买电子工业出版社图书有缺损问题，请向购买书店调换。若书店售缺，请与本社发行部联系，联系及邮购电话：（010）88254888，88258888。

质量投诉请发邮件至 zlts@phei.com.cn，盗版侵权举报请发邮件至 dbqq@phei.com.cn。

本书咨询联系方式：（010）88254570，xujj@phei.com.cn。

前言

　　元宇宙作为虚拟世界和现实世界融合的载体与社会形态，被认为是下一代通用技术（三维技术、XR（VR/AR/MR）、数字孪生、区块链、云计算等）的入口，正在引领全球新一轮数字技术与产业的变革，目前在工业、军事、医疗、航天、教育、电子商务、娱乐等领域中已有成熟应用。它也是新兴产业方向，国家多部委发布相关政策文件，加速推动元宇宙领域数字人才的培养。而元宇宙基础的载体是三维模型，或现实世界中的三维模型，或虚拟世界中的三维模型，三维建模在元宇宙中具有不可替代的作用。

　　三维建模是指使用计算机以数学方法描述物体与物体之间的空间关系，在虚拟三维空间中构建出具有三维数据的模型。三维建模在许多领域（如电影、游戏、建筑设计、工业设计、珠宝设计等）中都具有广泛的应用。

　　随着计算机硬件性能的提升和软件技术的不断更新，三维建模在数字化社会中扮演着越来越重要的角色。通过三维建模技术，我们可以把想象变为现实。

　　人工智能在模型设计方向正展现优势，使模型制作得到了迅速发展。本书撇开完整的知识介绍，引入企业项目，使学生在项目制作的基础上学习软件常用的命令，并深化应用，结合企业对产品的需求进行"做学一体化"的讲解。

　　本书将介绍以下几个方面的内容。

　　软件基础：介绍软件基础知识与基本操作。

　　二维图形建模：介绍使用二维线创建简单的形状和轮廓的方法。

　　二维图形修改器：介绍如何使用二维图形修改器对二维图形进行编辑和修改。

　　三维图形修改器：介绍如何使用三维图形修改器对三维模型进行编辑和修改。

多边形建模：介绍如何使用多边形创建产品和动物等三维模型。

材质与贴图：介绍如何给三维模型添加材质与贴图，使其看起来更加真实。

动画：介绍如何给三维模型添加动画效果，并输出动画视频。

本书由金华职业技术大学组织策划，由嘉兴职业技术学院、义乌工商职业技术学院的老师参与编写，由应武、罗杰担任主编，由吴海燕、柯红红、管越担任副主编。项目1和项目6～项目9由应武编写，项目2由管越编写，项目3由义乌工商职业技术学院的柯红红编写，项目4和项目5由嘉兴职业技术学院的吴海燕编写。在编写本书的过程中，编者得到杭州楚汸教育科技有限公司罗杰团队的大力支持（提供了本书部分案例的素材），该团队曾荣获2022年职业教育国家级教学成果奖二等奖。在此对他们一并表示感谢。

由于本书采用黑白印刷，因此无法呈现彩色效果，请读者结合软件界面进行学习。

为了方便教师教学，本书配有电子教学课件及相关资源，请有此需要的读者登录华信教育资源网（www.hxedu.com.cn）进行注册后免费下载，如果有问题，则可在网站留言板留言或与电子工业出版社联系（E-mail：hxedu@phei.com.cn）。

由于编者水平有限，书中难免存在一些疏漏和不足之处，希望广大同行专家和读者给予批评与指正。

编　者

目录

项目 1　三维建模应用领域介绍 1
　　任务 1　三维建模的应用领域 3
　　任务 2　三维建模的步骤和软件的安装与应用 5
　　　　1.2.1　三维建模的步骤 5
　　　　1.2.2　软件的安装与应用 6
　　练习题 9
项目 2　3ds Max 基础操作 10
　　任务 1　软件界面布局及常用设置 11
　　　　2.1.1　软件界面布局 12
　　　　2.1.2　单位设置 14
　　任务 2　创建标准基本体和扩展基本体 15
　　　　2.2.1　创建标准基本体 15
　　　　2.2.2　创建扩展基本体 17
　　任务 3　基础操作命令与基础操作 17
　　　　2.3.1　基础操作命令 18
　　　　2.3.2　基础操作 21
　　练习题 25
项目 3　二维图形建模 27
　　任务 1　创建二维对象 28
　　　　3.1.1　创建二维图形 29
　　　　3.1.2　编辑样条线 29
　　任务 2　制作铁艺圆凳 29
　　任务 3　制作铁艺栏杆 35
　　任务 4　制作花饰 38
　　　　3.4.1　制作花饰框架 39
　　　　3.4.2　制作花饰花样 40

练习题 44

项目 4　二维图形修改器 45

　　任务 1　利用 CAD 制作墙体 46

　　　　4.1.1　导入 CAD 图纸 47

　　　　4.1.2　制作墙体 48

　　任务 2　制作会议桌 50

　　任务 3　制作果盘 54

　　　　4.3.1　制作苹果 54

　　　　4.3.2　制作盘子 56

　　任务 4　制作窗帘、圆桌布和欧式柱 58

　　　　4.4.1　制作窗帘 59

　　　　4.4.2　制作圆桌布 62

　　　　4.4.3　制作欧式柱 65

　　练习题 68

项目 5　三维图形修改器 69

　　任务 1　制作弯曲楼梯和弯曲墙体 70

　　　　5.1.1　制作弯曲楼梯 71

　　　　5.1.2　制作弯曲墙体 76

　　任务 2　制作台灯 81

　　任务 3　制作休闲凳 83

　　练习题 88

项目 6　多边形建模 89

　　任务 1　制作咖啡杯和餐椅 90

　　　　6.1.1　制作咖啡杯 91

　　　　6.1.2　制作餐椅 99

　　任务 2　制作 U 盘 105

　　　　6.2.1　制作 U 盘中部 106

　　　　6.2.2　制作 U 盘前部 113

　　　　6.2.3　制作 U 盘尾部 117

　　任务 3　制作玩具枪 119

　　　　6.3.1　制作零部件 120

　　　　6.3.2　制作枪身 132

　　　　6.3.3　制作弹夹 139

　　任务 4　制作犀牛的 NPC 模型 144

　　练习题 155

项目 7　对象材质分析与制作 156
任务 1　基本材质的设置与制作 157
7.1.1　制作玻璃材质 158
7.1.2　制作金属与油漆材质 161
任务 2　UV 贴图的作用与编辑 166
7.2.1　制作蝴蝶贴图 166
7.2.2　制作茶叶包装盒贴图 168
练习题 170

项目 8　综合实训一 171
任务 1　制作蝴蝶模型 172
8.1.1　制作蝴蝶翅膀 173
8.1.2　制作蝴蝶身体 175
任务 2　制作蝴蝶贴图及动画 176
练习题 179

项目 9　综合实训二 180
任务 1　制作椅子模型 181
9.1.1　制作椅脚 182
9.1.2　制作凳面 183
9.1.3　制作靠背 184
任务 2　制作椅子材质 186
9.2.1　设置椅子材质 187
9.2.2　调整椅子材质 187
练习题 188

项目 1

三维建模应用领域介绍

能力目标

　　党的二十大报告明确指出："高质量发展是全面建设社会主义现代化国家的首要任务。"习近平总书记在参加他所在的十四届全国人大一次会议江苏代表团审议时强调,"必须完整、准确、全面贯彻新发展理念,始终以创新、协调、绿色、开放、共享的内在统一来把握发展、衡量发展、推动发展;必须更好统筹质的有效提升和量的合理增长,始终坚持质量第一、效益优先,大力增强质量意识,视质量为生命,以高质量为追求;必须坚定不移深化改革开放、深入转变发展方式,以效率变革、动力变革促进质量变革,加快形成可持续的高质量发展体制机制;必须以满足人民日益增长的美好生活需要为出发点和落脚点,把发展成果不断转化为生活品质,不断增强人民群众的获得感、幸福感、安全感。"

　　三维建模是一个多元化和综合性的操作过程。在这个过程中,学生不仅可以学习三维建模的技能,还可以培养良好的文化自信、工匠精神、团队合作精神、创新意识、道德规范和社会责任感。通过将中国的美学元素融入三维建模,可以创造出更具中国特色的作品。同时,教师可以引导学生了解国际上最新的技术和趋势,拓宽他们的国际视野。教师结合具体的实际应用场景进行教学,可以让学生更好地理解和掌握三维建模的应用方法。此外,进行职业道德教育也是必不可少的,这可以培养学生的保密意识和诚信原则等职业道德观念。总之,三维建模的能力目标不仅要求关注学生的技能掌握情况,还要求注重学生的全面发展和对社会责任感的培养,从而使学生为我国的现代化建设和全社会的进步做出贡献。

项目介绍

　　认真学习贯彻党的二十大精神,深入实施科教兴国战略、人才强国战略、创新驱动发展战略。本书围绕信息技术领域的新技术、新产业选用案例,案例内容积极向上,学生在学习的过程中,能充分认识到我国发展独立性、自主性、安全性的重要性,激发爱国情怀。

从 20 世纪 90 年代开始，虚拟现实出现了最初的三维空间的形状描述，人们有了把现实世界编制到计算机虚拟世界中的想法，用户可以在视觉上产生进入虚拟世界的感受，三维建模技术也从此应运而生。近年来，三维建模技术蓬勃发展，在仿真、可视化、设计规划、医学、文化娱乐等多个方面得到应用。从 2016 年开始，越来越多的企业加入虚拟现实的开发与应用，其被应用于多个领域，如全息会议、远程医疗、旅游文创等。

在虚拟现实项目开发中，基础的工作是模型创建（即建模）。虚拟现实经过几年的发展，模型的需求也进入了快速发展期，室内外、各种产品、游戏场景、人物等模型的需求量大大增加，使得三维建模技术人才的需求量也大大增加。本书选用与企业相关的案例，引入企业对模型的评价，使学生能快速掌握三维建模技术。

用于三维建模的软件有很多种，比如经典的 3D Studio Max（简称 3ds Max），它是由 Autodesk 公司开发的基于 PC 系统的三维动画渲染和制作软件。其前身是基于 DOS 系统的 3D Studio 系列软件。在 Windows NT 出现以前，工业级的 CG 制作被 SGI 图形工作站垄断。3ds Max 及 Windows NT 的出现迅速降低了 CG 制作的门槛。3ds Max 首先被运用在计算机游戏中的动画制作领域，之后开始参与影视特效（如《X 战警Ⅱ》《最后的武士》等）的制作。本书选用 3ds Max 2020 版本。

通过本项目的学习，学生可以了解三维建模的应用领域和步骤，熟练掌握和使用三维建模软件。

项目安排

任务 1　三维建模的应用领域。
任务 2　三维建模的步骤和软件的安装与应用。

学习目标

【知识目标】

通过了解三维建模的应用领域，能明确自己的学习目标。

【技能目标】

1．能通过网络查询三维建模的相关知识。
2．能通过网络信息挖掘出自己所需要的信息。
3．能明确学习三维建模的目标，以及企业对三维建模能力的要求。

【素质目标】

1．树立正确的艺术观和创作观。
2．培养对技术、技能的学习所需要树立的信心，充分发扬工匠精神和劳动精神。

任务 1　三维建模的应用领域

➡ 任务描述

通过网络查询三维建模的应用领域。

➡ 任务分析

搜索【三维建模】【应用领域】【建模师】【次世代建模】【场景建模】【三维角色建模】【游戏建模】【三维建模前景】关键词，并对搜索到的相关内容进行概括与总结。

➡ 任务实施

三维建模在游戏开发、数字城市、文化娱乐和虚拟仿真等应用领域中发挥了很大的作用。随着信息技术的发展，以三维扫描仪和倾斜摄影为代表的场景感知与采集设备性能的快速提升，以及计算机图形学、立体视觉和机器学习等学科的蓬勃发展，使得三维模型的获取更为便捷，为三维模型的快速构建提供了强有力的系统支持，极大地推动了三维模型在工程设计等相关领域中的深入应用。基础建模的原理和方法在精确建模方面起到了非常重要的作用。

三维建模的应用领域非常广泛。其主要的应用领域如下。

（1）游戏开发：三维建模在游戏开发中扮演着重要的角色。游戏中的角色、场景、道具等都需要进行三维建模，以便制作出具有逼真效果的游戏场景。火灾演示游戏场景如图 1-1 所示。

图 1-1　火灾演示游戏场景

（2）影视特效：三维建模是影视特效制作中必不可少的工具之一。三维建模师可以通过建模创造出各种神奇的生物、飞行器、机器人等模型。三维模型演示如图 1-2 所示。

图 1-2 三维模型演示

（3）工业设计：三维建模可以帮助工业设计师更好地设计出产品原型。产品的外观与尺寸可以通过三维建模进行精确模拟。工业机器人模型演示如图 1-3 所示。

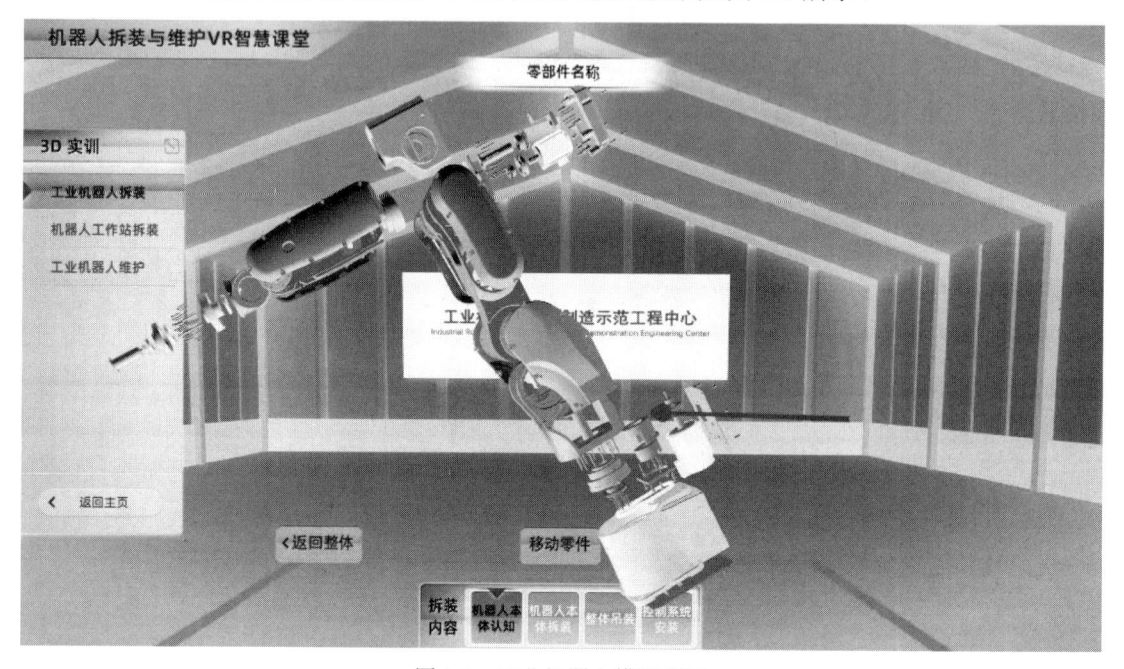

图 1-3 工业机器人模型演示

（4）建筑设计：在建筑设计中，利用三维建模可以模拟出整个建筑的结构，使建筑设计师更好地了解建筑的布局和细节。

（5）虚拟仿真：三维模型可作为仿真内容的载体。三维模型为虚拟仿真提供了可视化的实体。在虚拟仿真中，无论是模拟机械装置、建筑环境，还是模拟生物体，都需要使用三维模型代表真实世界中的对象。

（6）医学：医生可以通过三维建模来更好地研究人体器官、骨骼结构等。同时，三维打印技术可以将医学三维建模应用于手术导航和医疗器械设计方面。总之，随着科技的不断发展，三维建模的应用领域将会越来越广泛。

任务2　三维建模的步骤和软件的安装与应用

任务描述

（1）通过网络查询三维建模的软件需求。
（2）通过网络查询三维建模的步骤。
（3）学会安装和运行 3ds Max。

任务分析

首先搜索【三维建模】【软件】【进程】【软件安装】关键词，并对搜索到的相关内容进行分析，然后重新确定关键词，进行总结与分析，归纳出有效信息。

任务实施

1.2.1　三维建模的步骤

3ds Max 被广泛应用于商业、教育、影视娱乐、广告制作、建筑（装饰）设计、多媒体制作等领域。

利用 3ds Max 可完成企业三维建模类的项目开发。三维建模的步骤如下。

- 明确任务目标：确定需要建模的物体或场景，以及建模的目的和用途。
- 收集相关材料：收集与任务相关的照片、图片或计划，以便更好地了解建模对象的形状、大小、比例和细节。
- 确定建模方法和技术：根据任务目标选择合适的建模方法和技术，如多边形建模、曲面建模、体素建模和雕刻等。
- 进行模型布局：通过创建基础几何图形、网格或曲面，并逐步添加细节和纹理来完成建模。
- 检查和修改模型：在建模过程中，需要不断地对模型进行检查和修改，以确保模型的准确性、流畅性和外观的合理性等。
- 应用材质和纹理：根据任务需求，为模型应用合适的材质和纹理，以增加模型的真实感和细节。
- 导出模型：在完成建模后，将模型导出为需要的格式，以便将其应用到其他软件或场景中。
- 进行后期处理：在完成建模后，使用渲染技术添加特效或进行其他后期处理。

以下是一个简单的建筑模型创建步骤。

（1）选择建筑风格：选择现代风格或传统的欧式建筑风格。首先在网络上查找相关的建筑图片，然后从不同的角度查看，并将其下载到计算机上。

（2）导入图片：启动 3ds Max，导入下载的建筑图片。将图片放在一个 3ds Max 的视图中，作为模型设计的基础。

（3）创建基本体：使用 3ds Max 提供的基本体（如盒子、球体、圆柱体等），搭建出建筑的基础形状。

（4）连接几何体：使用 3ds Max 的连接工具，将几何体连接在一起，形成一个基本的建筑结构，并确保每个几何体都被正确地对齐和缩放。

（5）添加细节：为建筑添加细节，如窗户、门和壁炉等。可以使用 3ds Max 的插件和模型资源库，或者自己手动创建模型。

（6）创建材质：使用 3ds Max 的材质编辑器，创建建筑的纹理和表面材质。可以使用纹理图片或者自己绘制纹理贴图。

（7）照明和渲染：使用 3ds Max 的照明工具添加照明效果，渲染建筑，以获得高质量的图片。

这样就可以创建出一个简单的建筑模型。在这个过程中，学生需要不断地进行实践和探索，以提高三维建模技能。

1.2.2　软件的安装与应用

（1）下载安装程序：在 Autodesk 官方网站中下载 3ds Max 2020 安装程序，如图 1-4 所示，并运行该程序。

图 1-4　下载 3ds Max 2020 安装程序

（2）3ds Max 2020 的【许可及服务协议】确认：启动安装程序，接受【许可及服务协议】

并单击【下一步】按钮，如图 1-5 所示。

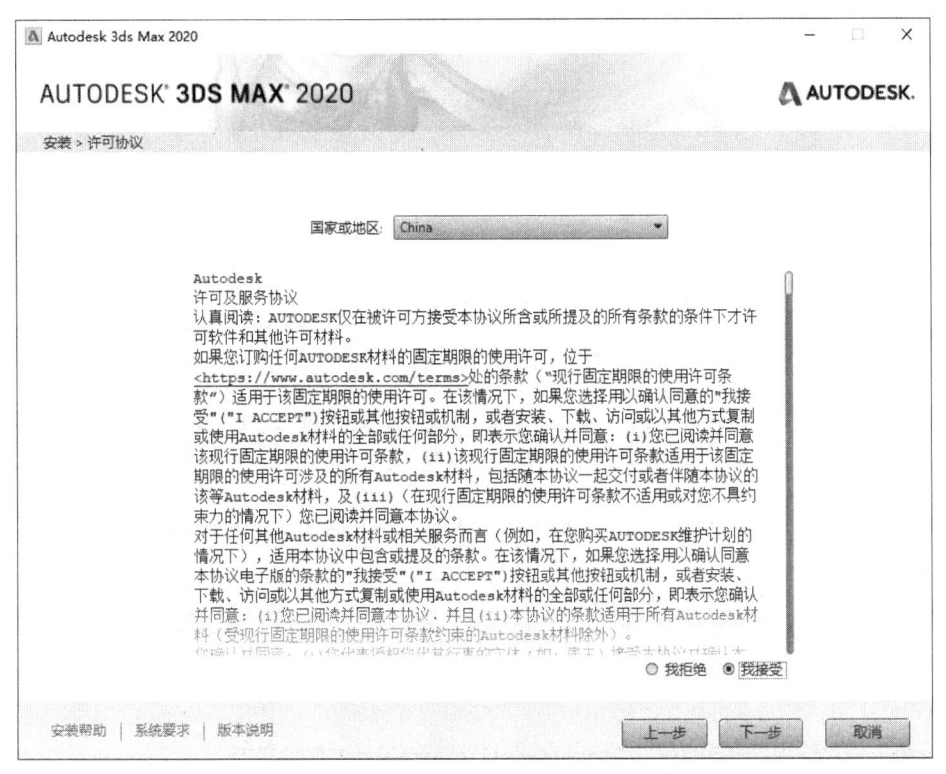

图 1-5　3ds Max 2020 的【许可及服务协议】确认

（3）选择安装类型（建议选择【典型】安装）和安装路径，如图 1-6 所示。

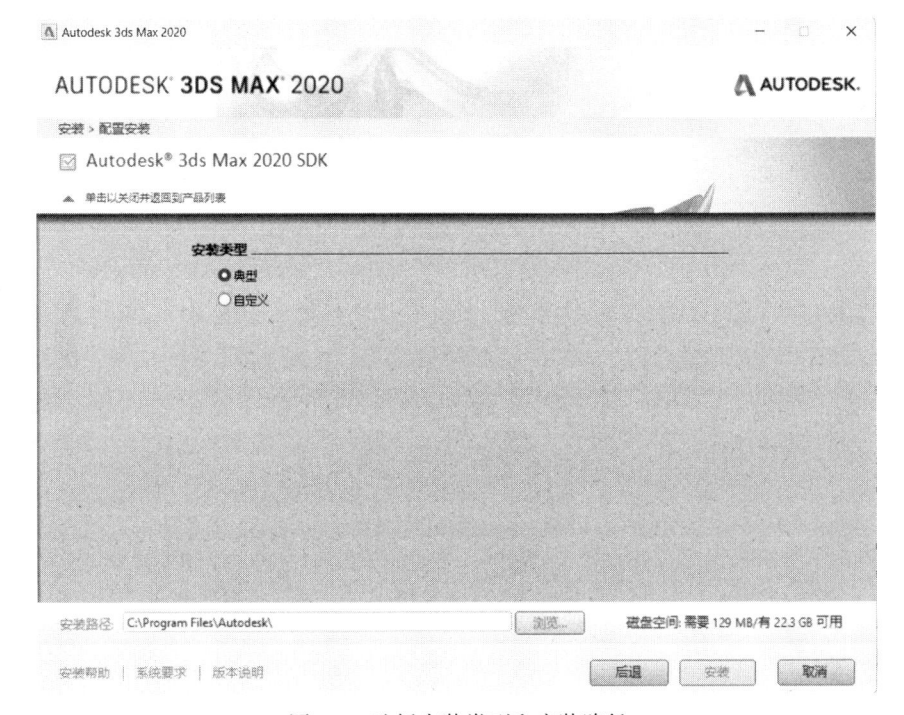

图 1-6　选择安装类型和安装路径

（4）安装完成后的界面如图 1-7 所示。

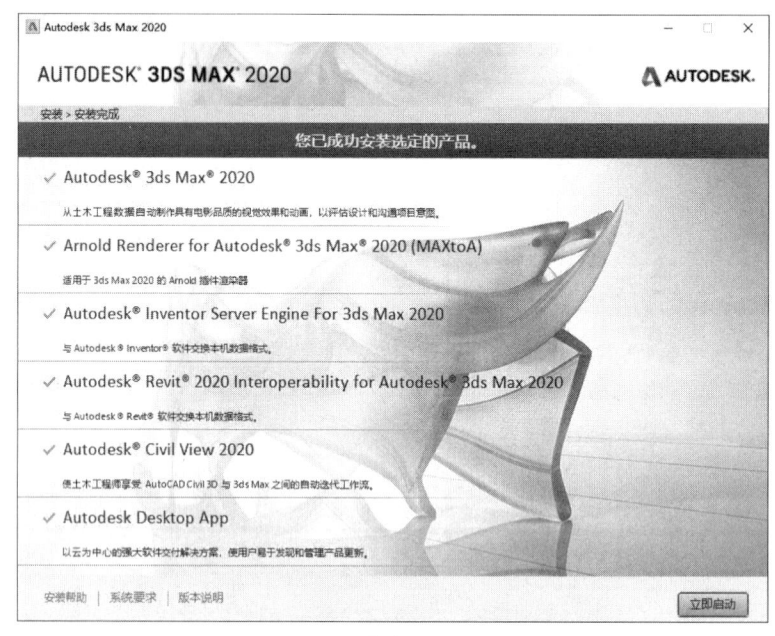

图 1-7　安装完成后的界面

（5）主界面：启动 3ds Max 2020 后，可以看到主界面，如图 1-8 所示。3ds Max 2020 的视图窗口是由 4 个视图组成的，包括顶视图、前视图、左视图和透视图，主界面中还包括工具栏、菜单栏和命令面板等。

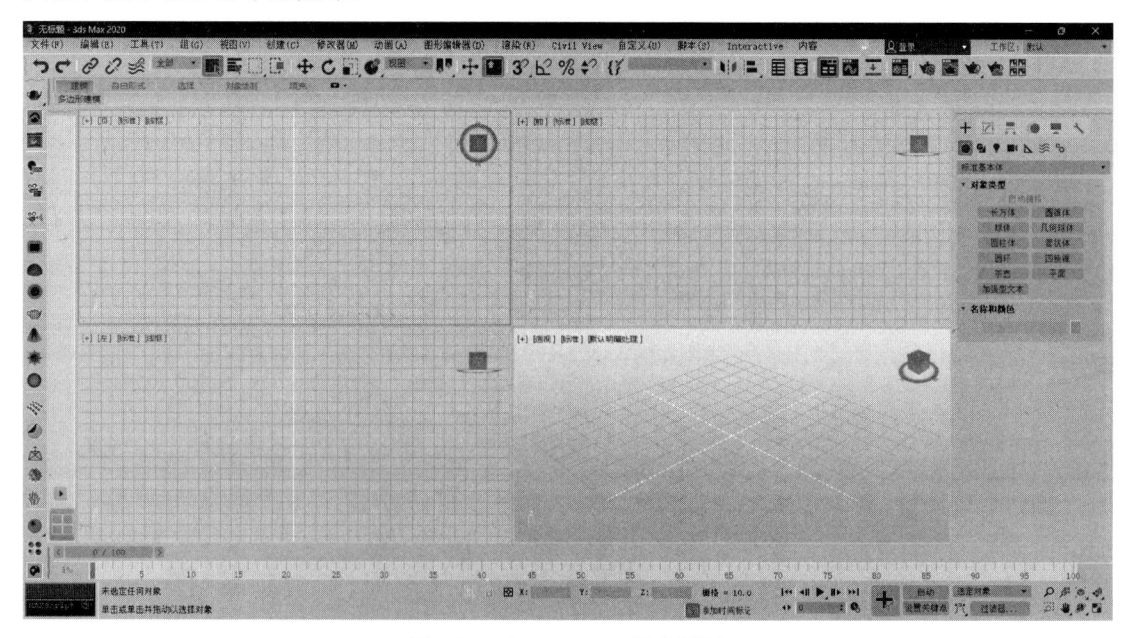

图 1-8　3ds Max 2020 的主界面

完成安装后，运行软件，可以进行以下操作。

（1）加载模型：可以通过导入一个现有的三维模型文件来制作一个新的模型。选择【文件】→【导入】命令，并从弹出的对话框中选择要导入的三维模型文件。

（2）建模：建模是制作三维模型的核心步骤。使用 3ds Max 自带的基本体（如盒子、圆柱体和球体）来创建形状，也可以将其他三维模型软件制作的模型导入 3ds Max 中。

（3）贴图和渲染：贴图和渲染是制作三维模型的另一个重要步骤。使用 3ds Max 自带的贴图工具编辑模型的表面材质，并使用渲染器将模型呈现为最终的图像。

通过以上步骤，学生可以通过安装和使用 3ds Max 来创建三维模型。在实践中，学生需要通过不断学习、探索和实验来提高三维建模技能。

练习题

1．在 3ds Max 中如何创建一个基本体？
2．在 3ds Max 中如何选择对象？
3．如何对对象进行【移动】、【旋转】和【缩放】操作？

项目 2

3ds Max 基础操作

能力目标

学习并掌握 3ds Max 基础操作是三维建模中的重要环节,这不仅涉及软件菜单栏、工具栏、视图窗口和命令面板的操作,还涵盖模型创建、参数修改、模型操作及视图窗口操控等。这些基础操作不仅是学生进行三维建模的基石,也可以帮助学生在生活和工作中提高处理问题、解决问题的能力。

对于软件菜单栏、工具栏、视图窗口和命令面板的操作,学生需要具备细心、耐心和责任心。只有细致入微地了解菜单栏中的每个命令、工具栏中的每个工具,以及视图窗口和命令面板的使用方法,才能很好地进行建模操作。同时,学生需要时刻保持对错误的警惕性,及时发现并纠正错误,确保建模过程的准确性。

在进行模型创建、参数修改、模型操作等的过程中,学生需要发挥创造力,根据实际需求进行建模。在这个过程中,学生可以培养独立思考的能力,学会分析问题、解决问题的方法。同时,学生需要具备高度的责任感和敬业精神,确保所创建的模型不仅符合技术要求,而且符合道德规范和遵守法律法规。

对于视图窗口操控,学生需要掌握如何切换视图窗口和调整视图窗口的大小、位置,以及如何最大化、最小化视图窗口等基础操作。这不仅有助于提高学生操作软件的效率,而且可以帮助学生更好地管理时间。

此外,复制、旋转、缩放等基础操作也是三维建模中常用的技能。在进行这些操作的过程中,学生可以培养模仿能力、空间想象能力和动手能力。同时,学生需要时刻保持谦虚、谨慎的态度,不断学习和进步。

总之,学习并掌握 3ds Max 基础操作不仅是三维建模的基本要求,而且有助于提高学生在生活和工作中处理问题、解决问题的能力。通过素质教育,学生可以更好地理解这些基础操作背后的意义和价值,提高综合素质和实践能力,从而更好地适应社会的发展和变化。

项目介绍

学习并掌握菜单栏、工具栏、视图窗口和命令面板的操作，并重点掌握模型创建、参数修改、模型操作及视图窗口操控，同时掌握复制、旋转、缩放等基础操作。

项目安排

任务 1　软件界面布局及常用设置。
任务 2　创建标准基本体和扩展基本体。
任务 3　基础操作命令与基础操作。

学习目标

【知识目标】

掌握视图窗口的调整方法，了解视图窗口的相关知识，具备创建几何体，以及对几何体进行复制、阵列、选择、移动、旋转等各种基础操作的能力。

【技能目标】

1．能熟练掌握软件界面布局。
2．能根据模型创建基本体和扩展体。
3．能熟练进行复制、缩放、旋转等基础操作。

【素质目标】

1．遵守职业道德，深入生活，树立正确的艺术观和创作观。
2．培养认真严谨、精益求精的工作态度，充分发扬工匠精神和劳动精神。

任务 1　软件界面布局及常用设置

任务描述

软件界面是软件重要的组成部分，学生只有熟悉软件界面，才能更好地操作软件。本任务要求学生能熟悉菜单栏中的基本命令、工具栏中的常用工具、视图窗口的布局调整和单位设置相关操作。

任务分析

熟悉菜单栏中的基本命令和工具栏中的常用工具，记住常用设置的基本命令和操作步骤，并进行多次练习。

任务实施

2.1.1 软件界面布局

1. 3ds Max 界面的组成

打开 3ds Max 后，可以在主界面中看到该软件界面的基本布局，如图 2-1 所示。该界面主要包括标题栏、菜单栏、工具栏、命令面板、状态栏、视图窗口、视图控制区和动画控制区。工具栏中工具按钮的右下角有一个黑三角符号，表示该工具包括多个工具选项。此外，当将光标放在工具栏边缘处时，光标会变成手的形状，这时可以移动工具栏。

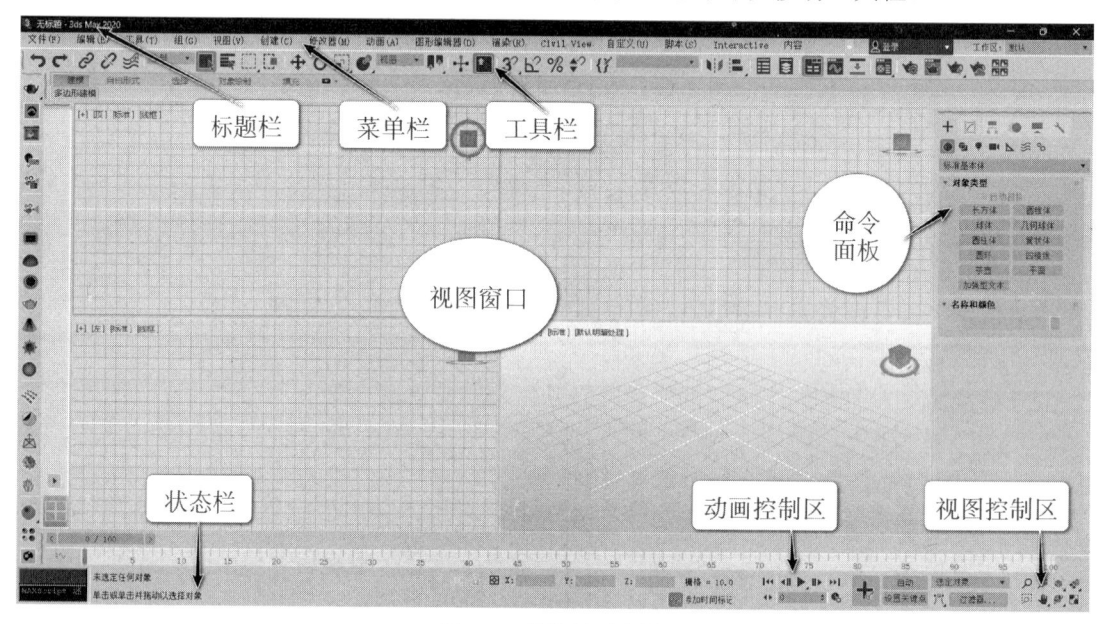

图 2-1 软件界面布局

2. 视图窗口简介

（1）视图窗口默认包括 4 个：顶视图、前视图、左视图、透视图。

（2）视图窗口的激活可以通过鼠标来实现，只需在目标视图窗口内单击或右击，即可激活该视图窗口。

（3）视图窗口的切换可以通过以下两种方法实现。

方法 1：激活目标视图窗口后，按相应的字母键。相应字母键对应的视图窗口如下：T=Top（顶视图）、P=Perspective（透视图）、L=Left（左视图）、F=Front（前视图）、C=Camera（摄像机视图）、Shift+$=Spot（聚光灯视图）。

方法 2：单击目标视图窗口左上角的文本，在弹出的下拉列表中选择所需的视图窗口。

（4）若要显示或隐藏视图窗口栅格栏，则可使用【G】键。

（5）若要切换物体的显示模式，则可使用【F3】键和【F4】键。图 2-2 展示了【默认明暗处理】显示模式，图 2-3 展示了【线框】显示模式，图 2-4 展示了【边面】显示模式。

图 2-2 【默认明暗处理】显示模式　　　　　图 2-3 【线框】显示模式

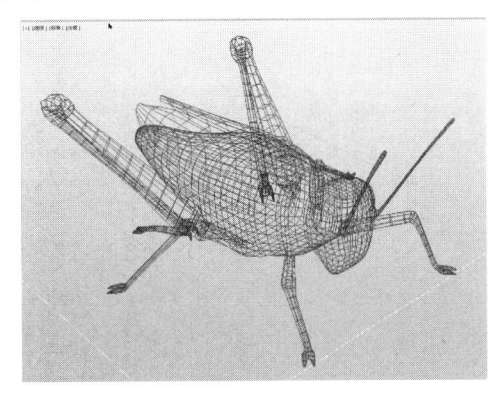

图 2-4 【边面】显示模式

（6）最大化显示视图窗口，可使用【Alt+W】快捷键或单击软件界面右下角的 按钮来实现；最大化显示对象，可使用【Z】键或单击软件界面右下角的 按钮来实现；所有窗口最大化显示对象，可使用【Ctrl+Shift+Z】快捷键或单击软件界面右下角的 按钮来实现，如图 2-5 所示。

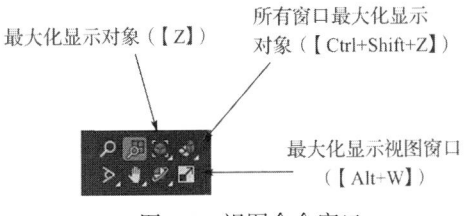

图 2-5 视图命令窗口

（7）视图窗口布局。

在不同的建模工作岗位上，通常需要采用不同的视图窗口布局方式。通过选择【视图】菜单中的【视口配置】命令，打开【视口配置】对话框，切换到【布局】选项卡，选择某一种布局样式后，单击【确定】按钮即可。

2.1.2 单位设置

在任何项目中都需要进行单位设置。

通过选择【自定义】→【单位设置】命令进行单位设置，如图2-6所示。

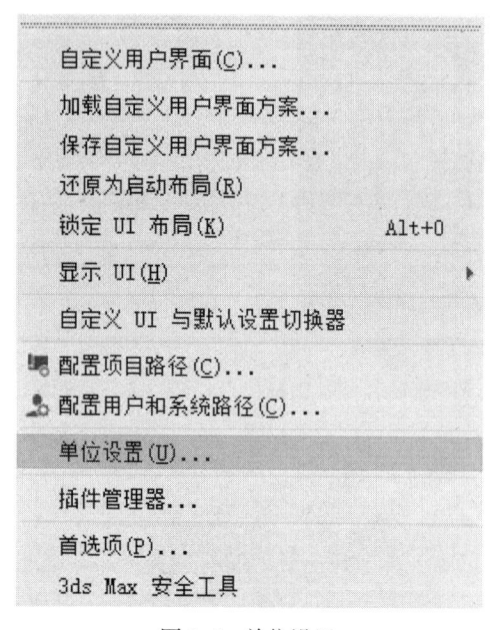

图2-6 单位设置

在打开的【单位设置】对话框中需要进行两项设置：系统单位设置和显示单位设置。在通常情况下，系统单位和显示单位应该被设置为相同的单位。例如，将系统单位和显示单位都设置成厘米。具体设置如图2-7和图2-8所示。

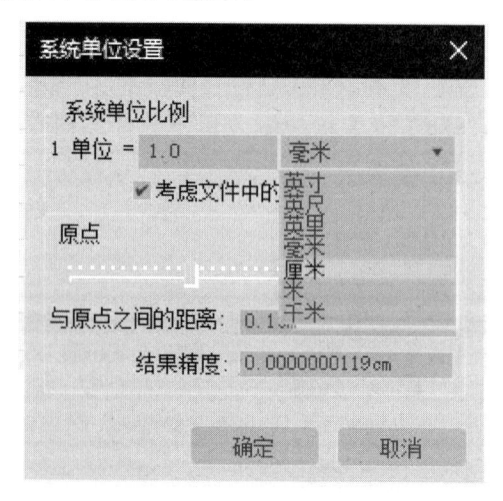

图2-7 系统单位设置

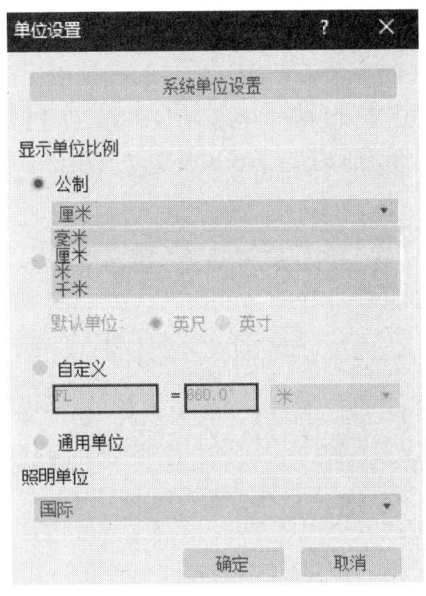

图 2-8　显示单位设置

任务 2　创建标准基本体和扩展基本体

🔸 任务描述

任何模型的创建都离不开基本体。在创建模型之前，首先需要构建基础模型，提前构思要创建的模型的基本结构，这是大多数建模的思路。基础模型的创建是建模的基础。模型的创建包括模型创建和参数修改。

🔸 任务分析

了解各种模型的特点和创建方法，仔细观察和分析模型的创建过程，并通过调整参数来观察模型的变化。通过创建各种几何体，熟悉几何体的参数。

🔸 任务实施

2.2.1　创建标准基本体

标准基本体包括【长方体】、【球体】（即经纬球体）、【圆柱体】、【圆环】、【茶壶】、【圆锥体】、【几何球体】、【管状体】、【四棱锥】（即金字塔形物体）、【加强型文本】和【平面】。下面以创建【长方体】和【球体】为例介绍创建标准基本体的方法。

1. 创建【长方体】

在命令面板中单击【创建】→【几何体】→【长方体】按钮，在合适的视图窗口中按住鼠标左键并拖动以确定【长方体】的长度和宽度，松开鼠标左键后，再次拖动鼠标以确定【长方体】的高度，确定高度后，单击完成【长方体】的创建。创建【长方体】后，可以直接在【参数】卷展栏中修改【长方体】的参数。如果进行了其他操作，则只能通过修改器堆栈来修改【长方体】的参数。【长方体】的具体参数包括【长度】【宽度】【高度】【长度分段】【宽度分段】【高度分段】等，较高的分段数值有助于对【长方体】进行变形。【长方体】的参数设置如图2-9所示。

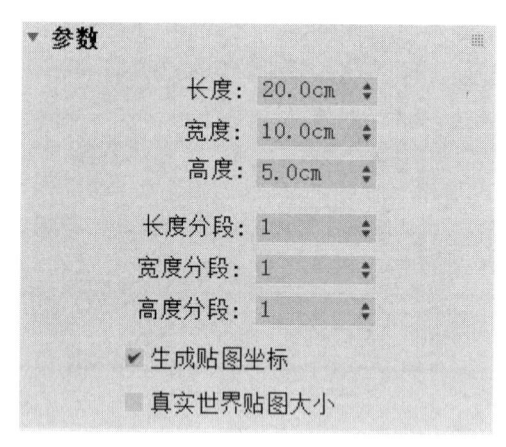

图2-9　【长方体】的参数设置

2．创建【球体】

在命令面板中单击【创建】→【几何体】→【球体】按钮，在一个合适的视图窗口中按住鼠标左键并拖动来创建【球体】，松开鼠标左键后即可完成【球体】的创建。用户可以根据需要进行【球体】的参数设置，如图2-10所示。

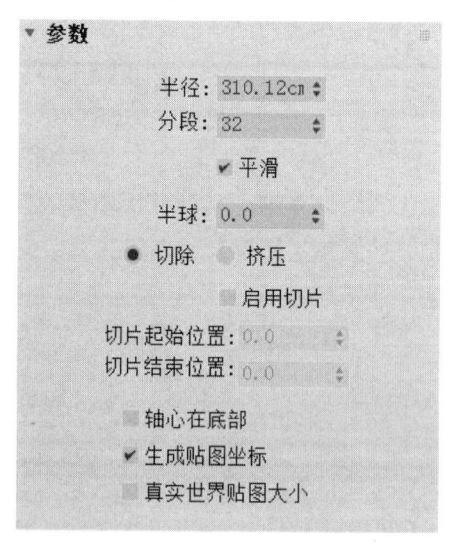

图2-10　【球体】的参数设置

部分参数说明如下。

（1）半径：可设置球体的大小。

（2）切除/挤压：可通过设置数值，横向切除球体的一部分或全部。

（3）启用切片：可通过设置数值，纵向切除球体的一部分或全部。

通过以上创建过程，可发现不同模型的创建方法略有不同，但都是通过鼠标拖动、鼠标单击来完成的。学生可以自行尝试创建和修改其他模型。

2.2.2 创建扩展基本体

扩展基本体包括【异面体】、【切角长方体】、【油罐】、【纺锤】、【球棱柱】、【环形波】、【棱柱】、【环形结】、【切角圆柱体】、【胶囊】、【L-Ext】、【C-Ext】和【软管】。下面以创建【切角长方体】为例介绍创建扩展基本体的方法。

在命令面板中单击【创建】→【几何体】按钮，选择【扩展基本体】选项后，在【对象类型】卷展栏中单击【切角长方体】按钮，在一个合适的视图窗口中按住鼠标左键并拖动，创建一个平面，松开鼠标左键后，再次拖动鼠标创建高度，形成【长方体】，再次按住鼠标左键并拖动，拖出长方体切角，即可完成【切角长方体】的创建。创建【切角长方体】后，可以通过【参数】卷展栏来修改参数。其中，【圆角】参数可用于平滑模型边缘。【切角长方体】的参数设置如图 2-11 所示。

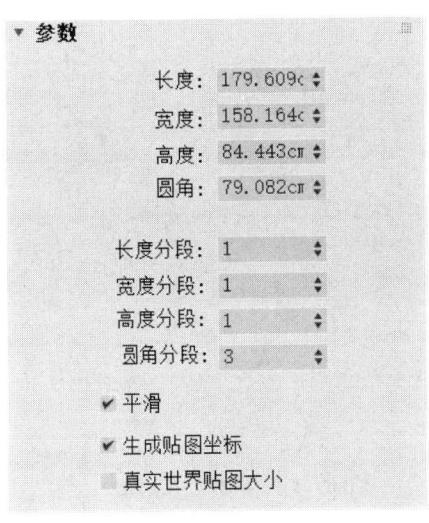

图 2-11 【切角长方体】的参数设置

任务 3　基础操作命令与基础操作

🔴 任务描述

使用【选择】【选择并移动】【选择并旋转】【缩放】【复制】【镜像复制】【捕捉】等基础操作命令对模型进行各种操作。

🔴 任务分析

本任务旨在通过相关介绍，使学生熟练掌握基础操作命令，以加深其对建模的了解。

> 任务实施

2.3.1 基础操作命令

3ds Max 中的基础操作命令包括【选择】【选择并移动】【选择并旋转】【缩放】【复制】等，下面将对这些命令进行详细介绍。

1. 选择

【选择】命令可以通过直接单击或框选两种方式进行操作。框选有 5 种区域选择方式（矩形、圆形、围栏、套索和绘制），并可实现交叉选择或包含选择，如图 2-12 所示。

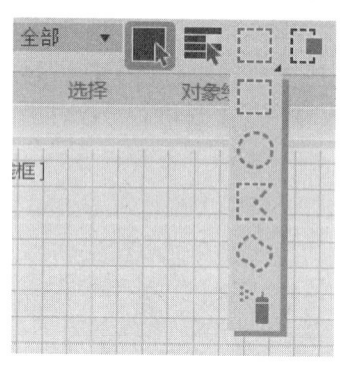

图 2-12　【选择】命令

2. 选择并移动

单击工具栏中的【选择并移动】按钮，将光标放在物体的某一条坐标轴上，当轴线变成黄色时，沿坐标轴的方向按住鼠标左键并拖动即可移动该物体。

3. 选择并旋转

单击工具栏中的【选择并旋转】按钮，将光标放在物体的某一条坐标轴上，当轴线变成黄色时，按住鼠标左键并上下拖动即可旋转该物体。

4. 缩放

单击工具栏中的【缩放】按钮，将光标放在物体的 X 轴上，当轴线变成黄色时，沿 X 轴的方向按住鼠标左键并拖动即可进行 X 轴方向的缩放；将光标放在物体的 X 轴和 Y 轴中间，当两条轴线同时变成黄色时，按住鼠标左键并上下拖动即可对平面进行缩放；将光标放在物体的 X 轴、Y 轴、Z 轴之间，当 3 条轴线同时变成黄色时，按住鼠标左键并上下拖动即可对整个物体进行等比例缩放。

5. 物体轴向锁定

（1）智能锁开关：按【X】键，可锁定 X 轴。

（2）智能锁定：将光标放在物体的任意一条坐标轴上，即可锁定该坐标轴。

（3）键盘锁定：按【F5】键锁定 X 轴，按【F6】键锁定 Y 轴，按【F7】键锁定 Z 轴，按【F8】键锁定 X 轴和 Y 轴。

6. 复制

通过按【Shift】键+【移动轴】的方式可以复制物体，在弹出的【克隆选项】对话框中输入【副本数】为1，单击【确定】按钮即可完成复制，如图2-13所示。

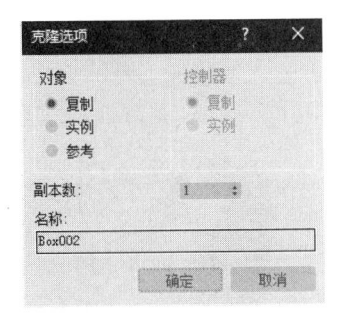

图2-13 复制物体

部分参数说明如下。

复制：新复制的物体与原物体无关联。

实例：新复制的物体与原物体有关联，并且更改其中任何一个物体的参数都会影响另一个物体的尺寸。

参考：新复制的物体与原物体有关联，但只有更改原物体的参数才会影响新复制的物体的尺寸。

7. 镜像复制

选中物体，单击工具栏中的【镜像】按钮，在弹出的对话框中，修改镜像：选择镜像坐标轴，输入偏移量，选择复制方式，并单击【确定】按钮完成物体的复制。其中的偏移量用于控制新复制的物体与原物体的距离。

8. 阵列复制

可以按二维矩阵或三维矩阵方式复制并排列物体。

选中物体，选择【工具】→【阵列】命令，在弹出的【阵列】对话框中可以设置阵列中的总数和阵列维度，并可以选择以【移动】、【旋转】或【缩放】作为变换方式，还可以选择以【增量】或【总计】作为变换方式，如图2-14所示。

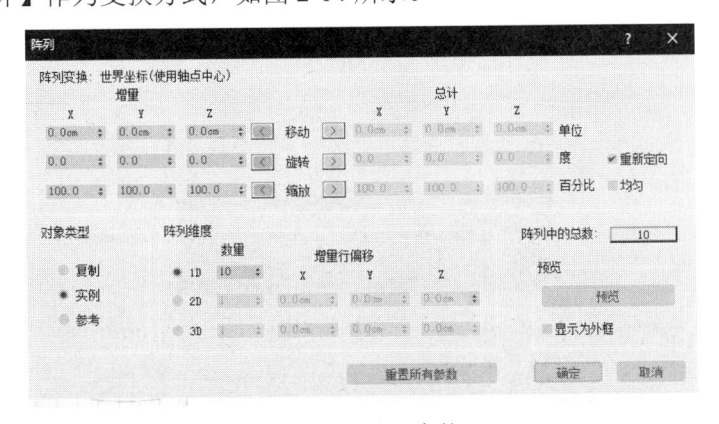

图2-14 阵列参数

9. 捕捉

在 3ds Max 中，可以使用捕捉工具来创建对象。捕捉工具能够捕捉整个场景或特定元素，例如，从场景中选择一个点或使用点捕捉创建形状或摆放位置。工具栏中提供了 2 维捕捉、3 维捕捉、2.5 维捕捉、角度捕捉切换和百分比捕捉等工具，其可应用于不同的场景，如图 2-15 所示。2 维捕捉工具适用于平面视图，3 维捕捉工具适用于三维视图，在建模过程中，通常选用 2.5 维捕捉工具，按【S】键可打开或关闭 2.5 维捕捉工具。

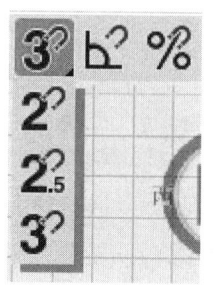

图 2-15 捕捉工具

激活并右击【2.5 维捕捉】按钮，弹出【栅格和捕捉设置】窗口，用户可根据需求进行【顶点】【中点】【边界框】等捕捉，并在【选项】选项卡中进行【启用轴约束】【捕捉到冻结对象】等设置，如图 2-16 和图 2-17 所示。

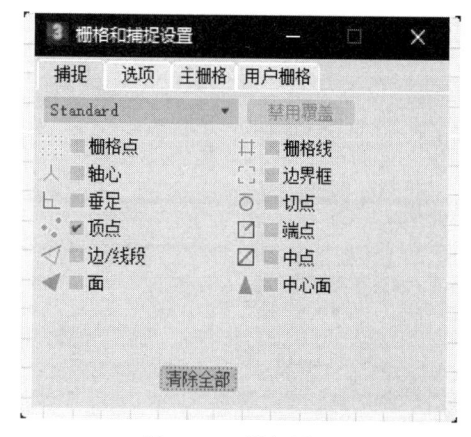

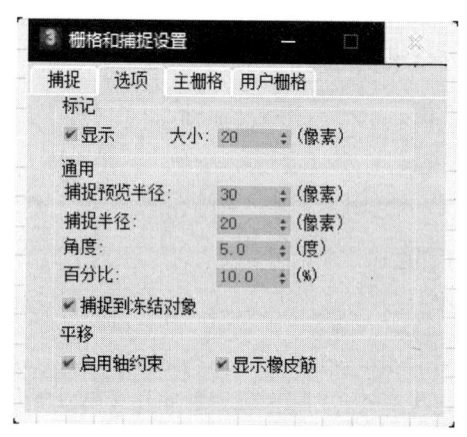

图 2-16 捕捉设置　　　　图 2-17 捕捉选项设置

10. 渲染

在 3ds Max 中，可以使用渲染工具来输出效果图。在工具栏中包括如图 2-18 所示的与渲染相关的工具。

图 2-18 与渲染相关的工具

（1）快速渲染：按【Shift+Q】快捷键，可以对当前视图进行渲染输出。
（2）渲染设置：按【F10】键，可以进行渲染设置，如图 2-19 所示。

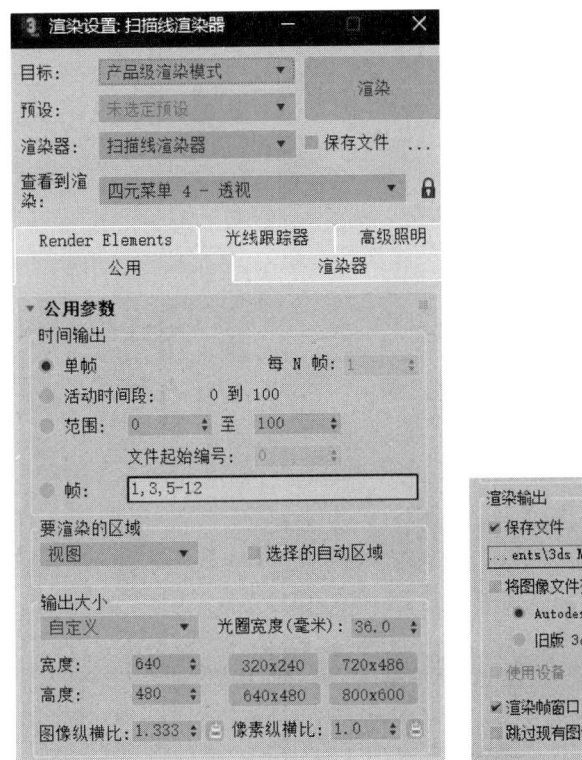

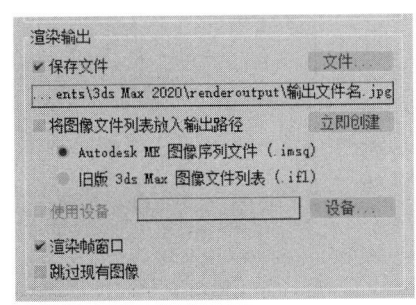

图 2-19 渲染设置

① 时间输出。
- 单帧：渲染当前帧的场景。
- 活动时间段：默认编辑动画的时间为 1～100 帧，可以更改渲染步数（跨度）。
- 范围：可更改动画渲染范围。
- 帧：可针对某些帧进行渲染。

② 输出大小：可设置输出效果图的宽度、高度。

③ 渲染输出：可为渲染的图像或者动画指定名称。

（3）保存渲染的效果图：选中某视图窗口（如透视图），按【Shift+Q】快捷键进行渲染，单击【保存】按钮，在弹出的对话框中输入文件名，选择保存类型和位置，单击【确定】按钮完成保存。

2.3.2 基础操作

1. 复制

打开本书配套资源中的【沙发.max】文件，进行复制。

（1）移动复制：首先按住【W】键，将光标放在 X 轴上并单击，锁定该坐标轴；然后在按住【Shift】键的同时，沿 X 轴方向按住鼠标左键并拖动进行复制，完成操作后，系统将弹出【克隆选项】对话框，选中【复制】单选按钮，并将【副本数】设置为 1；最后单击【确定】按钮即可完成复制，如图 2-20 和图 2-21 所示。

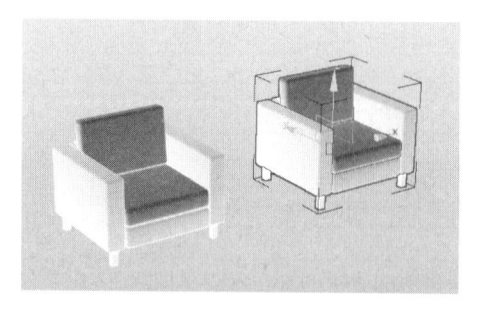

图 2-20　移动复制对象

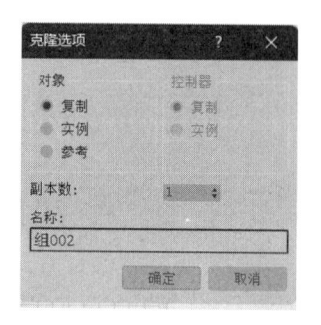

图 2-21　【克隆选项】对话框（1）

（2）旋转复制：右击【角度捕捉切换】按钮，在弹出的窗口中将捕捉【角度】修改为 90 度，如图 2-22 所示。

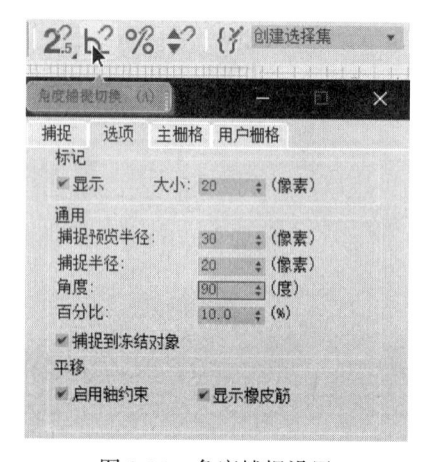

图 2-22　角度捕捉设置

首先按住【E】键，将光标放在 Z 轴上并单击，锁定该坐标轴；然后在按住【Shift】键的同时，沿 Z 轴方向按住鼠标左键并拖动进行复制，完成操作后，系统将弹出【克隆选项】对话框，选中【复制】单选按钮，并将【副本数】设置为 1；最后单击【确定】按钮即可完成复制，如图 2-23 和图 2-24 所示。

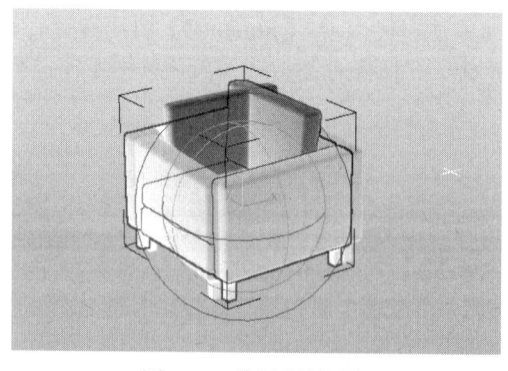

图 2-23　旋转复制对象

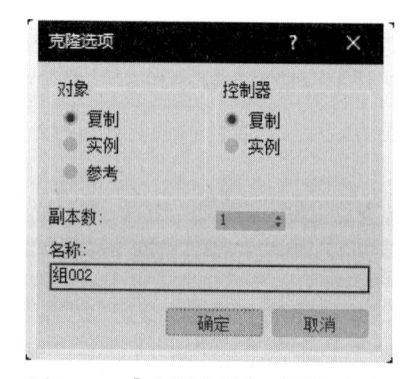

图 2-24　【克隆选项】对话框（2）

（3）镜像复制：首先单击视图窗口中的目标对象；然后单击工具栏中的【镜像】按钮，在弹出的【镜像】对话框中选中【X】单选按钮，并将偏移量修改为-20cm；最后选中【复制】单选按钮，并单击【确定】按钮，即可完成镜像复制，如图 2-25 所示。

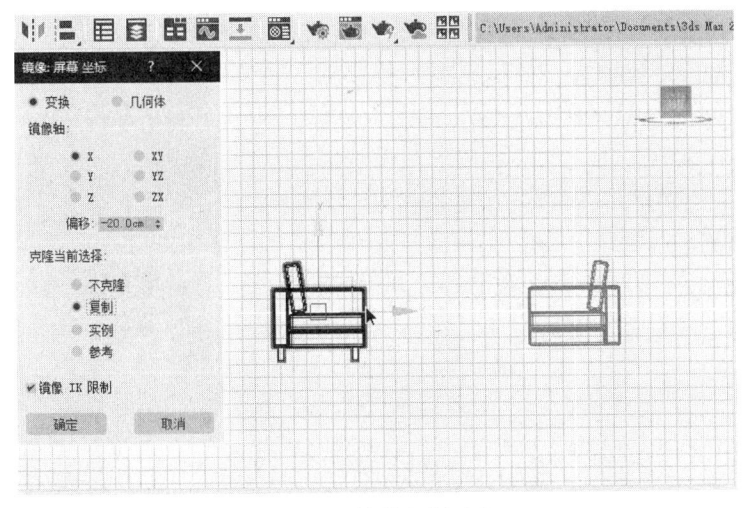

图 2-25 镜像复制对象

2. 阵列

打开本书配套资源中的【阵列.max】文件，进行阵列。

(1) 首先拾取圆桌的坐标，然后单击工具栏中的【参考坐标系】按钮，在弹出的下拉列表中选择【拾取】选项，最后单击圆桌，将圆桌的坐标拾取到参考坐标系中，如图 2-26 和图 2-27 所示。

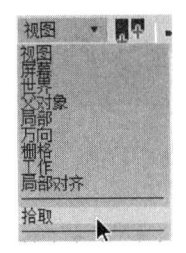

图 2-26 拾取坐标　　　　图 2-27 坐标出现

(2) 首先单击椅子，然后单击工具栏中的【选择并旋转】按钮，在【坐标】下拉列表中选择【ChamferCyl001】选项，并在【视图】下拉列表中单击【使用变换中心】按钮，如图 2-28 所示。

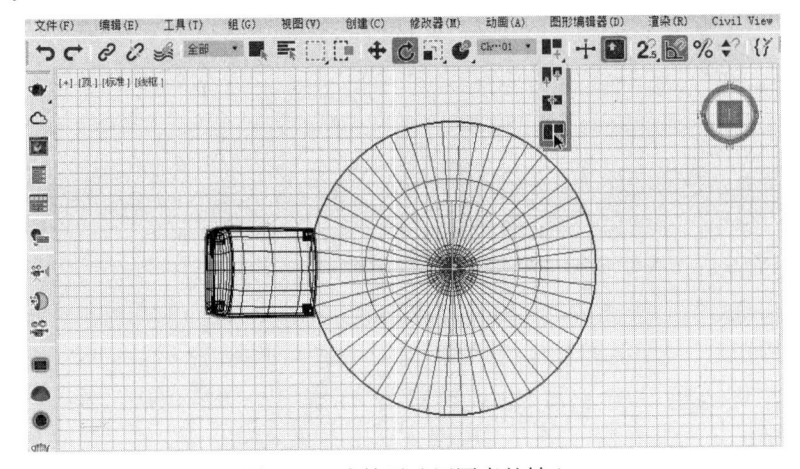

图 2-28 为椅子选用圆桌的轴心

（3）选择【工具】→【阵列】命令，打开【阵列】对话框，进行参数修改，单击【确定】按钮即可完成阵列，阵列参数及效果如图 2-29 所示。

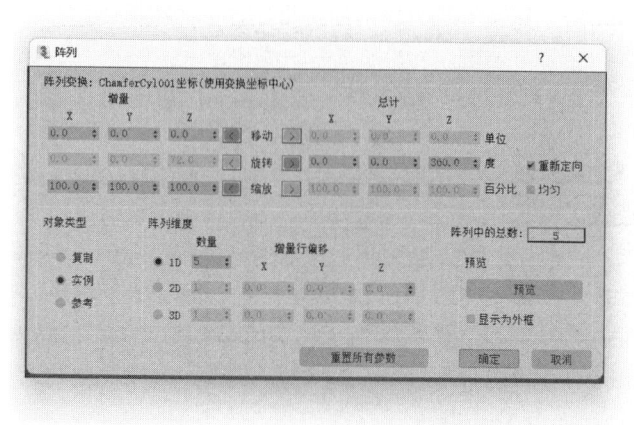

图 2-29　阵列参数及效果

3. 捕捉

打开本书配套资源中的【捕捉.max】文件，进行捕捉。

（1）首先使用鼠标按住【3 维捕捉】按钮并往下拖动，然后右击【2.5 维捕捉】按钮，弹出如图 2-30 所示的【栅格和捕捉设置】窗口，进行如图 2-31 所示的参数设置。

图 2-30　【栅格和捕捉设置】窗口

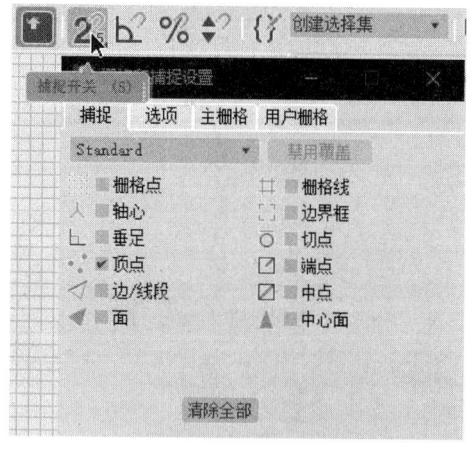

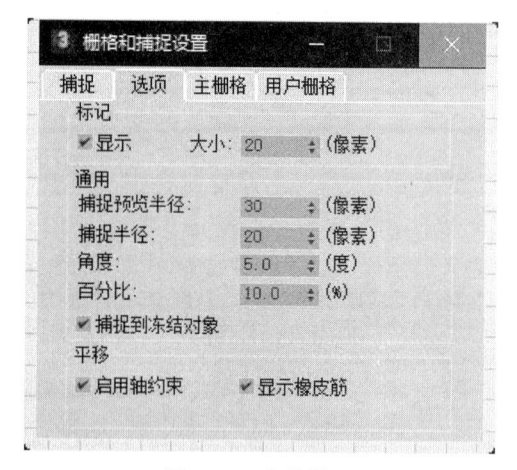

图 2-31　参数设置

（2）冻结对象。选择除窗户以外的其他对象，在选择时可配合使用【Ctrl】键进行多选，也可逐个选择。完成该步骤后，右击选择的对象，在弹出的快捷菜单中选择【冻结当前选择】命令，如图 2-32 所示。此时其他对象将显示为灰色，而窗户仍显示为亮色。

（3）完成捕捉复制。选择窗户，按住【W】键并单击 X 轴，使其处于锁定状态。把光标放到窗户右上角的顶点上，等待出现十字符号后，在按住【Shift】键的同时，按住鼠标左键并拖动，当光标靠近右侧窗口对应顶点时，会出现十字符号，表示窗户已被捕捉，松开鼠标左键即可完成捕捉复制，如图 2-33 所示。根据该操作方法，完成其他窗户的捕捉复制，也可以将两个窗户一起复制。

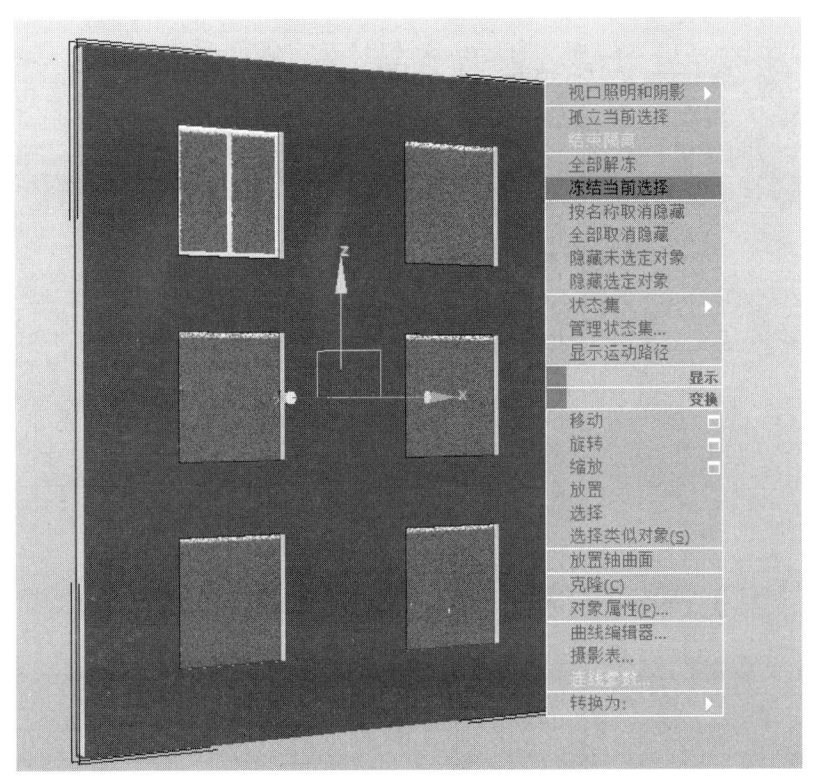

图 2-32　选择【冻结当前选择】命令

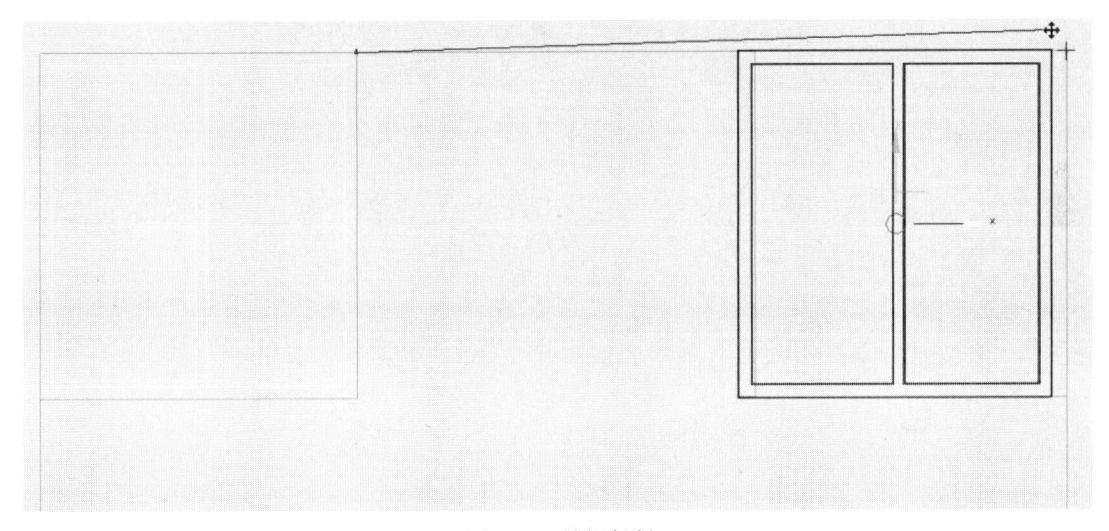

图 2-33　捕捉复制

练习题

使用各种复制命令制作如图 2-34 所示的沙发模型，要求 4 张沙发布局整齐合理。

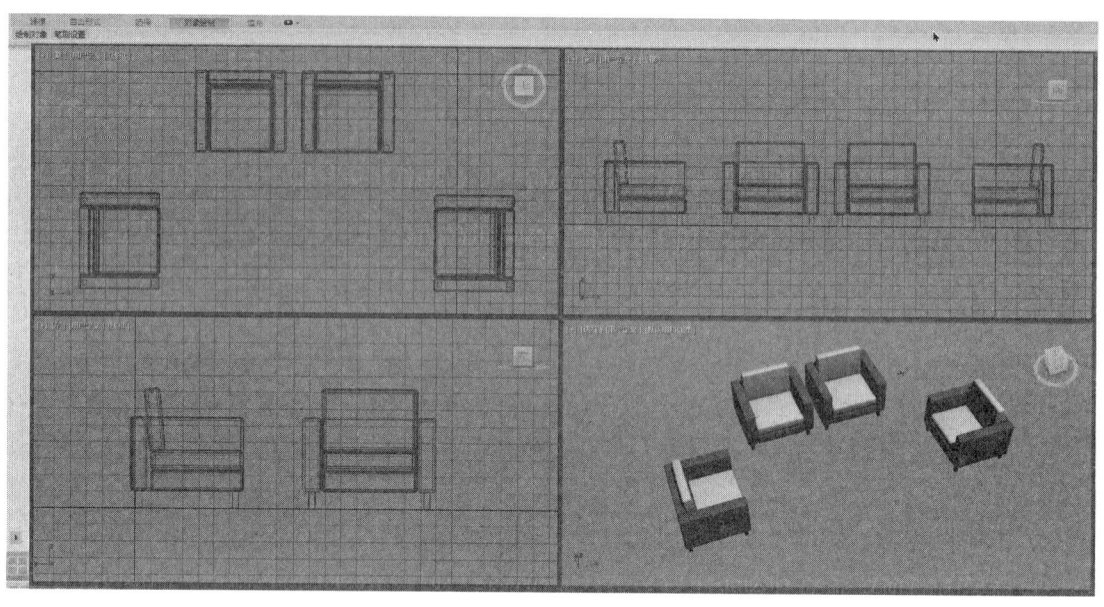

图 2-34 沙发模型

项目 3 二维图形建模

能力目标

铁艺圆凳、铁艺栏杆和花饰的制作涉及材料选择、工艺技术和美学设计等多个方面。这些任务的完成需要学生具备实践能力和创新意识，同时需要他们理解安全、质量、美学和实用性等问题。通过这些实践任务，学生可以更好地理解和掌握所学的知识和技能，提升团队协作能力和沟通能力。

在完成这些任务的过程中，学生将体验到科技带来的改变和便利。他们将看到，在新一代网络技术的推动下，传统产业得以升级，生活方式得以改变。这可以让他们更加深刻地认识到科技的重要性，进而激发其创新动力。

项目介绍

二维图形通常作为三维建模的基础。在 3ds Max 中，进行二维图形建模主要涉及以下几个方面的知识。

（1）创建线：在创建线之前，需要先选择二维线工具，可以使用直线工具或手绘曲线工具来创建线。

（2）编辑线：完成线的创建之后，可以通过编辑线工具对其进行编辑，包括修改线的形状、长度和角度等。使用辅助线和网格：在进行二维图形建模时，可以使用辅助线和网格辅助建模，以确定线的方向和长度。使用对齐和吸附功能：在建模过程中，可以使用对齐和吸附功能保证线的准确性和对称性。使用对齐功能可以将两条线对齐，使用吸附功能可以将线对齐到网格的节点上。

（3）渲染模型：在二维图形建模完成后，可以通过多边形建模将线转换成实体模型，从而进行进一步的建模和渲染。通过综合运用各种建模工具和功能，可以创建出符合要求的线模型。

本项目将通过铁艺圆凳、铁艺栏杆和花饰这 3 个模型的制作实例来介绍如何通过绘制、编辑二维图形，以及使用常用的二维图形修改器进行二维图形建模。

项目安排

任务 1　创建二维对象。
任务 2　制作铁艺圆凳。
任务 3　制作铁艺栏杆。
任务 4　制作花饰。

学习目标

【知识目标】

通过学习本项目的实例制作，掌握在 3ds Max 中对二维模型进行建立、修改和加工的方法。

【技能目标】

1．能结合几何体和二维图形完成铁艺圆凳的建模。
2．能灵活设置二维图形的参数，完成铁艺栏杆的建模。
3．能通过二维图形和镜像命令完成花饰的建模。

【素质目标】

1．培养细心观察的能力，深入生活，树立正确的艺术观和创作观。
2．培养认真严谨、精益求精的工作态度，充分发扬工匠精神和劳动精神。

任务 1　创建二维对象

任务描述

公司领导要求设计师进行铁艺圆凳的建模。铁艺圆凳的支架由铁管组成，粗细均匀。从这个特征来看，可以从编辑二维图形开始操作，在【修改】面板的【渲染】卷展栏中，勾选【在渲染中启用】和【在视口中启用】复选框并调整其他参数逐步完成建模。

任务分析

通过创建各种二维图形并编辑样条线来制作模型。

任务实施

3.1.1 创建二维图形

二维图形是由一条或多条曲线组成的对象。在 3ds Max 中可以绘制和编辑的二维图形有样条线、扩展样条线和 NURBS 曲线。选择图形创建工具，在命令面板中单击【创建】→【图形】按钮即可进入【图形创建】面板，如图 3-1 所示。

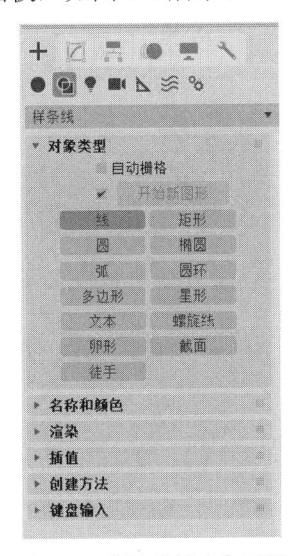

图 3-1 【图形创建】面板

3.1.2 编辑样条线

线是样条线中最基本也是最重要的一种类型。在【图形创建】面板中单击【线】按钮，即可在视图窗口中创建样条线，在【图形创建】面板下方也会出现样条线的设置卷展栏，包括【渲染】卷展栏、【插值】卷展栏、【创建方法】卷展栏、【键盘输入】卷展栏等，通过这些设置卷展栏可以进一步编辑样条线。

任务 2 制作铁艺圆凳

任务描述

按照尺寸比例制作铁艺圆凳，注意宽高比、铁管的直径，以及各焊接点位置的设置。

任务分析

通过创建切角圆柱体来制作凳面，通过二维图形（【圆】和【线】）的绘制与修改，以及样条线的编辑来制作凳面支架。

制作要点：样条线的转弯点需要使用圆角，此外，需要对样条线进行光滑处理。

任务实施

（1）在命令面板中单击【创建】→【图形】→【圆】按钮，将光标移动至顶视图的中心位置并单击，创建一个圆环，调整圆环坐标，使圆环的正中心位于坐标原点处，如图3-2所示。

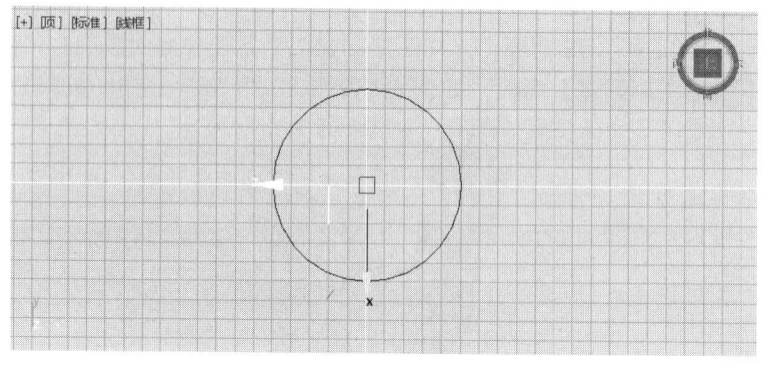

图 3-2　创建圆环

（2）在前视图中选择圆环，按住【Shift】键并沿 Z 轴向上拖动，复制出一个圆环，如图3-3所示。

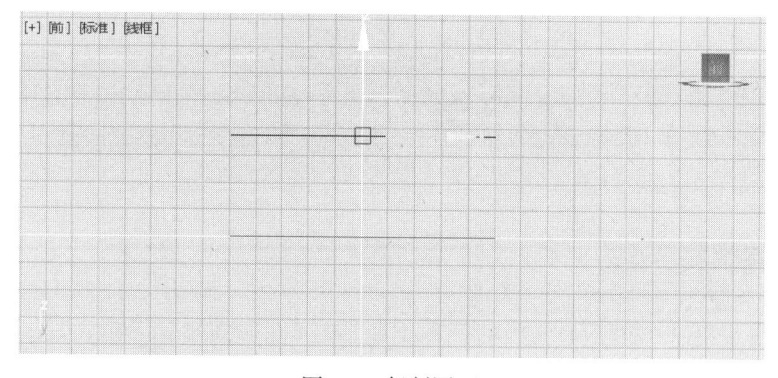

图 3-3　复制圆环

（3）进入【修改】面板，在【参数】卷展栏中修改圆环的【半径】，使处于上方的圆环略小于处于下方的圆环，如图3-4所示。

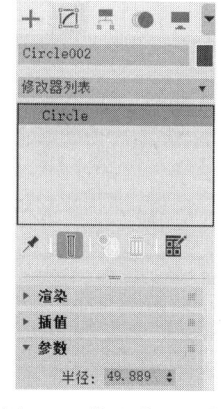

图 3-4　修改【半径】

（4）在命令面板中单击【创建】→【图形】→【线】按钮，绘制出凳面和凳腿的连接线，如图 3-5 所示。

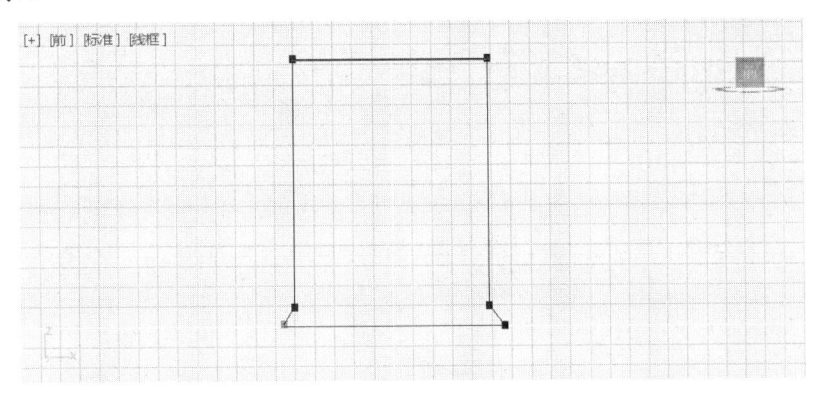

图 3-5　绘制连接线

（5）进入【修改】面板，选择【Line】→【顶点】子级，调整样条线。选中凳面上的两个顶点，在【几何体】卷展栏中单击【圆角】按钮，拖动顶点，调整圆角弧度，如图 3-6 所示。

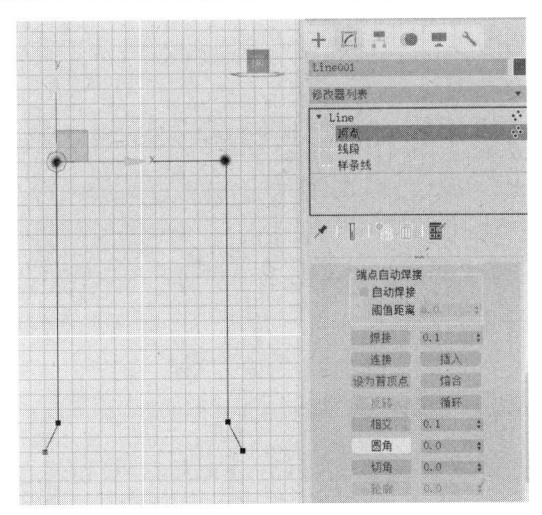

图 3-6　调整圆角弧度

（6）分别选中凳腿中部和下部的顶点并右击，在弹出的快捷菜单中选择【Bezier 角点】命令，将被选中的顶点变为 Bezier 角点类型，拖动顶点，调整 Bezier 角点弧度，如图 3-7 所示。

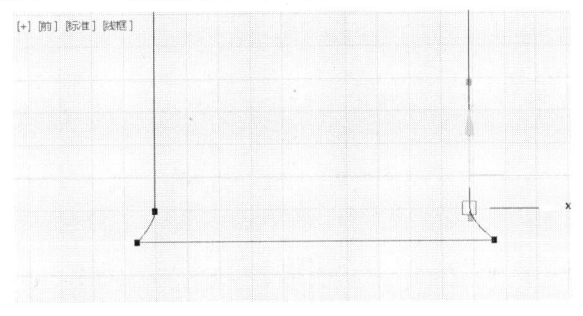

图 3-7　调整 Bezier 角点弧度

（7）进入【修改】面板，选择【Line】选项，在【渲染】卷展栏中勾选【在渲染中启用】

和【在视口中启用】复选框,选中两个圆环,重复该操作,效果如图3-8所示。

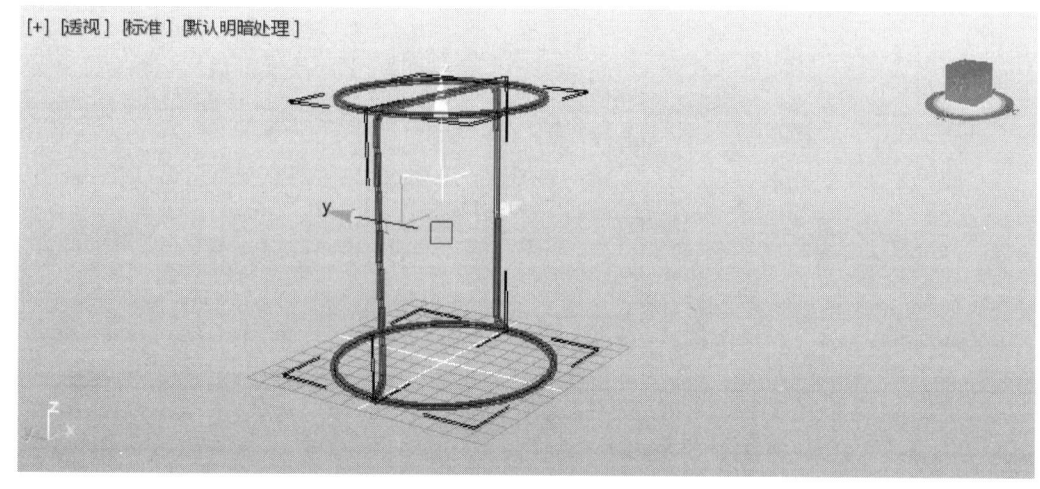

图3-8 设置线渲染方式后的效果

(8)在【渲染】卷展栏中设置线的【厚度】,如图3-9所示。

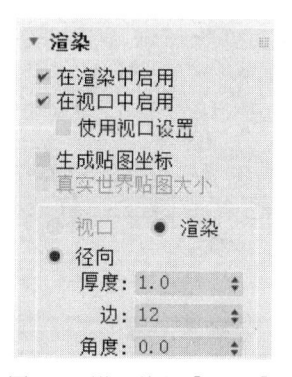

图3-9 设置线的【厚度】

(9)分别选中上下两个圆环和凳腿,在【插值】卷展栏中勾选【自适应】复选框,如图3-10所示,使线变得光滑。

图3-10 修改线的插值

(10)选中凳腿,首先按【E】键,然后右击【角度捕捉切换】按钮,在弹出的【栅格和捕捉设置】窗口中修改捕捉角度为90度,激活【角度捕捉切换】按钮,按住【Shift】键并单击,旋转90度复制出一条新的凳腿,如图3-11所示。

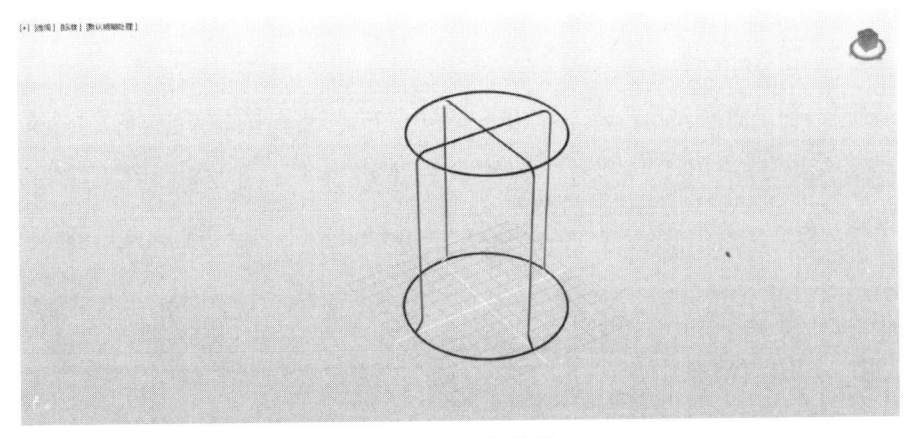

图 3-11 复制凳腿

（11）单击【创建】→【几何体】按钮，进入【几何体】面板，展开下面的下拉列表，选择【扩展基本体】选项。

（12）在【对象类型】卷展栏中单击【切角圆柱体】按钮，在顶视图中从中心拖出一个切角圆柱体，并设置参数，如图 3-12 所示。

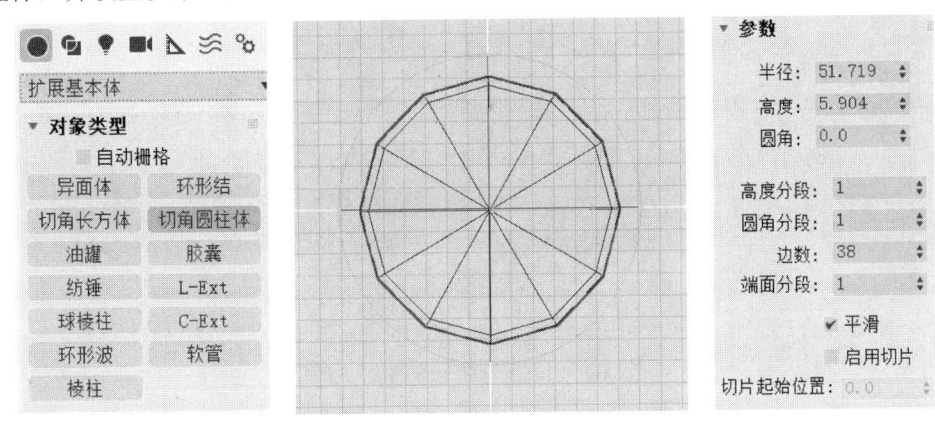

图 3-12 制作切角圆柱体并设置参数

（13）在【参数】卷展栏中设置切角圆柱体的【边数】，使其变得圆滑，效果如图 3-13 所示。

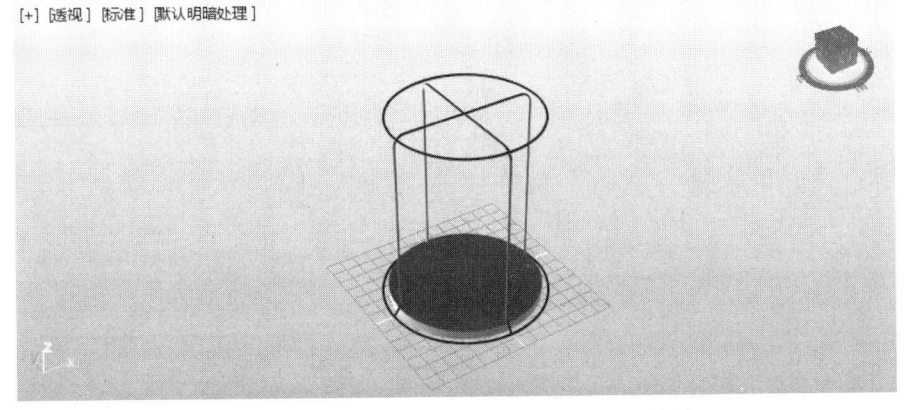

图 3-13 对切角圆柱体进行圆滑处理后的效果

（14）选中切角圆柱体并将其移动至上方，如图 3-14 所示。

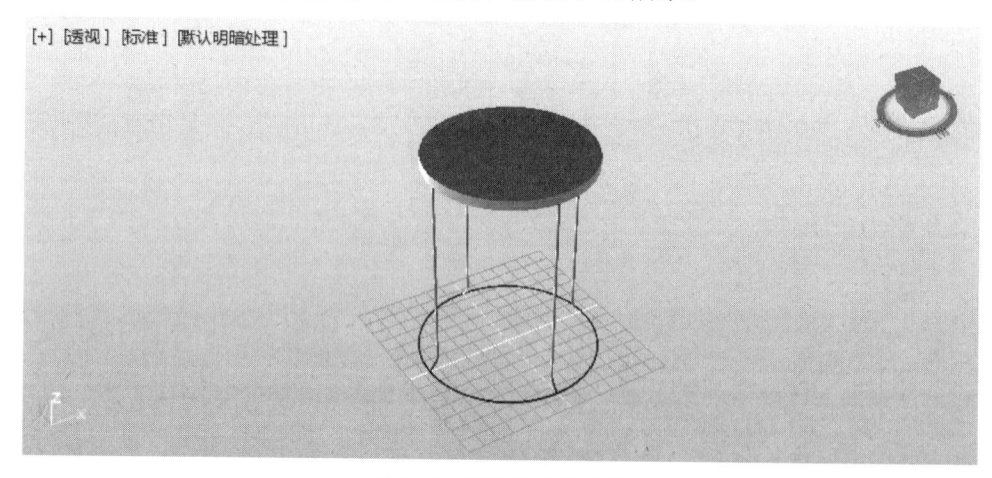

图 3-14　移动切角圆柱体

（15）在【参数】卷展栏中设置【高度】【圆角】【圆角分段】，如图 3-15 所示，使切角圆柱体达到合适的效果。

图 3-15　设置切角圆柱体的参数

（16）调整切角圆柱体（凳面）的位置，使其与圆环紧密连接，如图 3-16 所示。

图 3-16　调整切角圆柱体的位置

（17）在【修改】面板中修改铁艺圆凳整体的颜色。最终效果如图 3-17 所示。

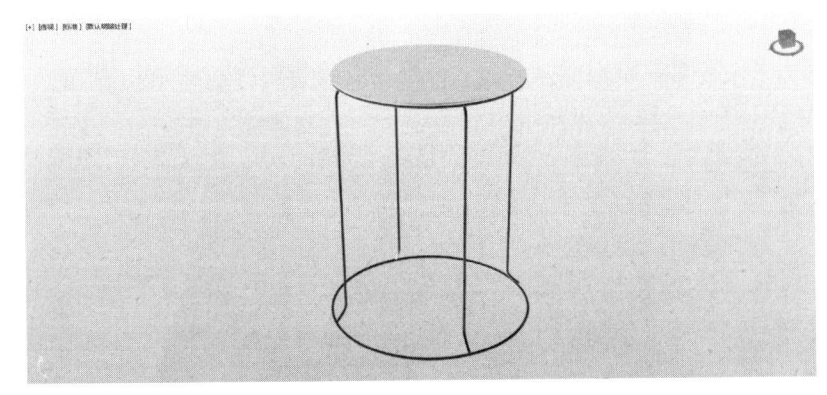

图 3-17　最终效果

任务 3　制作铁艺栏杆

任务描述

本任务旨在介绍室内别墅建模中楼梯上栏杆的制作技巧，其中，栏杆采用人工弯制，且拥有各种花样。学生需要学会如何制作具有花饰的铁艺栏杆。

任务分析

本任务将通过制作具有花饰的铁艺栏杆来介绍线的绘制和调整方法。在绘制线的过程中，应首先观察花饰的特征，然后将重要的特征绘制出来，并进行逐步修改。此外，还需要复习切角圆柱体的制作方法、二维图形（【圆】）的绘制与修改方法，以及样条线的应用和渲染参数的调整方法。

制作要点：特征画线、线光滑、比例合适。

任务实施

（1）在命令面板中单击【创建】→【图形】→【线】按钮，在前视图中斜向画出一条线。选择该条线，切换到移动状态（或按【W】键），按住【Shift+下方向】快捷键并向下拖动复制出另一条线，如图 3-18 所示。

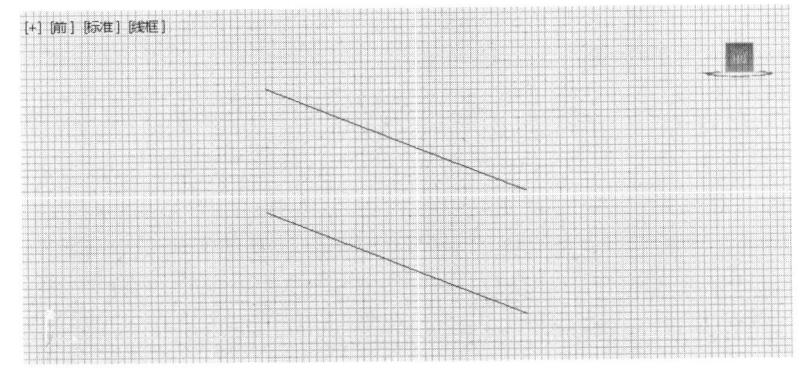

图 3-18　绘制线

（2）在两条斜线之间利用线工具绘制出花饰的形状，根据花饰的特征进行绘制，在绘制线时尽量减少顶点的数量，只要能表达出花饰的特征就可以，如图 3-19 所示。

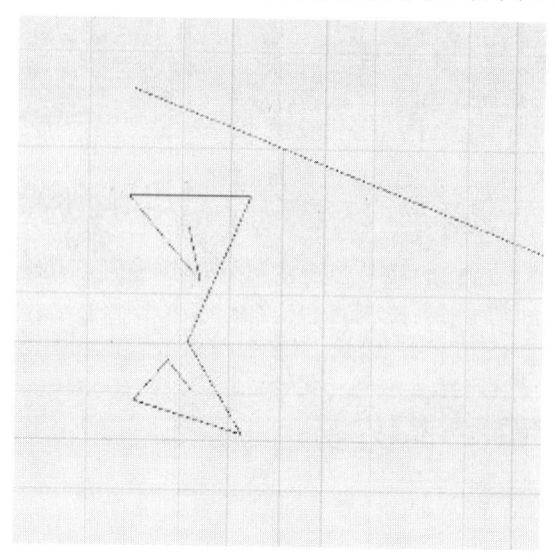

图 3-19　绘制花饰的形状

（3）进入【修改】面板，选择【Line】→【顶点】子级，调整样条线。选中花饰的所有顶点并右击，在弹出的快捷菜单中分别选择【平滑】命令和【Bezier】命令，使选中的顶点变为 Bezier 类型，并通过拖动 Bezier 调整钮来调整圆角弧度，如图 3-20 所示。

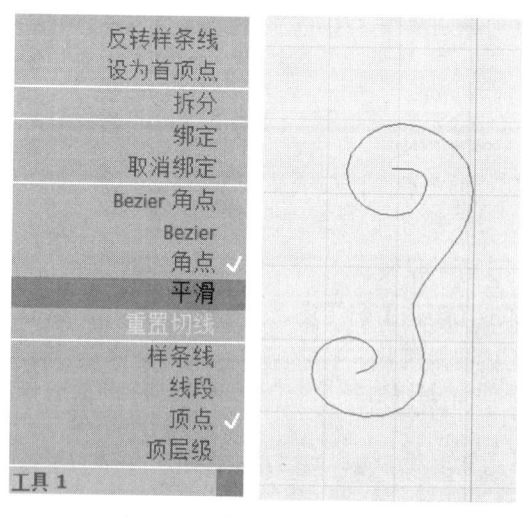

图 3-20　修改花饰的形状

（4）进入【修改】面板，选择【Line】选项，单击工具栏中的【选择并均匀缩放】按钮，调整花饰的大小。

（5）将花饰移动至垂直线左侧边缘，并单击工具栏中的【镜像】按钮进行镜像复制，将复制出的花饰移动至垂直线右侧边缘，使其与原始花饰相邻。选中两个花饰再次执行【镜像】操作，将复制出的花饰移动至上半部分花饰的下方，使其与上半部分花饰相邻，完成装饰的制作，如图 3-21 所示。

图 3-21　完成花饰的制作

（6）选中其中一个花饰，在【修改】面板中选择【Line】选项，在【渲染】卷展栏中勾选【在渲染中启用】和【在视口中启用】复选框，对其他几个花饰重复执行上述操作，如图 3-22 所示。

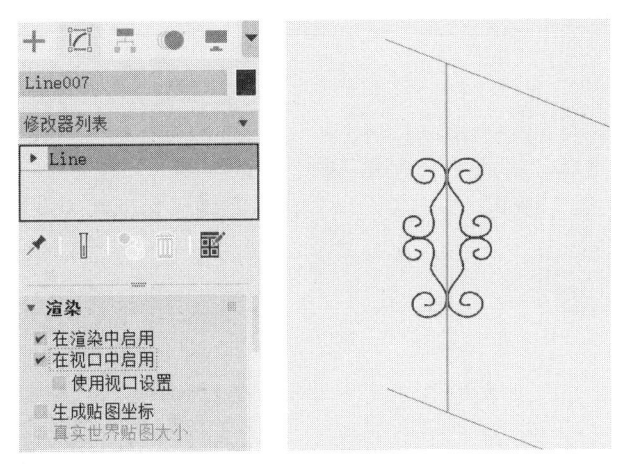

图 3-22　设置花饰的渲染参数

（7）将花饰调整到合适的位置。

（8）选中所有的花饰，在菜单栏中选择【组】→【组】命令，将它们合并到一个组中，如图 3-23 所示。

（9）分别选中两条斜线，在【修改】面板中选择【Line】选项，在【渲染】卷展栏中勾选【在渲染中启用】和【在视口中启用】复选框，并调节【厚度】为 3，如图 3-24 所示。

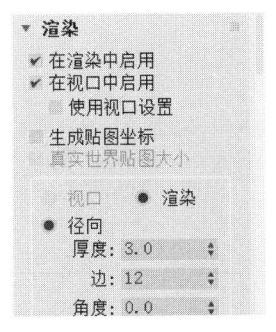

图 3-23　组合　　　　　　　　　图 3-24　设置渲染参数

（10）在命令面板中单击【创建】→【图形】→【线】按钮，在右侧紧挨斜线处绘制出一条垂直线，并将其【厚度】修改为与两条斜线一致。

（11）分别选中花饰和垂直线的栏杆，在按住【Shift】键的同时，按住鼠标左键并向右拖动复制出 4 组铁花，调整它们之间的间距，如图 3-25 所示。

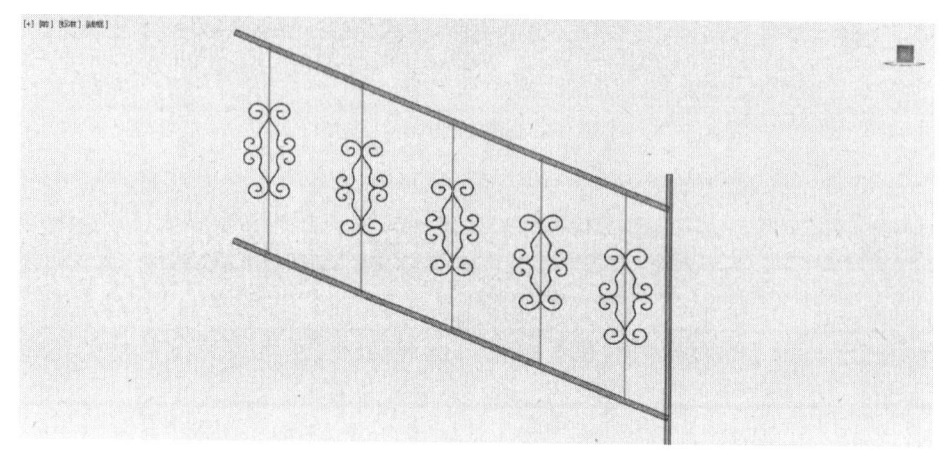

图 3-25 复制

（12）在命令面板中单击【创建】→【几何体】→【球体】按钮，在视图窗口中按住鼠标左键并拖动创建一个球体，将其放置于最右侧栏杆的顶端。

（13）单击【圆柱体】按钮，在顶视图中创建一个圆柱体，并在前视图中调整圆柱体的位置。最终效果如图 3-26 所示。

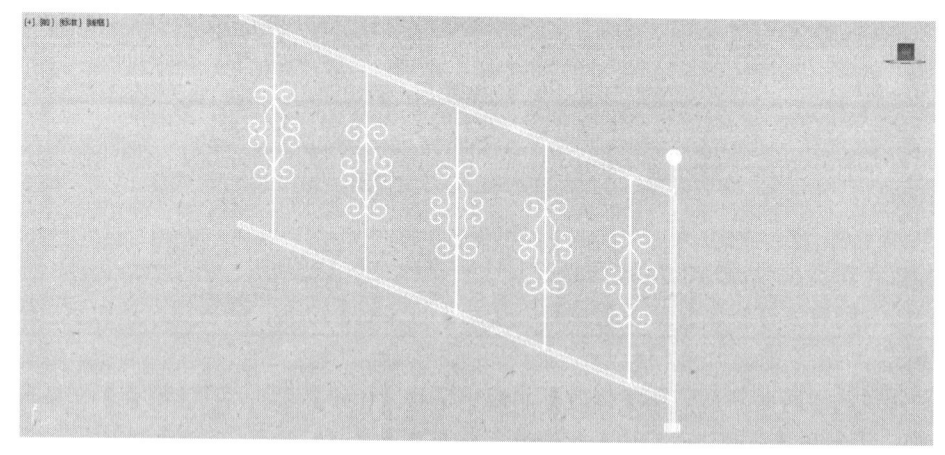

图 3-26 最终效果

任务 4　制作花饰

任务描述

本任务旨在介绍如何制作室外别墅建模中的花饰，特别是人工弯制的各种花饰。

任务分析

本任务通过制作一个中式花饰图案造型来介绍线的绘制方法。

本任务主要分为三部分：外框制作、中心圆制作和两边花饰制作。其中，在制作两边花饰时可以先制作一个基本花饰，并通过【附加】和【焊接】操作形成一个冠状的模型，再通过旋转复制得到整体模型。在制作过程中会用到轴心调整和实例复制等技术。

制作要点：布局要有整体观，从外到里。在绘制图形时，要先绘制特征点，再通过设置【顶点】的类型来调整形状。合理利用【实例】复制方式，同时修改相关图形，制作内部花饰，并合理利用【镜像】命令生成另一侧图形。

任务实施

3.4.1 制作花饰框架

（1）在命令面板中单击【创建】→【图形】→【矩形】按钮，在前视图中创建一个矩形。

（2）进入【修改】面板，单击【配置修改器】按钮，在弹出的下拉列表中选择【显示按钮】选项，如图3-27所示。

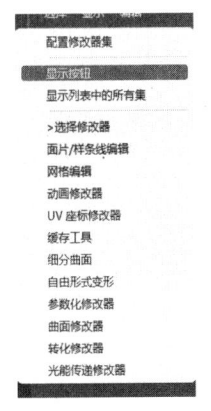

图3-27 选择【显示按钮】选项

（3）在【参数】卷展栏中修改矩形的【角半径】。

（4）在命令面板中单击【创建】→【图形】→【椭圆】按钮，创建一个椭圆形。在命令面板中，单击【修改】按钮，在【参数】卷展栏中修改椭圆形的【长度】和【宽度】，如图3-28所示。

（5）调整椭圆形和矩形的位置，实现外框的制作，效果如图3-29所示。

图3-28 修改椭圆形的参数

图3-29 外框效果

（6）选中椭圆形，按住【Shift+左方向】快捷键并向左拖动椭圆形复制出一个。在【参数】卷展栏中修改椭圆形的【宽度】。再次选中在第（4）步中创建的椭圆形，按住【Shift+右方向】快捷键向右拖动椭圆形复制出一个，并调整3个椭圆形的位置，确定布局，如图3-30所示。

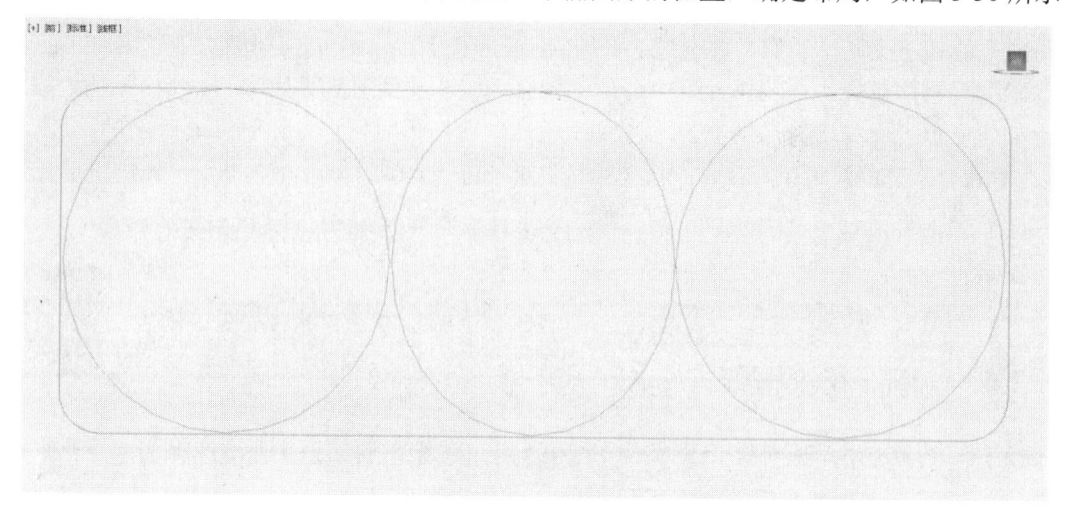

图 3-30　确定布局

（7）选中中间的椭圆形，在工具栏中单击【选择并均匀缩放】按钮，按住【Shift】键并拖动椭圆形，缩放复制出一个更小的椭圆形，如图3-31所示。

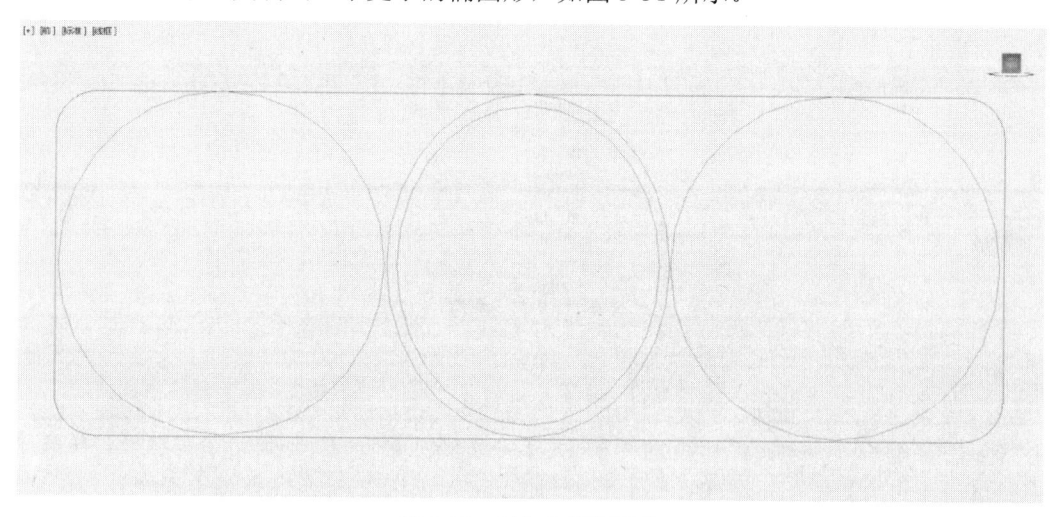

图 3-31　制作内部椭圆形

3.4.2　制作花饰花样

（1）在命令面板中单击【创建】→【图形】→【线】按钮，在视图窗口中勾勒出花饰大致的形状。进入【修改】面板，选择【Line】→【顶点】子级，调整样条线。选中花饰的所有顶点并右击，在弹出的快捷菜单中依次选择【平滑】和【Bezier】命令，将被选中的顶点变为Bezier类型。拖动Bezier调整钮调整圆角弧度，尽量让调整点处于椭圆形的切线上，使整体变得光滑，如图3-32所示。

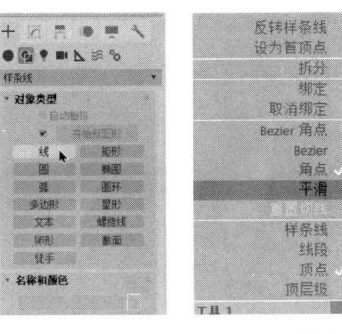

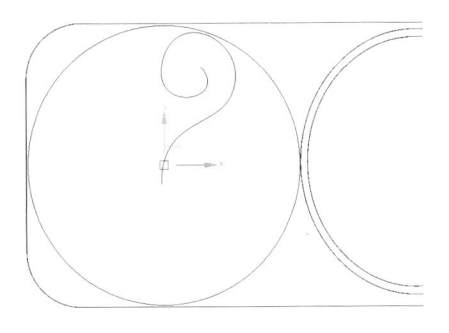

图 3-32　制作花饰

（2）进入【修改】面板，选择【Line】选项，在按住【Shift+左方向】快捷键的同时，按住鼠标左键并向左拖动复制出一条样条线。选中复制出的样条线，单击工具栏中的【选择并均匀缩放】按钮，将其调整至合适大小，并移动至矩形左上角。

（3）选中在第（1）步中制作的花饰，单击工具栏中的【镜像】按钮，对称复制出一个，将其移动至左侧。

（4）打开【几何体】卷展栏，单击【附加】按钮，将两个对半的花饰附加成一个对象，如图 3-33（1）所示。

（5）进入【修改】面板，选择【Line】→【顶点】子级，框选花饰下面两个靠近的顶点，在【几何体】卷展栏中依次单击【熔合】按钮和【焊接】按钮，如图 3-33（2）和图 3-33（3）所示。

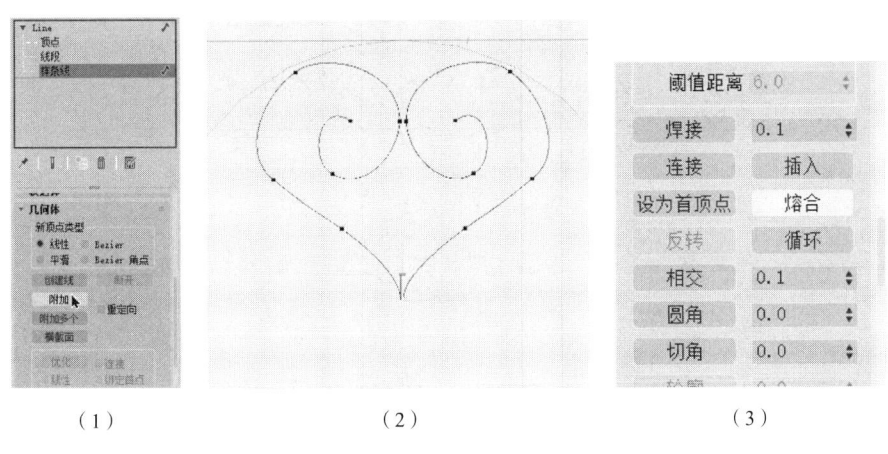

（1）　　　　　　　　　　（2）　　　　　　　　　　（3）

图 3-33　附加

（6）退出【顶点】子级，在【渲染】卷展栏中勾选【在渲染中启用】和【在视口中启用】复选框，如图 3-34 所示。

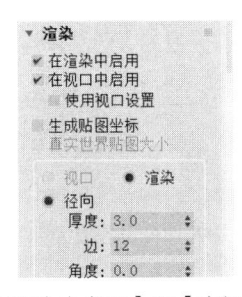

图 3-34　勾选【在渲染中启用】和【在视口中启用】复选框

(7)将左侧的椭圆形隐藏,并调整花饰的位置,如图3-35所示。

图3-35 调整位置

(8)在命令面板中单击【层次】→【轴】→【仅影响轴】按钮,移动中心点至需要旋转的中心位置(见图3-35)。移动完成后再次单击【仅影响轴】按钮,如图3-36所示。

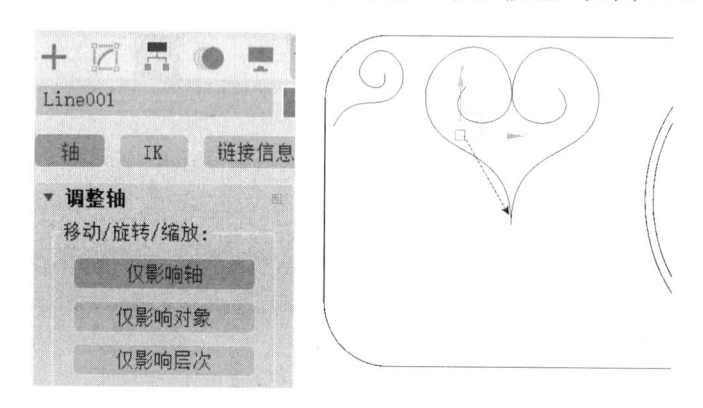

图3-36 单击【仅影响轴】按钮

(9)选中花饰,首先单击工具栏中的【选择并旋转】按钮,然后右击【角度捕捉切换】按钮,修改捕捉角度为90度,按住【Shift】键并单击,旋转复制出3个花饰,此时注意要选中【实例】单选按钮,如图3-37所示。

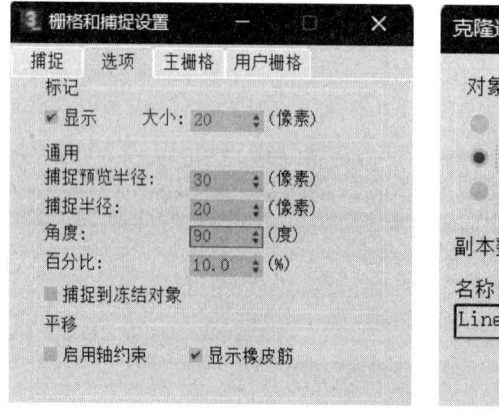

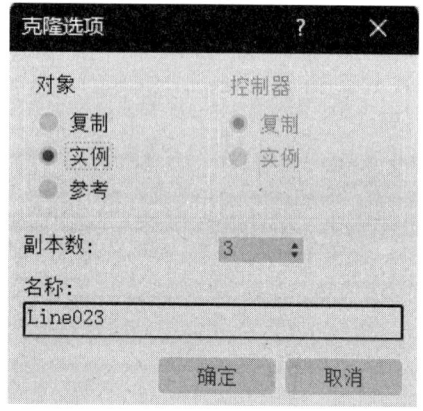

图3-37 修改捕捉角度并进行复制选择

(10)调整花饰的位置和厚度,效果如图3-38所示。

图 3-38 调整花饰的位置和厚度后的效果

（11）选择其中一个花饰，按住【Shift】键并向右拖动花饰复制出一个，单击工具栏中的【选择并均匀缩放】按钮，调整其大小和位置，效果如图 3-39 所示。

图 3-39 复制花饰并调整其大小和位置后的效果

（12）显示左侧的椭圆形，在命令面板中单击【创建】→【图形】→【线】按钮，在视图窗口中绘制如图 3-40 所示的图形。

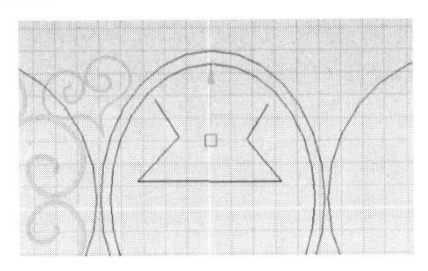

图 3-40 绘制图形

（13）进入【修改】面板，选择【Line】→【顶点】子级，选中中间转折处的两个顶点并右击，在弹出的快捷菜单中选择【平滑】命令。选中下方的两个顶点，在【几何体】卷展栏中单击【圆角】按钮，如图 3-41 所示。

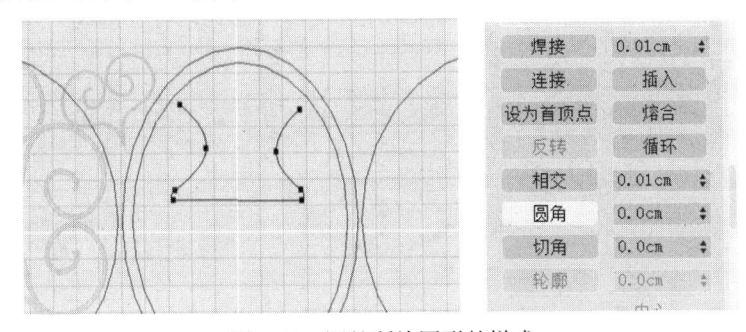

图 3-41 调整所绘图形的样式

（14）退出【顶点】子级，在【渲染】卷展栏中勾选【在渲染中启用】和【在视口中启用】

复选框。

参照前面的步骤制作其余部分，最终效果如图 3-42 所示。

图 3-42　最终效果

练习题

运用二维图形建模的方法，制作如图 3-43 所示的铁艺圆凳、铁艺栏杆及花饰模型。要求形状相似，结构完整，布线合理。

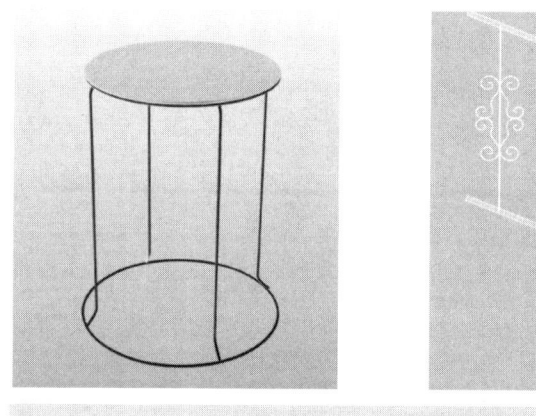

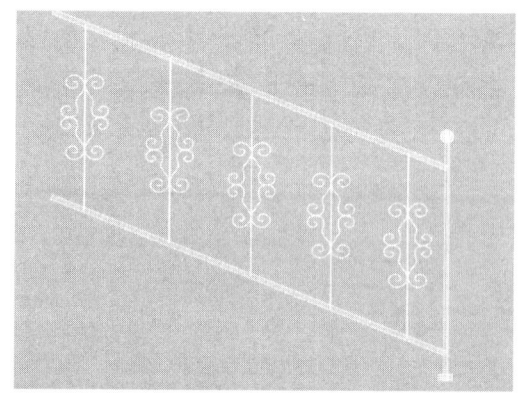

图 3-43　铁艺圆凳、铁艺栏杆及花饰模型

项目 4

二维图形修改器

能力目标

3ds Max 中包含两大类修改器,第一类是二维图形修改器,它主要针对二维图形,我们可以创建简单的图形,使用二维图形修改器将它变成三维的效果;第二类是三维图形修改器。通过学习本项目,学生可以掌握对相同剖面的对象进行建模的方法。

本项目要求学生掌握【挤出】【车削】【放样】【倒角剖面】等二维图形修改器的使用方法。

项目介绍

常用的二维图形修改器包括【挤出】【车削】【放样】【倒角剖面】等。【挤出】修改器是一种将深度添加到二维图形中,生成三维物体的方法。被挤出的二维图形必须是封闭的二维曲线。如果被挤出的二维图形不是封闭的二维曲线,那么得到的是一个不封闭的面,不能得到所需要的准确效果。【车削】修改器可以通过围绕坐标轴旋转一个二维图形来生成三维物体。其中的二维图形是三维物体的剖面,在创建二维图形时,一般先绘制一个半剖面,再使用【车削】修改器将半剖面旋转形成三维物体。【放样】修改器是在复合对象中使用的工具,用于将一个或多个二维图形沿着另一个二维图形进行拉伸,从而生成三维物体。参与放样的二维图形分成两部分:被拉伸的一个或多个二维图形作为放样物体的图形;被沿着的二维图形作为路径。图形可以有单个或多个。路径只能有一个,可以是封闭或不封闭的曲线。【倒角剖面】修改器可以使用一个二维图形作为倒角的剖面沿着另一个二维图形(路径)运动,从而生成三维物体,但作为剖面的二维图形不能被删除。剖面改变,三维物体的造型跟随改变。剖面若是封闭曲线,则三维物体的造型是不封闭的,反之,三维物体的造型是封闭的。本项目将通过墙体、会议桌、果盘、窗帘等模型的制作实例来介绍如何通过二维图形修改器将二维模型转换为三维模型。

项目安排

任务1 利用CAD制作墙体。
任务2 制作会议桌。
任务3 制作果盘。
任务4 制作窗帘、圆桌布和欧式柱。

学习目标

【知识目标】

通过学习本项目的实例制作，学会在3ds Max中对二维模型进行建立、修改、加工的方法，把二维图形的建模方法贯穿于实例当中，掌握并灵活使用3ds Max中针对二维模型的【挤出】【车削】【放样】【倒角】【倒角剖面】等修改器。

【技能目标】

1．能通过导入CAD图纸绘制样条线并使用【挤出】修改器完成室内墙体的建模。
2．能使用【倒角剖面】修改器并进行参数修改完成会议桌的建模。
3．能使用【车削】修改器并进行参数修改完成果盘的建模。
4．能使用【放样】修改器并进行参数修改完成窗帘、圆桌布和欧式柱的建模。

【素质目标】

1．遵守职业道德，深入生活，树立正确的艺术观和创作观。
2．培养认真严谨、精益求精的工作态度，充分发扬工匠精神和劳动精神。

任务1 利用CAD制作墙体

任务描述

室内装饰设计的第一步，要求设计师能根据CAD图纸完成墙体建模。本任务可以从导入CAD图纸开始，通过创建二维线及添加【挤出】修改器完成墙体建模。

任务分析

首先将CAD图纸导入场景，并在视图窗口中绘制出墙体的外轮廓线和内隔断线；然后选择绘制出的线段，利用【挤出】修改器，设置墙体的高度和厚度；最后检查建模结果，如果需要调整墙体高度或厚度，则可以重新设置，并进行预览。处理完成后，导出所需格式。

🡒 任务实施

4.1.1 导入 CAD 图纸

（1）选择【文件】→【导入】命令，打开【导入】对话框，选择文件素材【套二厅平面图.dwg】，在【AutoCAD DWG/DXF 导入选项】对话框中直接单击【确定】按钮，如图 4-1 所示。

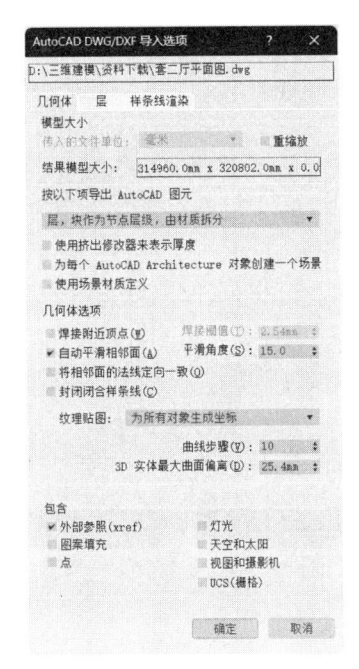

图 4-1 【AutoCAD DWG/DXF 导入选项】对话框

（2）为了方便后期对二维线进行绘制，选中 CAD 图纸中的所有内容，进入【修改】面板，将二维线的颜色修改为灰色，如图 4-2 所示。

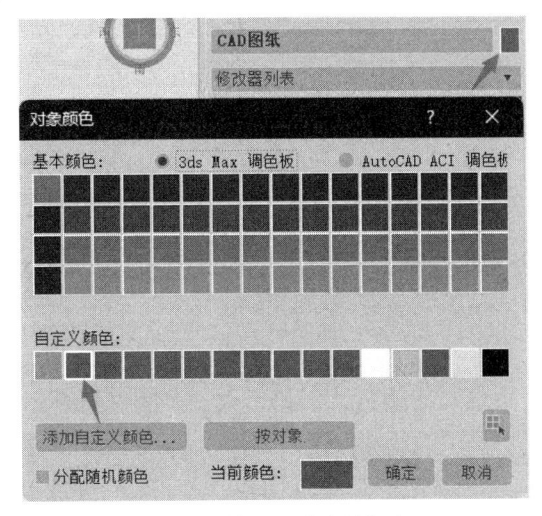

图 4-2 修改二维线的颜色

（3）选择【组】→【组】命令，打开【组】对话框，新建组【CAD 图纸】，单击【确定】按钮。修改软件界面下方的坐标参数，分别将【X】【Y】坐标值归零，如图 4-3 所示。

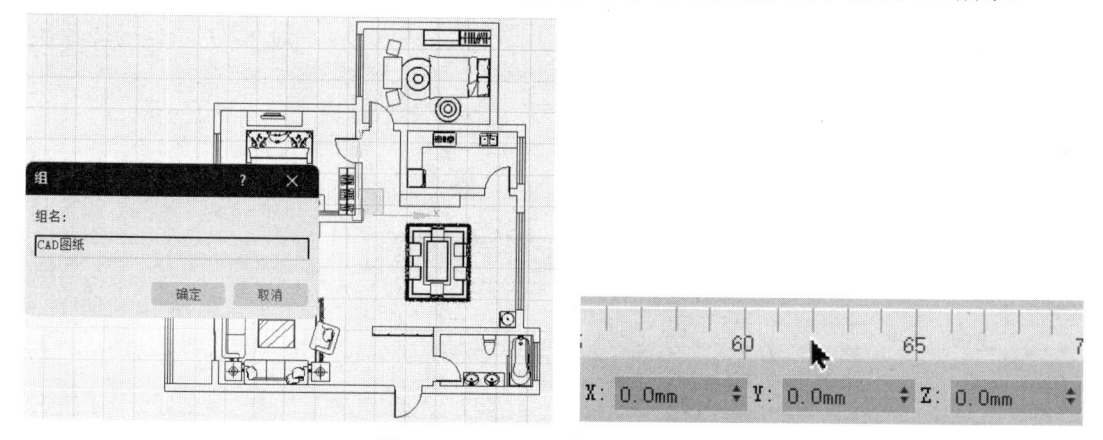

图 4-3　CAD 图纸建组及归零设置

（4）按【G】键取消网格显示，选择 CAD 图纸并右击，在弹出的快捷菜单中选择【冻结当前选择】命令，固定图纸的位置。

（5）右击工具栏中的【捕捉开关】按钮，打开【栅格和捕捉设置】窗口，在【捕捉】选项卡中勾选【顶点】【端点】【中点】复选框，在【选项】选项卡中勾选【捕捉到冻结对象】和【启用轴约束】复选框，如图 4-4 所示。

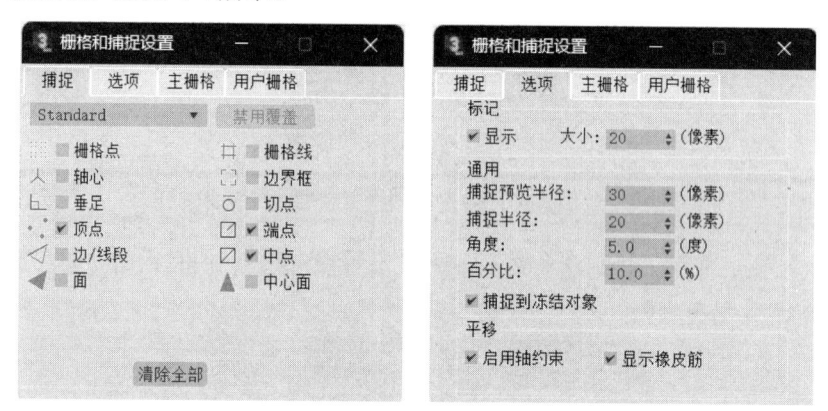

图 4-4　【栅格和捕捉设置】窗口

4.1.2　制作墙体

（1）激活【2.5 维捕捉】按钮，在命令面板中单击【创建】→【图形】→【线】按钮，在 CAD 图纸上捕捉墙体进行绘制，从起始点出发并在起始点结束，闭合样条线，如图 4-5 所示。

（2）使用同样的方法绘制其他墙体。绘制完成后，选择其中任意一条封闭的样条线，进入【修改】面板，单击【几何体】卷展栏中的【附加】按钮，将所有样条线附加成一个整体，如图 4-6 所示。

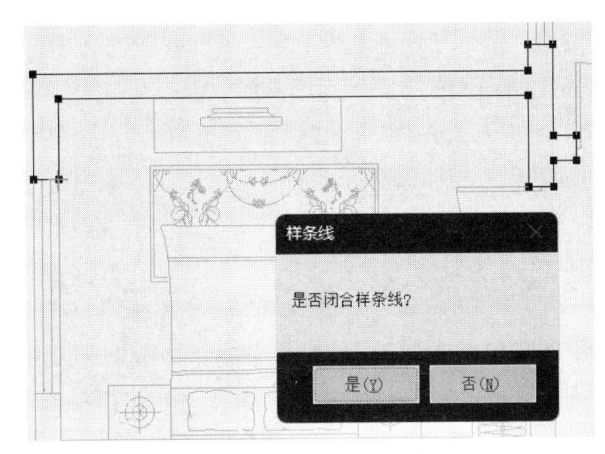

图 4-5 捕捉墙体绘制样条线

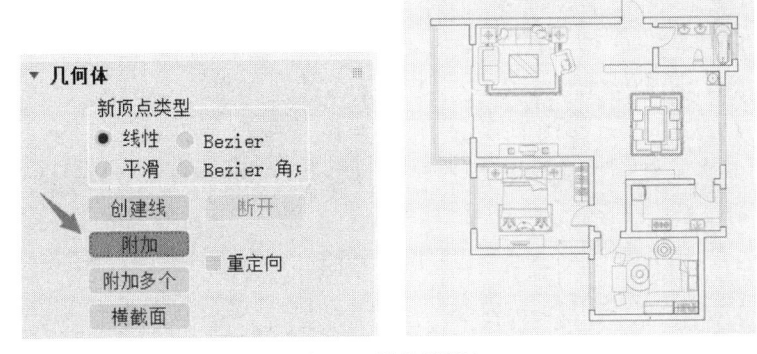

图 4-6 样条线附加

（3）在添加修改器之前，首先选择【自定义】→【单位设置】命令，在打开的【单位设置】对话框中将显示单位设置为【毫米】，然后单击【系统单位设置】按钮，在打开的【系统单位设置】对话框中将系统单位设置为【毫米】，如图 4-7 所示。

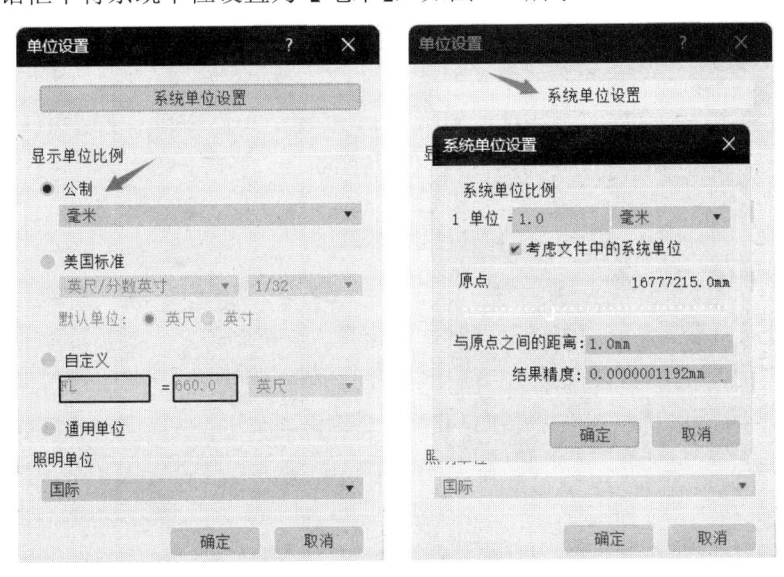

图 4-7 单位设置

（4）进入【修改】面板，添加【挤出】修改器。家装住宅墙体高度一般在 2.8~3m，这里设置【数量】为 2800mm，如图 4-8 所示。

（5）墙体最终效果如图 4-9 所示。

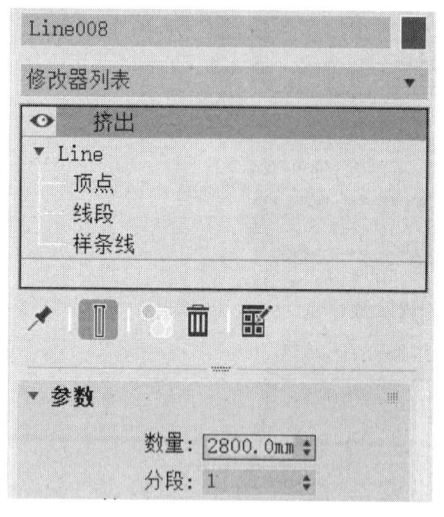

图 4-8 【挤出】修改器的参数设置

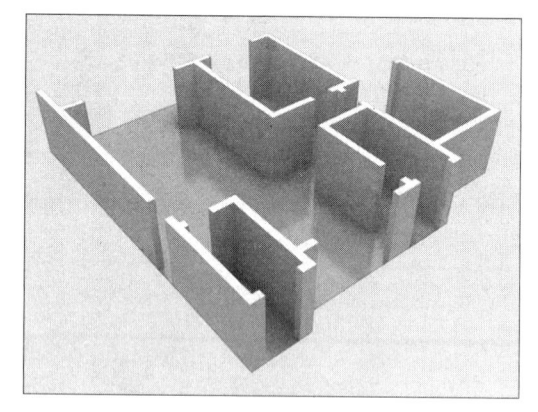

图 4-9 墙体最终效果

任务 2　制作会议桌

➡ 任务描述

会议桌是常见的办公用品，其形状分为矩形、椭圆形、马蹄形等，在对椭圆形会议桌进行建模时可以通过【倒角剖面】修改器实现。

➡ 任务分析

首先，根据参会人数确定会议桌的大小。其次，参考实物绘制剖面的形状，在这个过程中可以通过对剖面点进行对齐、位置调整完成细节的确认。最后，添加【倒角剖面】修改器制作出满足需求的会议桌。

➡ 任务实施

（1）通过添加【倒角剖面】修改器制作会议桌，分析制作会议桌需要的路径和会议桌的剖面。根据参会人数为 8 人左右的需求，在顶视图中创建长度为 1200mm，宽度为 2800mm，角半径为 600mm 的矩形。右击工具栏中的【选择并移动】按钮，打开【移动变换输入】窗口，对【Y】坐标值做归零处理，如图 4-10 所示。

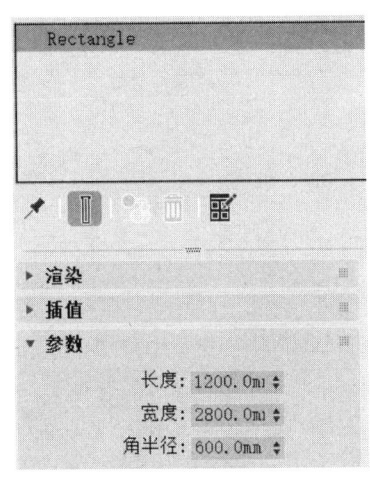

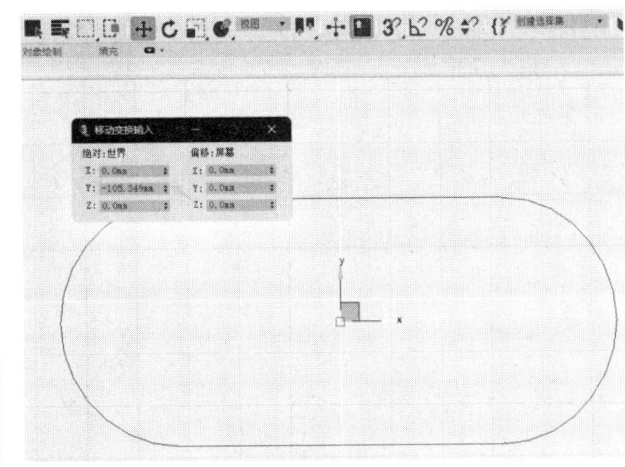

图 4-10　圆角矩形的绘制与位置归零处理

（2）在前视图中利用线工具绘制剖面。在绘制剖面时按住【Shift】键可保持线的水平或垂直状态，初始剖面效果如图 4-11 所示。

（3）考虑桌面的上平面和下平面均要保持在同一水平面上，进入【修改】面板，选择【Line】→【顶点】子级进行顶点位置的调整。在调整顶点的位置之前，先在工具栏中激活【2.5维捕捉】按钮，右击该按钮进入【栅格和捕捉设置】窗口，勾选【启用轴约束】复选框，以便后面顶点的对齐，如图 4-12 所示。

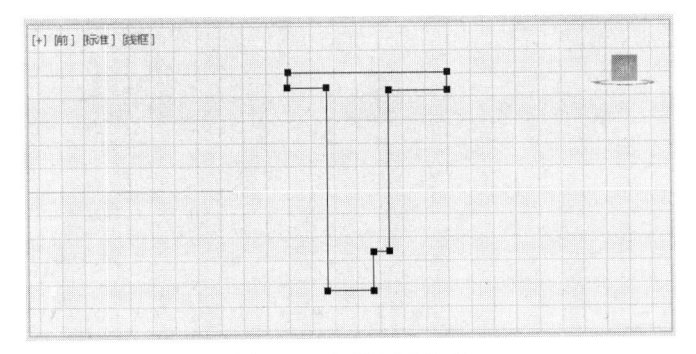

图 4-11　初始剖面效果

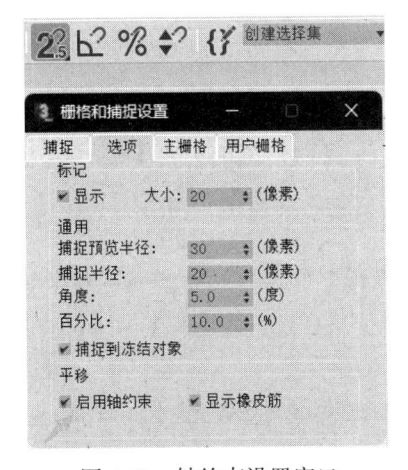

图 4-12　轴约束设置窗口

（4）在利用捕捉功能调整顶点时，调整 X 轴使其保持垂直对齐，调整 Y 轴使其保持水平对齐，如图 4-13 所示。

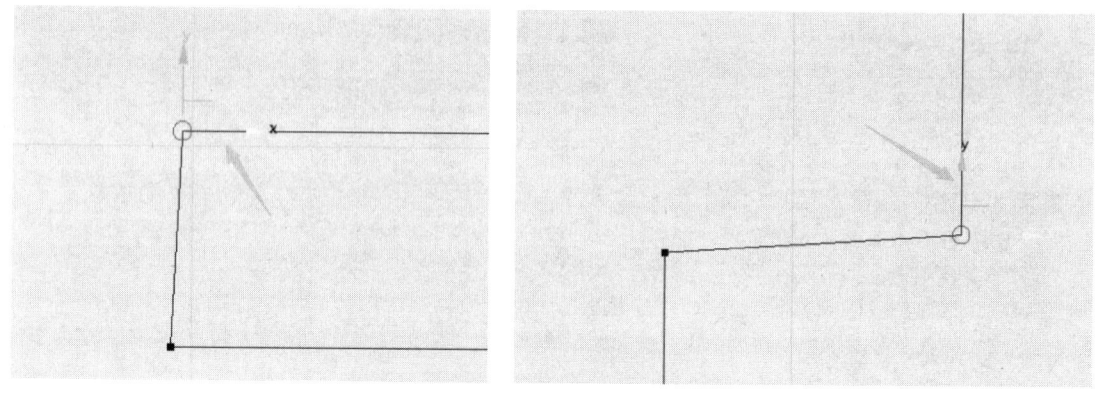

图 4-13　调整 X 轴和 Y 轴

（5）所有顶点调整好之后的剖面效果如图 4-14 所示。

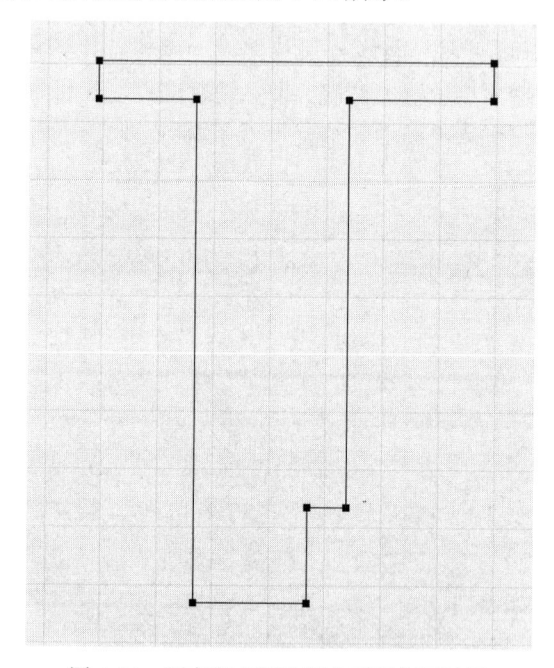

图 4-14　所有顶点调整好之后的剖面效果

（6）选择圆角矩形路径，添加【倒角剖面】修改器。进入【倒角剖面】面板，在【参数】卷展栏中选中【经典】单选按钮，在【经典】卷展栏中单击【拾取剖面】按钮，选择在前视图中绘制的剖面，如图 4-15 所示。

（7）如果绘制的会议桌【厚度】等参数与实际有一定的偏差，则需要在前视图中进一步调整剖面的形状。进入【修改】面板，选择【Line】→【顶点】子级进行顶点位置的调整。调整好的剖面和三维效果如图 4-16 所示。

（8）会议桌最终渲染效果如图 4-17 所示。

项目 4 二维图形修改器

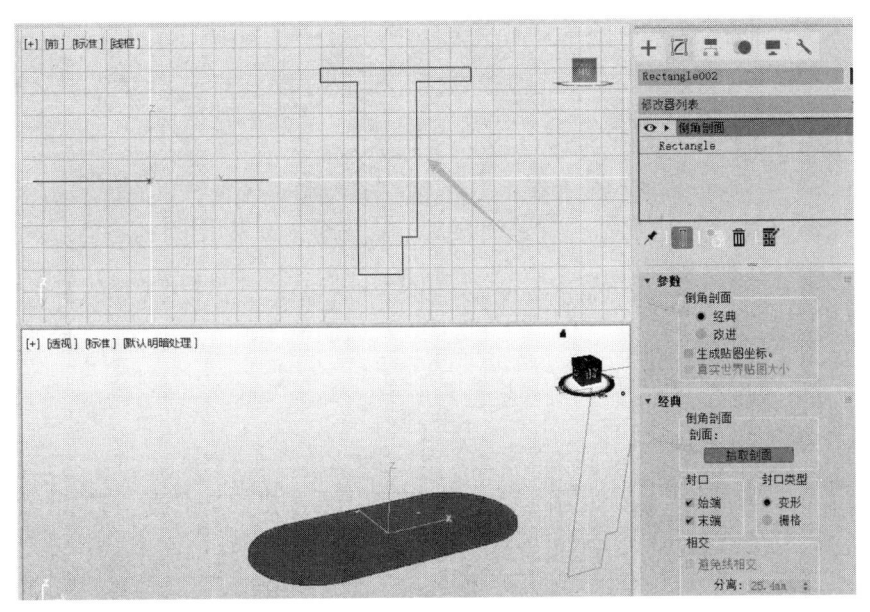

图 4-15 【倒角剖面】面板设置

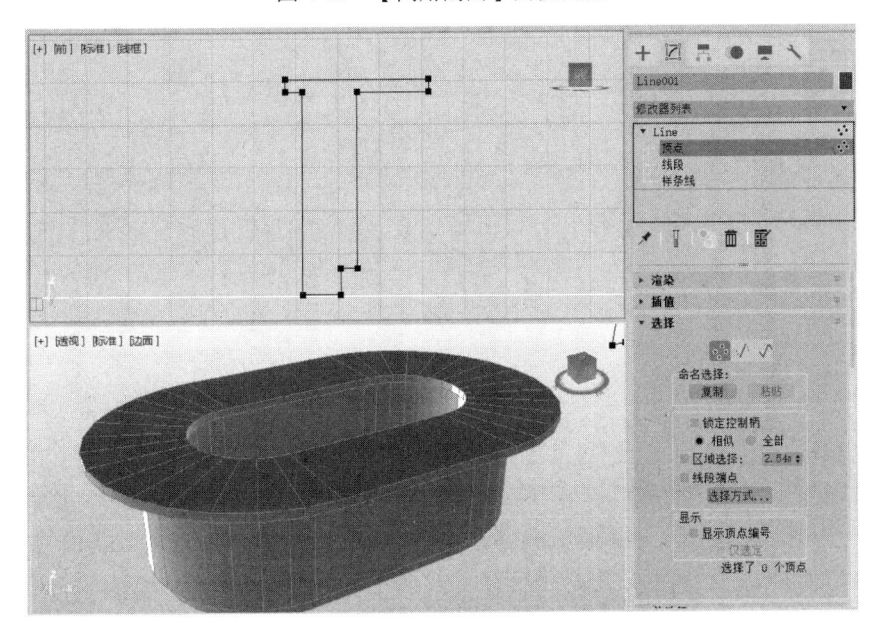

图 4-16 调整好的剖面和三维效果

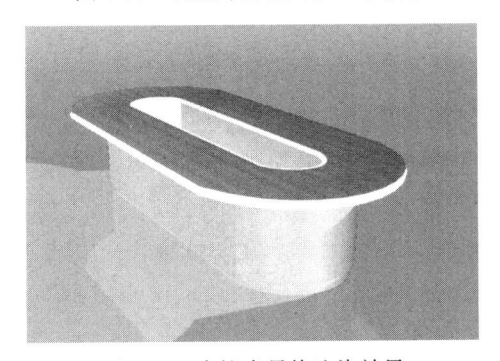

图 4-17 会议桌最终渲染效果

任务3 制作果盘

任务描述

对于中心对称的物体,只要使用样条线画出剖面就可以通过添加【车削】修改器生成三维对象。由于盘子及苹果都符合这个特性,因此,可以通过【车削】修改器完成盘子及苹果的建模。

任务分析

创建一个简单的果盘,主要使用线工具绘制出盘子及苹果的半剖面,可以通过【平滑】或【Bezier角点】命令调整剖面线顶点的弧度。确定后的半剖面通过添加【车削】修改器绕 X、Y、Z 各轴向旋转。如果出现黑面,则需要进行法线翻转。后期可以通过复制对象、旋转对象完成果盘的摆盘效果。

任务实施

4.3.1 制作苹果

(1)在前视图中使用线工具进行盘子中果子的半剖面绘制,效果如图4-18所示。

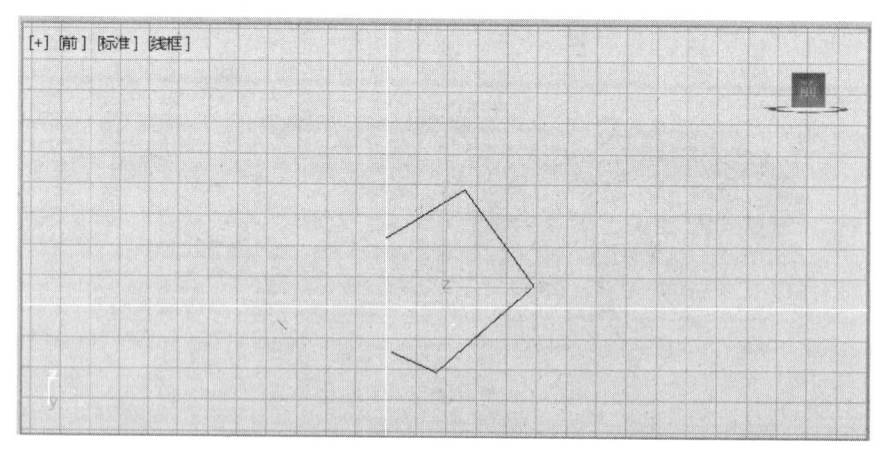

图4-18 果子的半剖面效果

(2)进入【修改】面板,选择【Line】→【顶点】子级,选中所有的顶点并右击,在弹出的快捷菜单中将【角点】类型切换为【Bezier角点】类型,如图4-19所示。除了起始点,每个顶点都会出现两个绿色的手柄。

(3)保持所有顶点的选中状态,按【W】键,调整每个手柄,对半剖面线进行平滑处理,也可以调整顶点的位置,最终得到想要的半剖面效果,如图4-20所示。

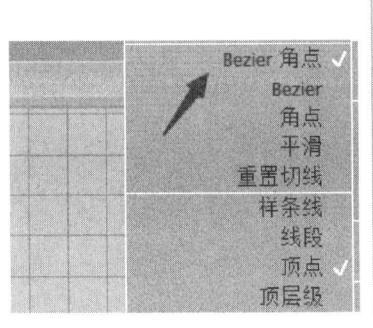

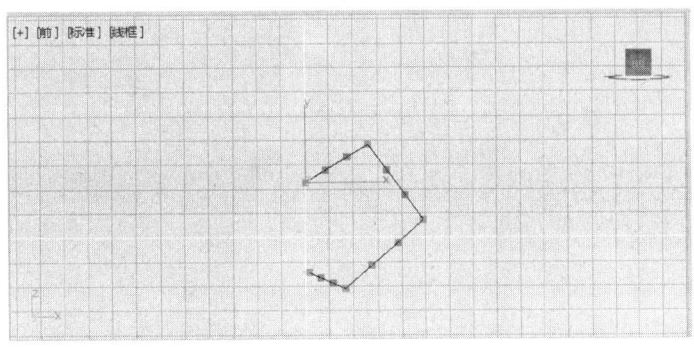

图 4-19　半剖面线调整

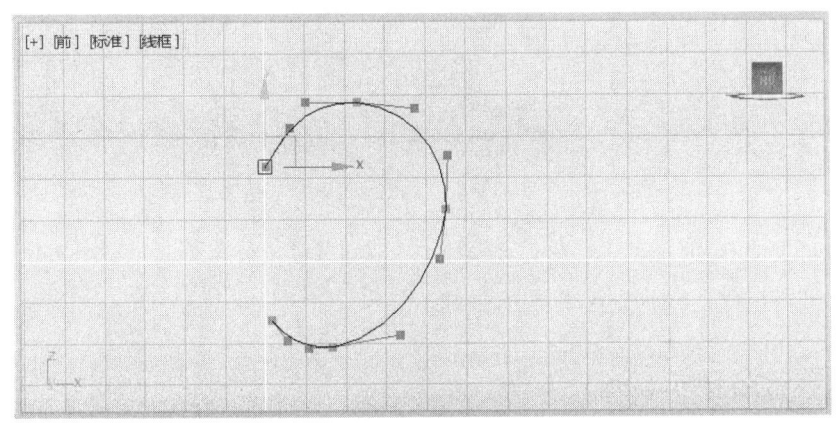

图 4-20　调整好的半剖面效果

（4）退出【顶点】子级，添加【车削】修改器。选择【车削】→【轴】子级，在前视图中调整坐标轴的位置。如果出现黑面，则检查对象的法线，勾选【参数】卷展栏中的【翻转法线】复选框，如图 4-21 所示。

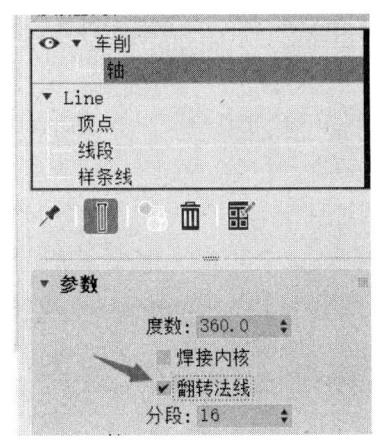

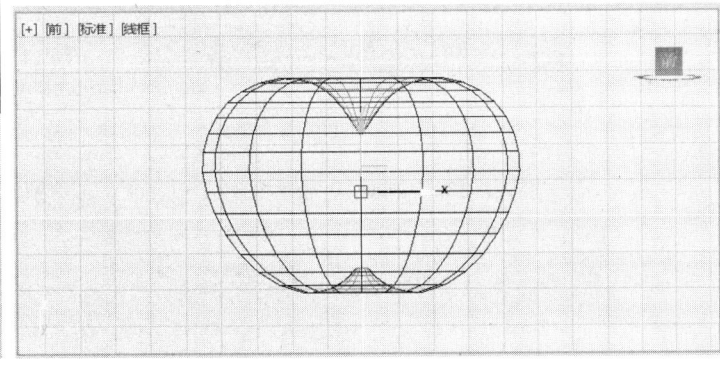

图 4-21　【车削】修改器的应用

（5）绘制果柄。在【创建】面板的下拉列表中选择【样条线】选项，并单击【对象类型】卷展栏中的【线】按钮，在前视图中按住鼠标左键绘制曲线，并在【渲染】卷展栏中勾选【在渲染中启用】和【在视口中启用】复选框，效果如图 4-22 所示。

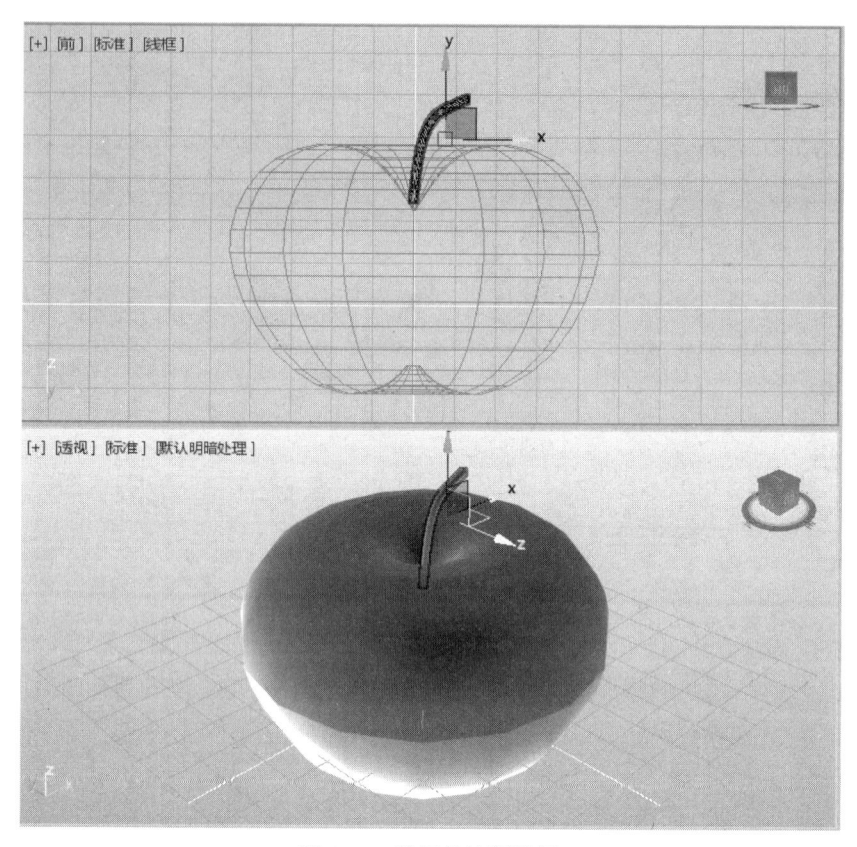

图 4-22　果柄的绘制效果

（6）同时选中果子和果柄，选择【组】→【组】命令，打开【组】对话框，命名为【苹果】，以方便后面的复制操作，如图 4-23 所示。

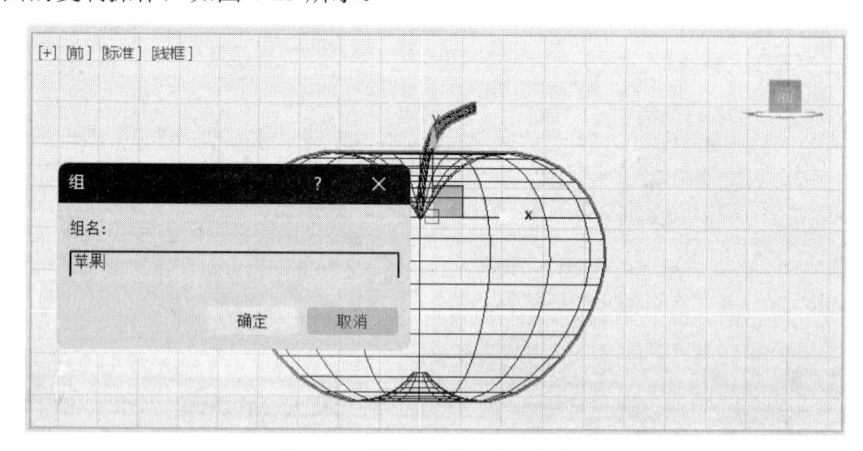

图 4-23　果子和果柄的组合设置

4.3.2　制作盘子

（1）绘制盘子。首先分析盘子的构成，然后使用线工具绘制盘子的半剖面，在绘制时，取消勾选【在渲染中启用】和【在视口中启用】复选框，半剖面效果如图 4-24 所示。

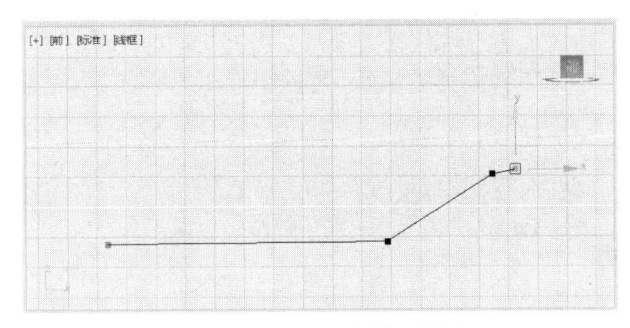

图 4-24 盘子的半剖面效果

（2）选择【Line】→【样条线】子级，单击【轮廓】按钮，在前视图中推出盘子的厚度，选中边缘的顶点并右击，将【角点】类型切换为【平滑】类型，调整盘子边缘使其不会太锋利，如图 4-25 所示。

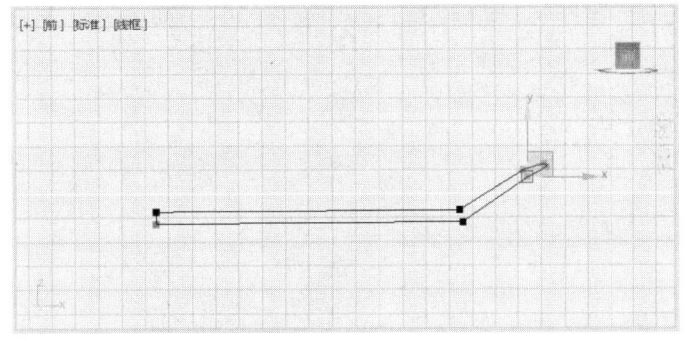

图 4-25 盘子边缘调整

（3）添加【车削】修改器，选择【车削】→【轴】子级，向左调整坐标轴，并增加分段的数量（当前设置为 26）以增加盘子的平滑度，如图 4-26 所示。

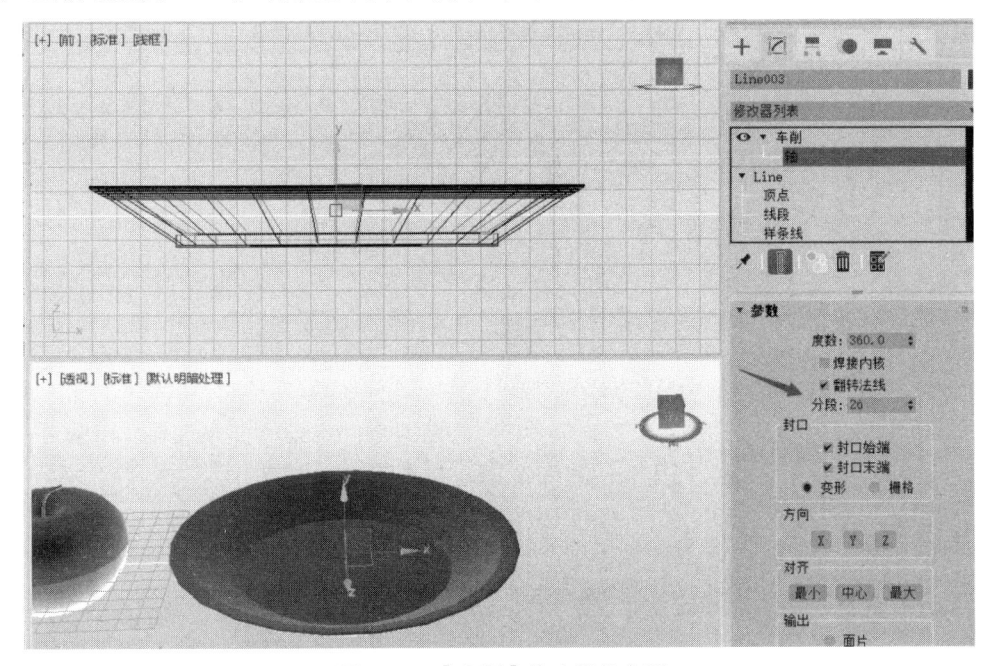

图 4-26 【车削】修改器的应用

（4）选中苹果，将其放入盘子，按住【Shift】键并依次拖动苹果复制出 6 个，通过缩放、旋转操作调整苹果的大小和位置，效果如图 4-27 所示。

图 4-27　苹果复制与调整后的效果

（5）果盘最终渲染效果如图 4-28 所示。

图 4-28　果盘最终渲染效果

任务 4　制作窗帘、圆桌布和欧式柱

➡ 任务描述

要完成窗帘、圆桌布和欧式柱等各种复杂三维模型的建模可以通过【放样】修改器来实现。在放样之前首先绘制开放或闭合的曲线得到放样图形，然后绘制线得到放样路径，对图形和路径进行调整后添加【放样】修改器即可得到想要的三维模型。

➡ 任务分析

在窗帘、圆桌布和欧式柱的【放样】修改器应用中，都需要绘制一条线，作为放样路径，以及绘制一个二维图形，作为放样图形。其中，窗帘在应用【放样】修改器后需要通过【缩放变形】处理来调整窗帘的形状,在修改器堆栈中通过对【图形】子级进行调整来设置窗帘靠左或靠右显示,通过镜像来完成对称窗帘的制作;圆桌布在应用【放样】修改器后需要通过【蒙皮参数】卷展栏来设置空心圆桌布的显示效果;欧式柱在应用【放样】修改器后需要通过设置【缩放变形】来完成圆形和星形位置的调整及弧度的改变。

任务实施

4.4.1 制作窗帘

(1)在顶视图中绘制一条由角点组成的折线,选中所有的顶点并右击,将【角点】类型切换为【Bezier 角点】类型。保持顶点的选中状态,按【W】键将折线调整成曲线,作为窗帘的放样图形,如图 4-29 所示。

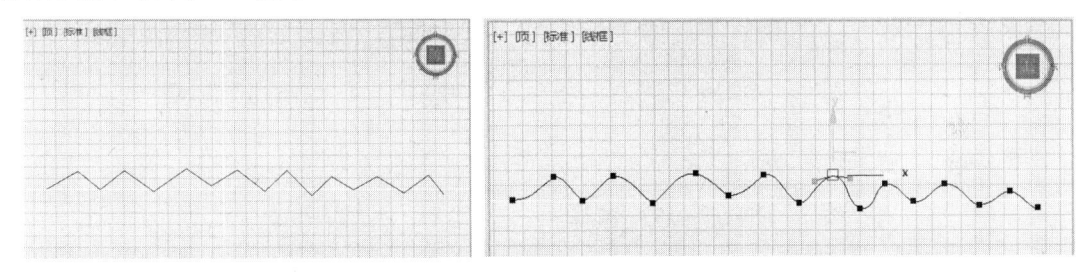

图 4-29 放样图形的绘制

(2)在前视图中绘制一条线,作为放样路径,其在透视图中的效果如图 4-30 所示。

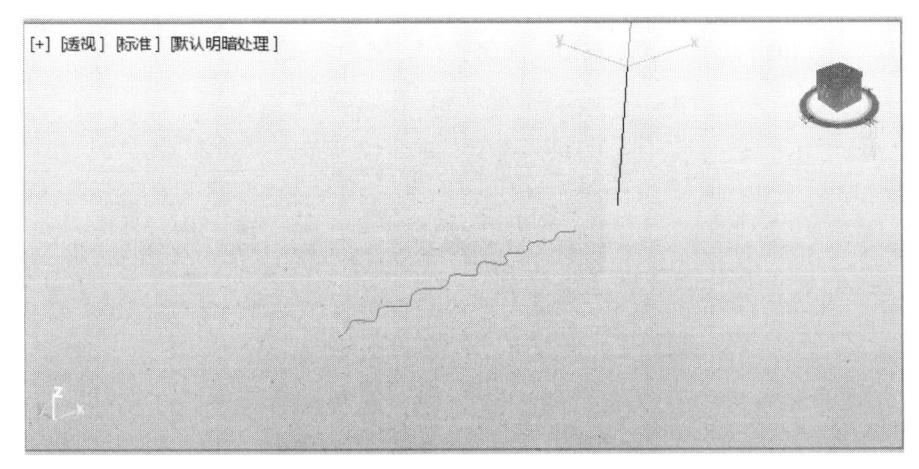

图 4-30 放样路径在透视图中的效果

(3)选中绘制的线,在【创建】面板的下拉列表中选择【复合对象】选项,在【对象类型】卷展栏中单击【放样】按钮,在【创建方法】卷展栏中单击【获取图形】按钮,选择视图窗口中绘制的曲线生成放样模型,如图 4-31 所示。

(4)将【蒙皮参数】卷展栏中的【图形步数】修改为1,单击【变形】卷展栏中的【缩放】按钮,弹出【缩放变形】窗口,单击【插入角点】按钮在控制线上添加一个控制点,如图 4-32 所示。

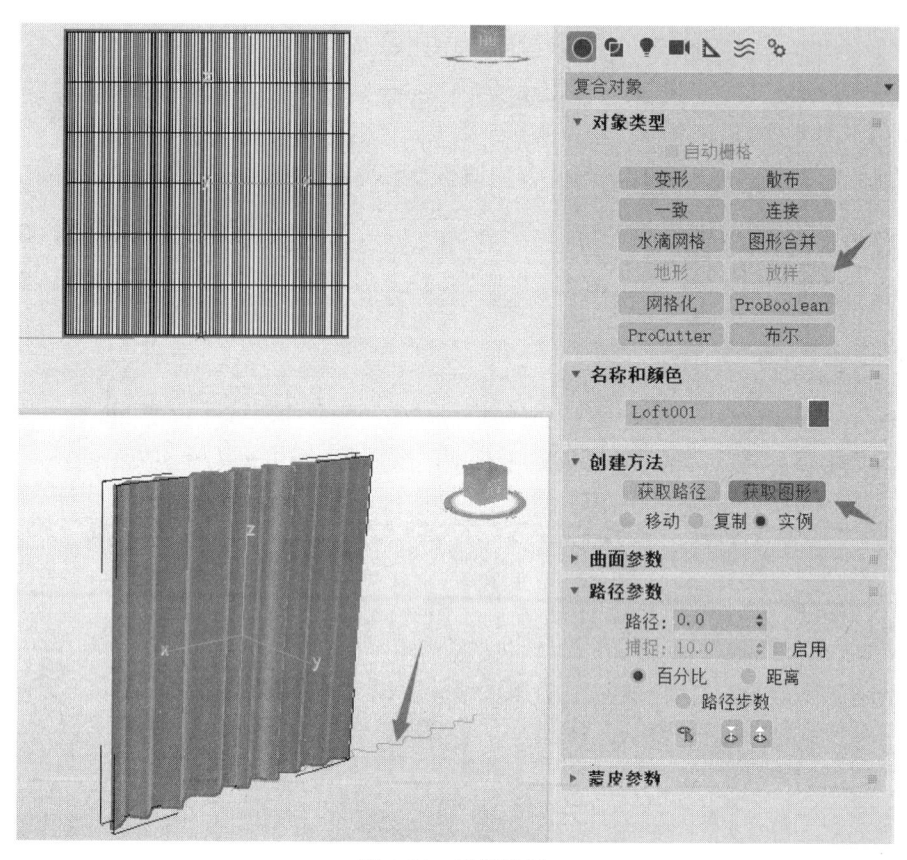

图 4-31 放样设置

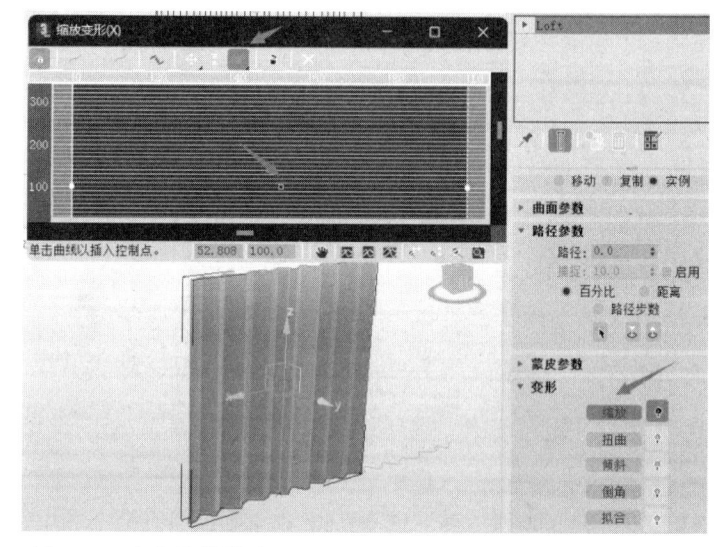

图 4-32 窗帘的简单设置

（5）调整控制点的形态。调整控制点的位置，选中控制点，上下拖动控制点可调整宽度，左右拖动控制点可调整凹凸的位置。右击相应的控制点，在弹出的快捷菜单中包括该控制点的 3 种控制类型，即【角点】【Bezier 平滑】【Bezier 角点】，用户可以选择不同的形式进行调整，如图 4-33 所示。

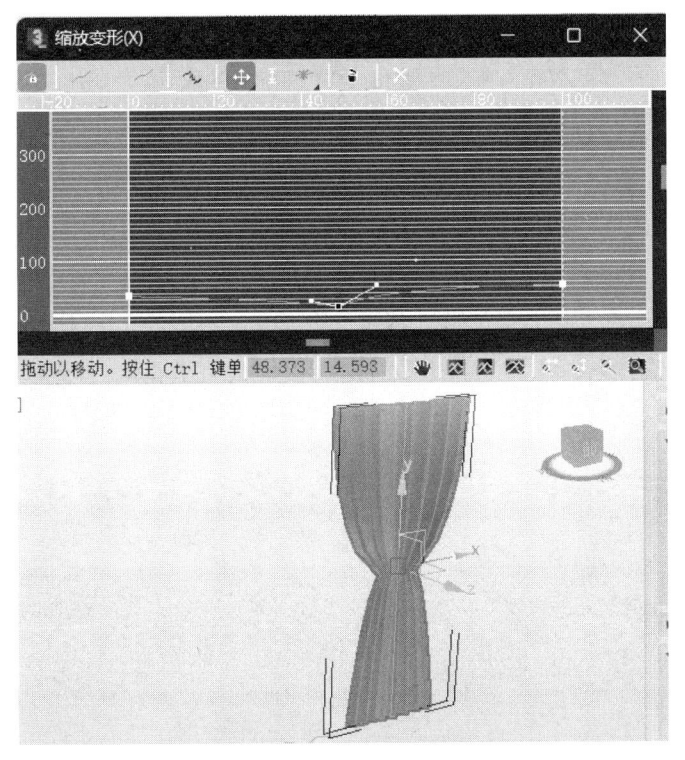

图 4-33 窗帘形状的调整

（6）在修改器堆栈中选择【Loft】→【图形】子级，在视图窗口中选择位于窗帘顶部的剖面曲线，单击【图形命令】卷展栏的【对齐】模块中的【左】或【右】按钮，目的是让路径偏离形体一端，如图 4-34 所示。

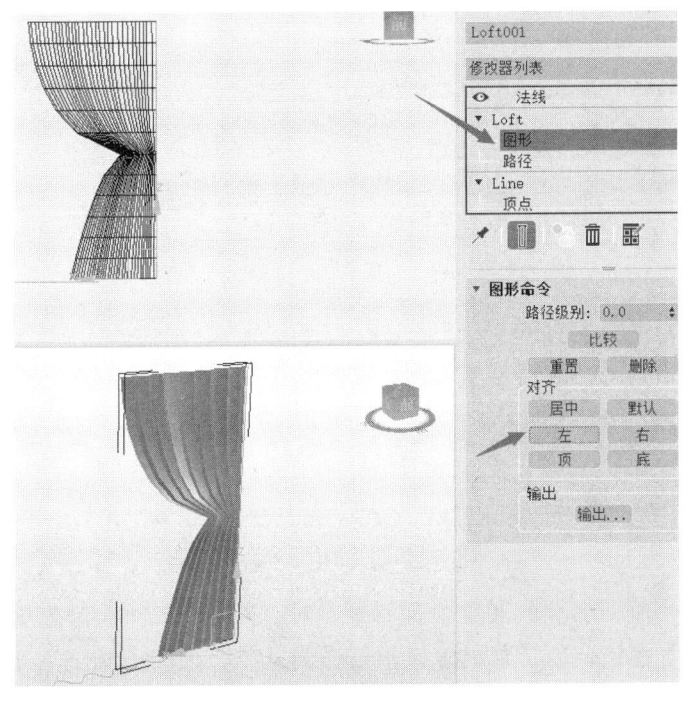

图 4-34 半边窗帘的设置

（7）退出【图形】子级，单击工具栏中的【镜像】按钮，弹出【镜像】对话框，选中【X】单选按钮，设置偏移量为500mm（具体数值可根据设置的窗帘大小进行调整），在【克隆当前选择】模块中选中【实例】单选按钮，并单击【确定】按钮，如图4-35所示。

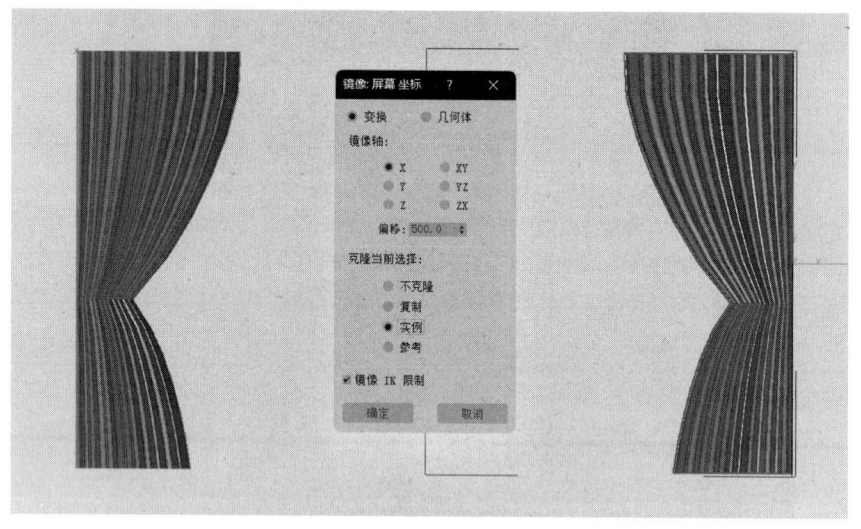

图 4-35 对称窗帘的设置

4.4.2 制作圆桌布

（1）在顶视图中首先绘制一个半径为500mm的圆形，并绘制一个星形，设置【半径1】为500mm、【半径2】为600mm，设置【点】为12，然后创建一个矩形，设置【长度】和【宽度】均为500mm，效果如图4-36所示。

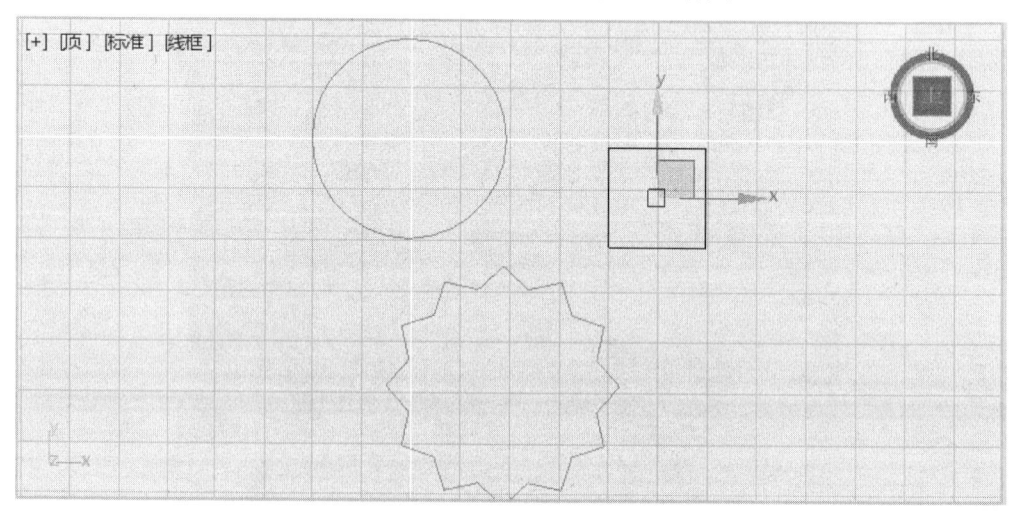

图 4-36 图形的绘制效果

（2）基于矩形绘制一条同等长度的线作为路径。为了精确绘制长度为500mm的线，需激活【2.5维捕捉】按钮，以矩形的一条垂直边为基准，使线的长度为500mm，如图4-37所示。

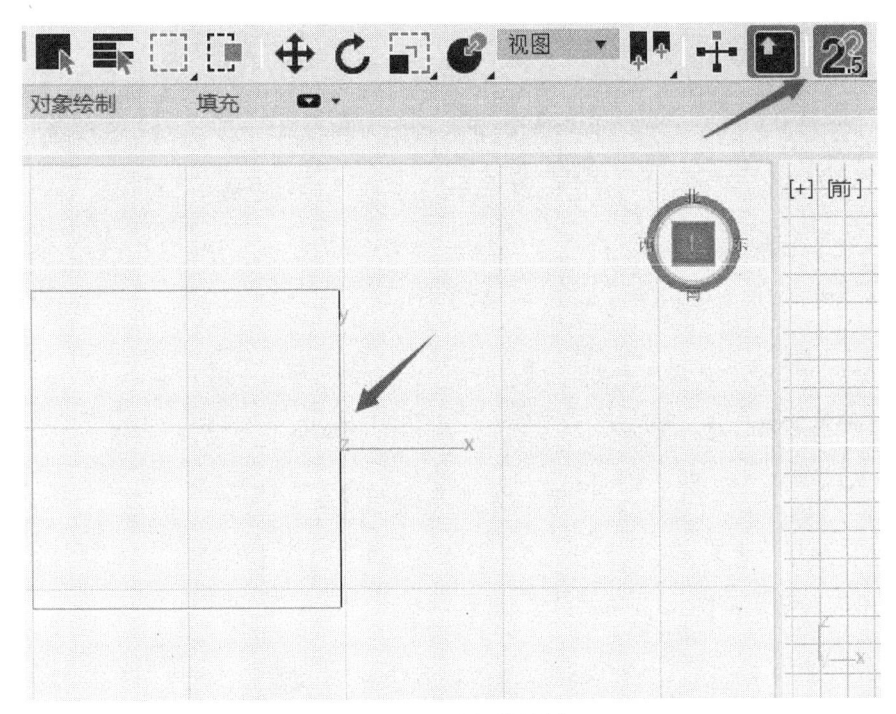

图 4-37　路径的绘制

（3）关闭【2.5 维捕捉】按钮，选择矩形，按【Delete】键将其删除。这样只剩下了圆形、星形、线 3 个图形，如图 4-38 所示。

图 4-38　图形的确定

（4）选择线，进入【创建】面板，在下拉列表中选择【复合对象】选项，在【对象类型】卷展栏中单击【放样】按钮，在【创建方法】卷展栏中单击【获取图形】按钮，选择圆形，生成圆柱体，效果如图 4-39 所示。

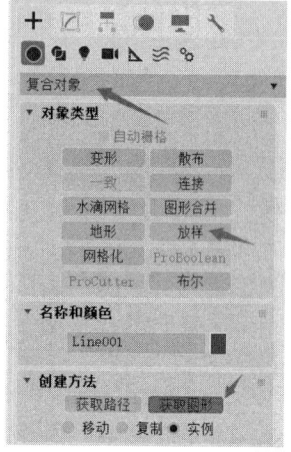

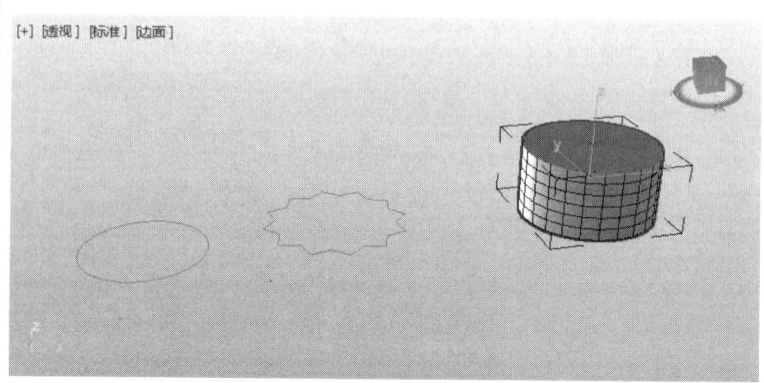

图 4-39　圆形获取效果

（5）在【路径参数】卷展栏中输入【路径】为100，并在【创建方法】卷展栏中单击【获取图形】按钮，选择星形，生成三维模型，如图 4-40 所示。

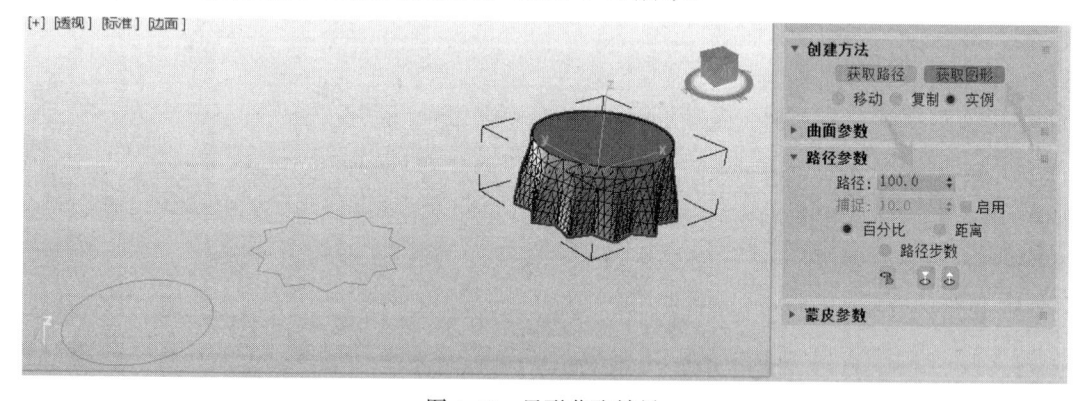

图 4-40　星形获取效果

（6）在【蒙皮参数】卷展栏中，取消勾选【封口】模块中的【封口末端】复选框，这样圆桌布底部将变成空心，如图 4-41 所示。

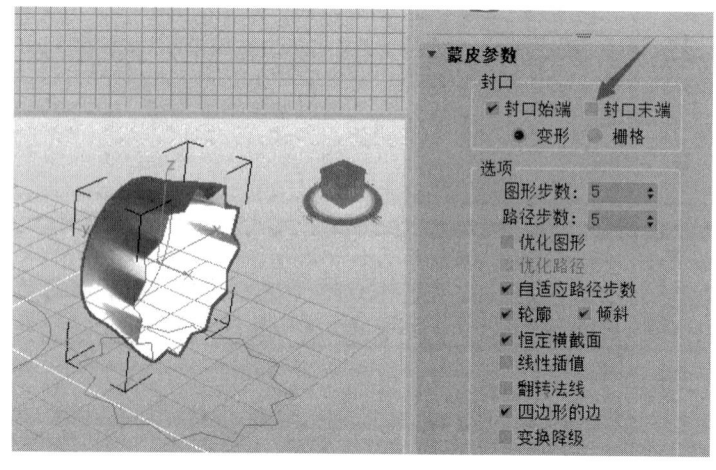

图 4-41　空心圆桌布的设置

（7）圆桌布最终渲染效果如图4-42所示。

图4-42　圆桌布最终渲染效果

4.4.3　制作欧式柱

（1）绘制路径和图形。在命令面板中单击【创建】→【图形】→【线】按钮，在前视图中，在按住【Shift】键的同时，按住鼠标左键并拖动绘制垂直方向的线。在顶视图中绘制圆形，设置圆形的半径为350mm。绘制星形，参数设置如图4-43所示。

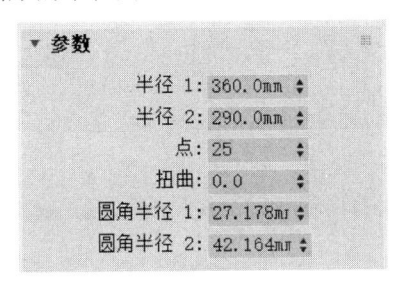

图4-43　欧式柱【星形】的参数设置

（2）进入【创建】面板，在下拉列表中选择【复合对象】选项，在【对象类型】卷展栏中单击【放样】按钮，在【创建方法】卷展栏中单击【获取图形】按钮，在顶视图中首先选择线，然后选择圆形，生成圆柱体，如图4-44所示。

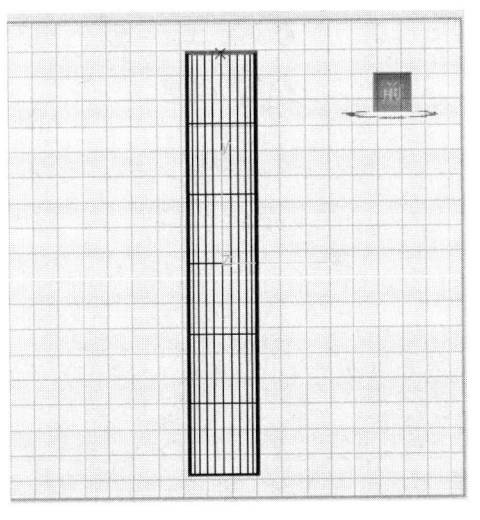

图4-44　圆形图形获取

（3）在【路径参数】卷展栏中输入【路径】为10，在10%处获取圆形，在前视图中可以看到绿色线出现在10%处；在12%处获取星形，在前视图中可以看到绿色线出现在12%处，如图4-45所示。

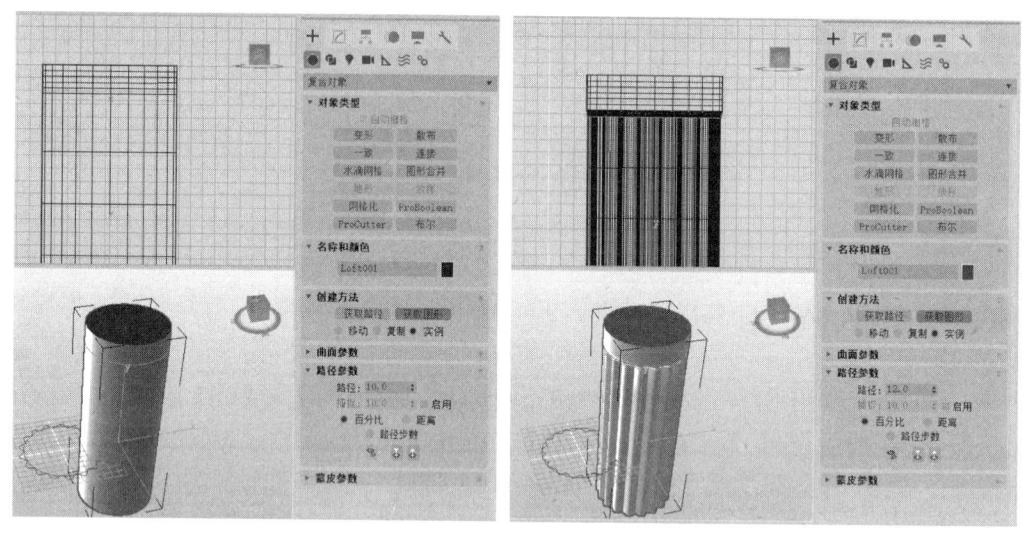

图 4-45　圆形和星形上方位置的确定

（4）在88%处获取一次星形，在90%处获取一次圆形，生成上下为圆形，中间为星形的三维欧式柱，如图4-46所示。

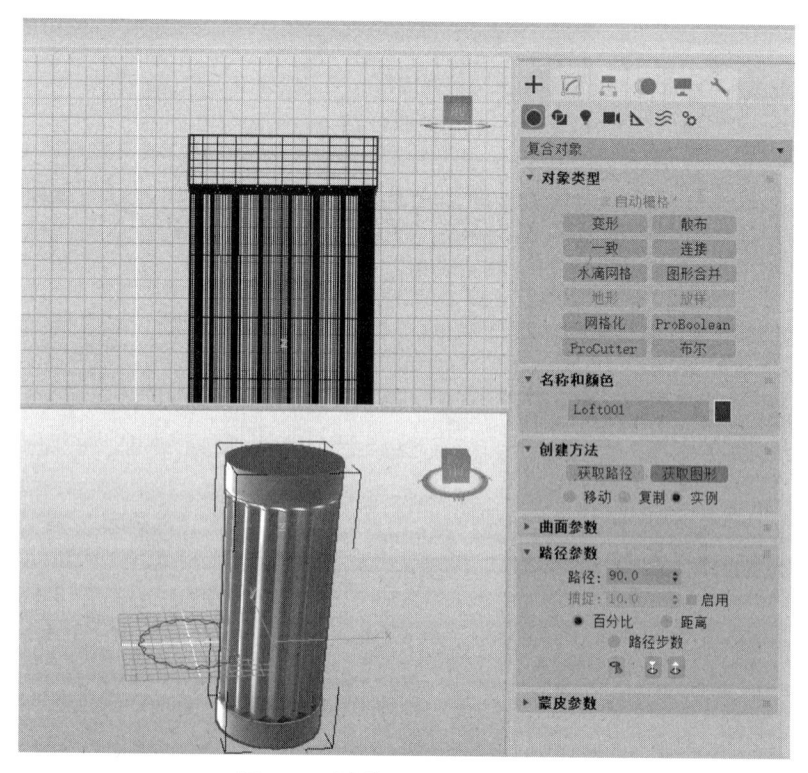

图 4-46　圆形和星形位置的确定

（5）选中欧式柱，在【变形】卷展栏中单击【缩放】按钮，打开【缩放变形】窗口，通过缩放和平移工具调整视图窗口显示大小，如图 4-47 所示。

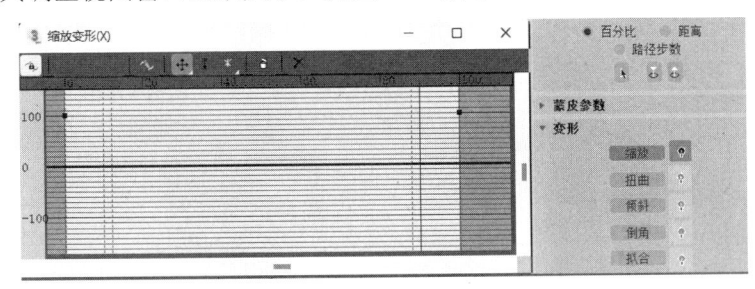

图 4-47　调整视图窗口显示大小

（6）在【缩放变形】窗口中单击【插入角点】按钮添加 7 个控制点，并通过移动控制点工具来调整控制点的位置，增加欧式柱的层次，如图 4-48 所示。

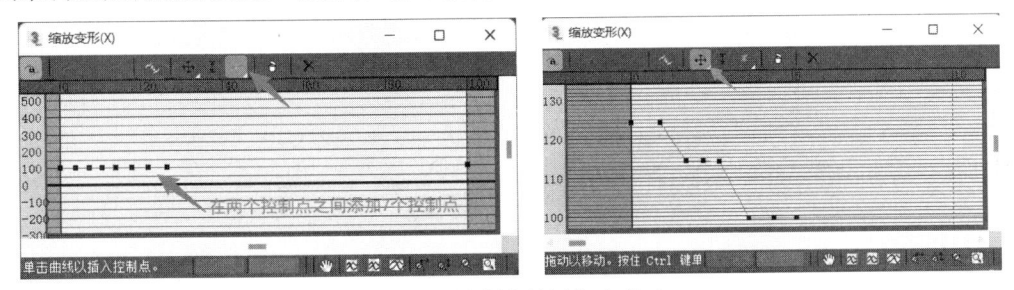

图 4-48　控制点的添加和移动

（7）为了增加转角处的平滑度，选择相应的控制点并右击，在弹出的快捷菜单中将【角点】类型切换为【Bezier-平滑】类型，并调整手柄，上下调整改变欧式柱的半径，左右调整改变欧式柱的高度，如图 4-49 所示。

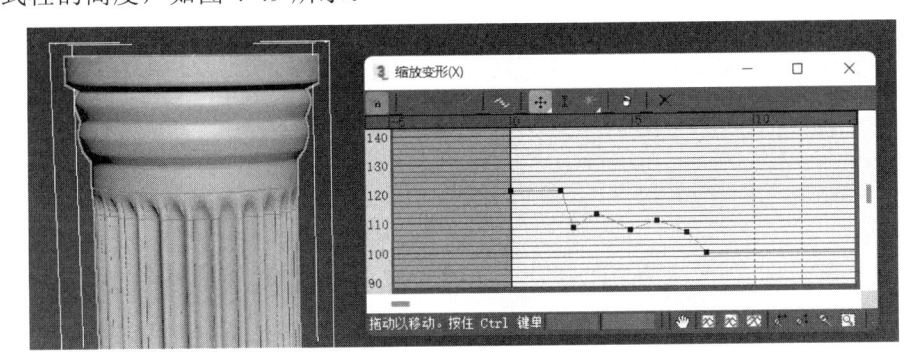

图 4-49　控制点的平滑处理

（8）使用同样的方法在欧式柱下方添加相应的控制点，最终渲染效果如图 4-50 所示。

图 4-50　欧式柱最终渲染效果

练习题

运用二维图形修改器技术,制作如图 4-51 所示的墙体、果盘、会议桌、欧式柱模型。要求形状相似,结构完整,布线合理。

图 4-51 墙体、果盘、会议桌、欧式柱模型

项目 5

三维图形修改器

能力目标

针对不同的三维对象，3ds Max 提供了强大的编辑与修改功能。对同一个对象，允许用户使用一种或多种修改命令进行编辑。用户每对对象进行一次修改，系统都会在修改器堆栈中进行记录，修改器堆栈的主要功能是对每个对象的创建、修改做记录，以便用户回到相应的修改层级进行再次修改。

本项目要求学生掌握如下三维图形修改器的用法：【弯曲】(Bend)、【锥化】(Taper)、【布尔运算】、【FFD 3x3x3】(自由变形)。

项目介绍

3ds Max 中包含的三维图形修改器的数量比二维图形修改器的数量要多得多，可以使用三维图形修改器对三维对象进行形体变化、线框化、镜像（复制）等。常用的三维图形修改器包括【弯曲】【锥化】【布尔运算】等。应用【弯曲】修改器可以将当前选中的对象围绕单独坐标轴弯曲 360 度，在对象几何体中产生均匀弯曲，可在任意 3 条坐标轴上控制对象几何体弯曲的角度和方向，也可对对象几何体的一段限制弯曲，本项目将通过弯曲楼梯和弯曲墙体的制作实例来介绍【弯曲】修改器的应用。应用【锥化】修改器可以通过缩放对象几何体的两端产生锥化轮廓（一端放大而另一端缩小），通过两组坐标轴来控制锥化的量和曲线，也可以对对象几何体的一段限制锥化，本项目将通过台灯的制作实例来介绍【锥化】修改器的应用。应用【布尔运算】修改器可以通过并集、差集等布尔运算来对三维对象进行加减处理，本项目将通过休闲凳的制作实例来介绍【布尔运算】修改器的应用。

项目安排

任务 1　制作弯曲楼梯和弯曲墙体。

任务 2　制作台灯。
任务 3　制作休闲凳。

学习目标

【知识目标】

通过学习本项目的实例制作，学会在 3ds Max 中把三维图形修改器的应用贯穿于实例当中，完成三维模型的创建与调整。掌握并灵活使用 3ds Max 中的【弯曲】【锥化】【布尔运算】等三维图形修改器。

【技能目标】

1. 能使用【弯曲】修改器完成弯曲楼梯和弯曲墙体的建模。
2. 能使用【锥化】修改器并进行参数修改完成台灯的建模。
3. 能使用【布尔运算】修改器并进行参数修改完成休闲凳的建模。

【素质目标】

1. 在生活中主动观察、思考，养成生活学习化的习惯，同时做到知行合一、学以致用。
2. 培养认真严谨、精益求精的工作态度，充分发扬工匠精神和劳动精神。

任务 1　制作弯曲楼梯和弯曲墙体

任务描述

本任务要制作的弯曲楼梯是常见楼梯类型中的一种，它主要的特点是具有一定的弧度，在建模上可以使用【弯曲】修改器实现。弯曲墙体的制作也可以使用【弯曲】修改器实现。弯曲模型的建立可分为两步：第一步制作直立的模型，第二步进行弯曲操作。【弯曲】修改器中使用的参数主要包括【角度】和【限制】。【角度】就是上下剖面延伸的夹角，角度的正负代表方向的不同，方向就代表弯曲的方向，【角度】要么不改，要么就改为 90 度或者-90 度。楼梯的弯曲以不扭曲为原则。【限制】表示物体或者组中哪些部分受弯曲的影响。调整相关参数，查看不同效果。

任务分析

在制作弯曲楼梯时需要完成楼梯的台阶和栏杆的建模，在应用【弯曲】修改器时需要将它们组合在一起同时进行弯曲处理。弯曲墙体制作的重点在于完成弯曲所在方向的线段段数的调整，只有具有一定数量的段数才可以进行弯曲，否则，即使添加了【弯曲】修改器也无法实现弯曲效果。

→ 任务实施

5.1.1 制作弯曲楼梯

（1）住宅的公共楼梯踏步宽度不宜小于 260mm，高度不宜大于 175mm，楼梯梯段净宽一般不小于 1.1m。楼梯台阶的建模基于这个尺寸在顶视图中绘制长度为 300mm、宽度为 1200mm、高度为 150mm 的长方体。同时，选中长方体，右击工具栏中的【选择并移动】按钮，打开【移动变换输入】窗口，单击【X】【Y】数值调节框中的上下箭头，把位置归零，如图 5-1 所示。

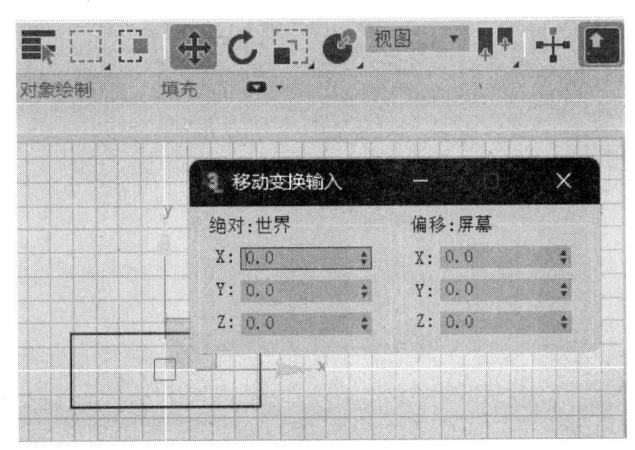

图 5-1　模型位置归零处理

（2）台阶的生成需要通过捕捉功能辅助完成，在工具栏中激活【2.5 维捕捉】按钮并右击，打开【栅格和捕捉设置】窗口，勾选【顶点】【端点】【中点】复选框，如图 5-2 所示。

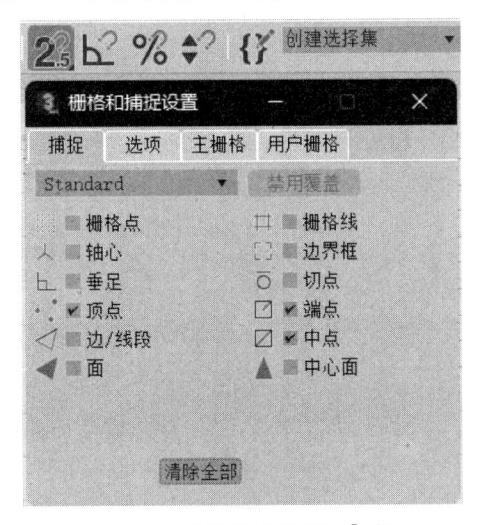

图 5-2　【栅格和捕捉设置】窗口

（3）复制生成多级台阶。按住【Shift】键，在左视图中选中矩形台阶左下角顶点，长按鼠标左键将对象拖动至右上角，此时打开【克隆选项】对话框，将【副本数】设置为 15。参数设置和效果如图 5-3 所示。

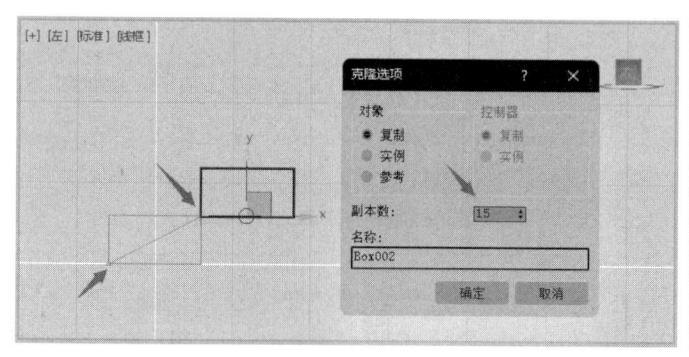

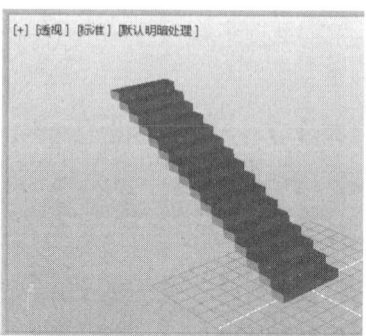

图 5-3　参数设置和效果（1）

（4）绘制栏杆。在顶视图台阶位置绘制长度为 20mm、宽度为 20mm、高度为 1000mm 的长方体，如图 5-4 所示。

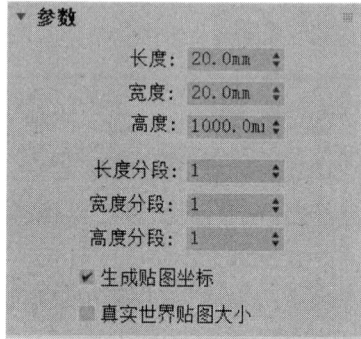

图 5-4　绘制栏杆

（5）将栏杆放置在台阶上。选中栏杆，激活工具栏中的【对齐】按钮，在左视图中单击第一级台阶，弹出【对齐当前选择】对话框，设置在 Y 轴上对齐，如图 5-5 所示。

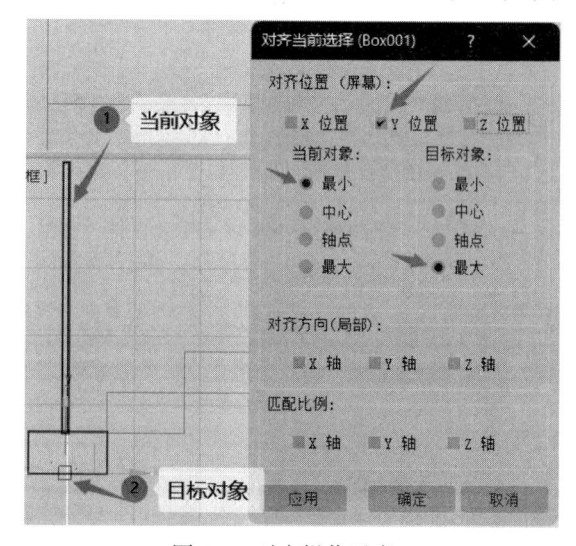

图 5-5　对齐操作示意

（6）生成多级栏杆。按住【Shift】键，在左视图中选中栏杆底边中点，长按鼠标左键将栏杆拖动至上一级台阶中点位置，此时打开【克隆选项】对话框，将【副本数】设置为 15。参数设置和效果如图 5-6 所示。

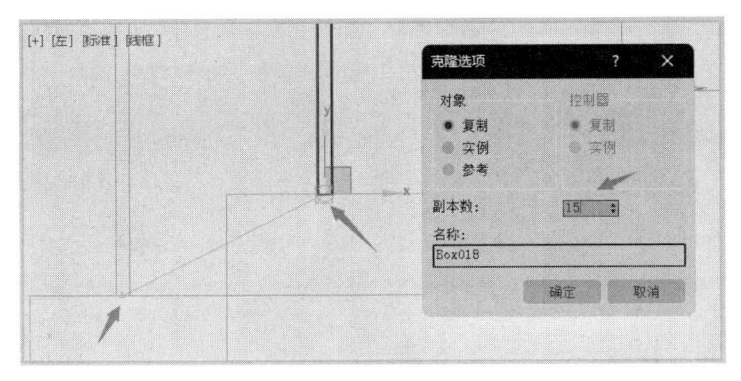

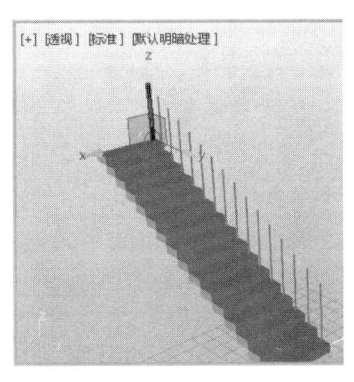

图 5-6　参数设置和效果（2）

（7）利用二维线绘制栏杆上的扶手。按 T 键切换到顶视图，在工具栏中激活【3 维捕捉】按钮，在命令面板中单击【创建】→【图形】→【线】按钮，每个转折点的位置都被定位在栏杆顶边中点处，如图 5-7 所示。

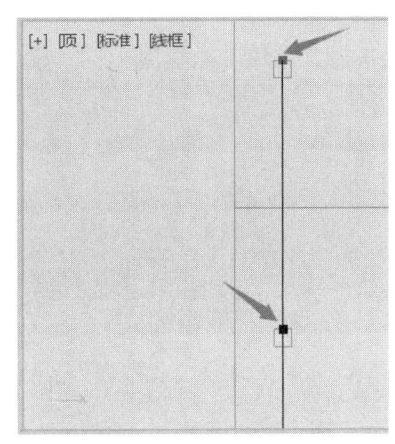

图 5-7　栏杆绘制过程

（8）通过向前、向后滑动鼠标滚轮缩放视图窗口和按住鼠标滚轮移动视图窗口的方式连接栏杆上所有相同位置的顶点，效果如图 5-8 所示。

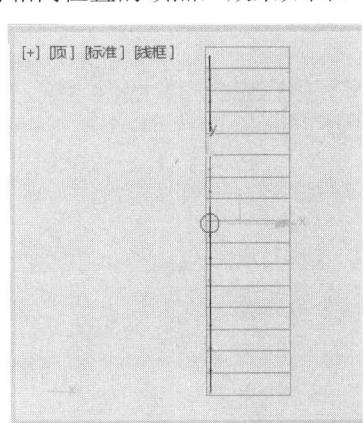

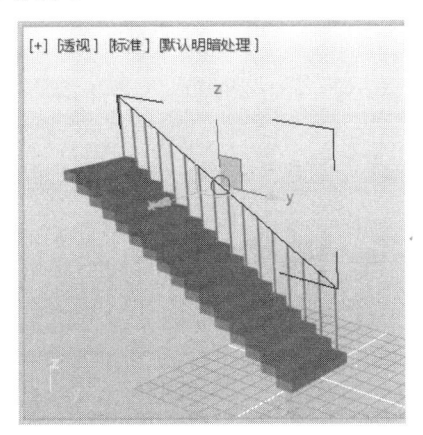

图 5-8　单排栏杆绘制效果

（9）延长栏杆和扶手。选择【Line】→【线段】子级，单击【优化】按钮，在左视图中添加一个延长点，右击结束添加延长点的操作，如图5-9所示。

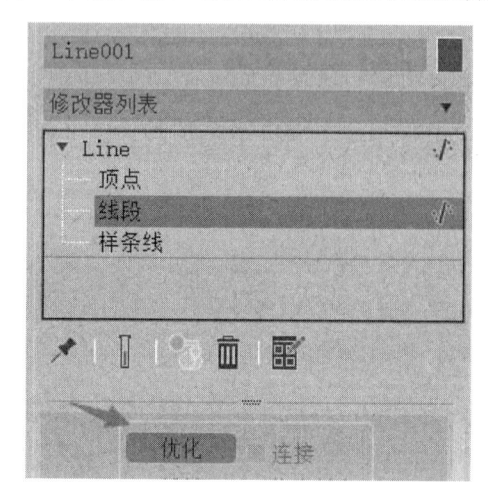

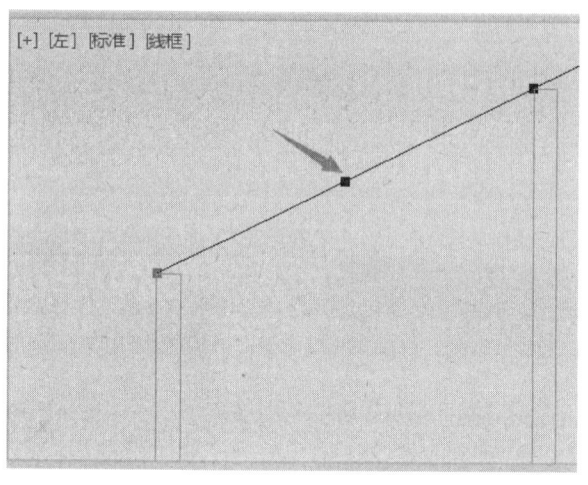

图5-9　添加延长点

（10）调整延长栏杆和扶手的位置。选择【Line】→【顶点】子级，将起始点向左调整，使添加的延长点捕捉到原起始点的位置。右击【3维捕捉】按钮，打开【栅格和捕捉设置】窗口，勾选【启用轴约束】复选框，拖动 Y 轴使两个延长点水平对齐，如图5-10所示。

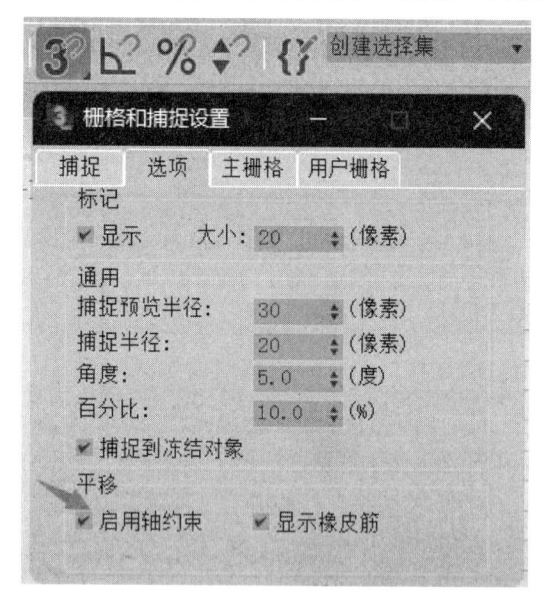

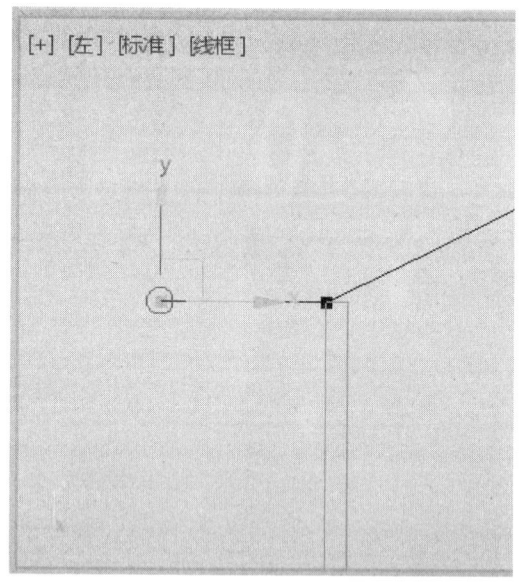

图5-10　调整延长点

（11）复制另一边的栏杆和扶手。选中所有的栏杆和扶手，在工具栏中右击【镜像】按钮，在弹出的【镜像】对话框中使用【实例】的方式沿 X 轴偏移1080mm大小的对象，如图5-11所示。

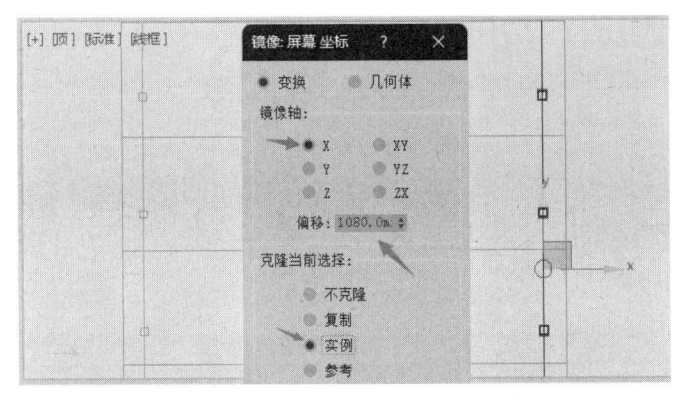

图 5-11 复制栏杆和扶手

（12）将栏杆和扶手由二维图形转换为三维图形。选择【Line】选项，在【渲染】卷展栏中勾选【在渲染中启用】和【在视口中启用】复选框，将径向【厚度】设置为60mm。因为第（11）步使用了【实例】的方式复制，所以这里只需设置一次即可，如图 5-12 所示。

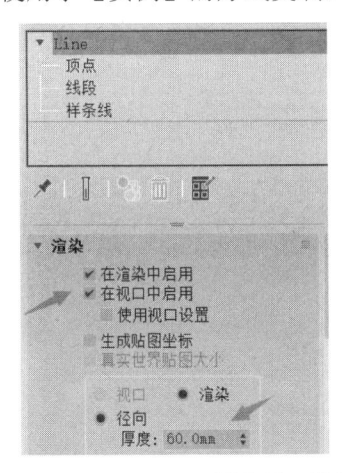

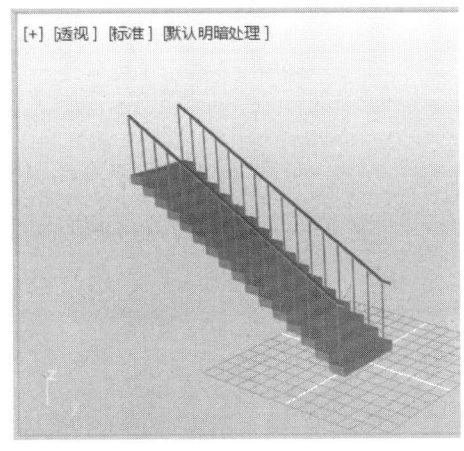

图 5-12 将栏杆和扶手转换为三维图形

（13）对对象进行成组处理。选中所有对象，选择【组】→【组】命令，在弹出的【组】对话框中将组命名为【楼梯】，如图 5-13 所示。

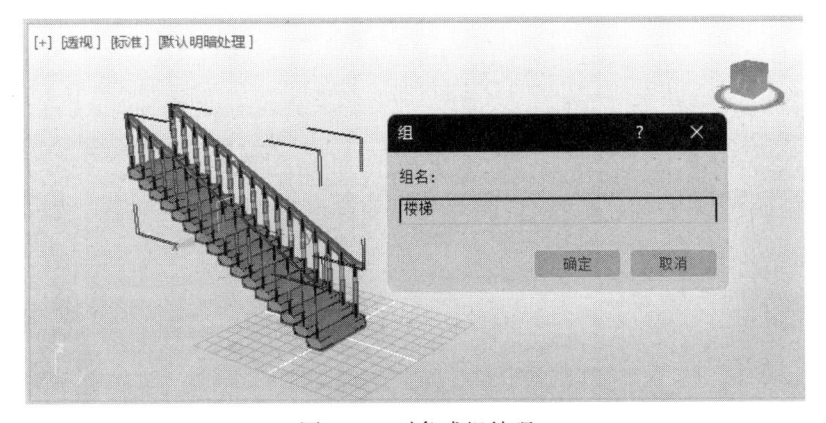

图 5-13 对象成组处理

（14）设置弯曲楼梯。为【楼梯】组添加【弯曲】修改器，沿 Y 轴做 90 度弧度处理，产生弯曲效果，如图5-14所示。

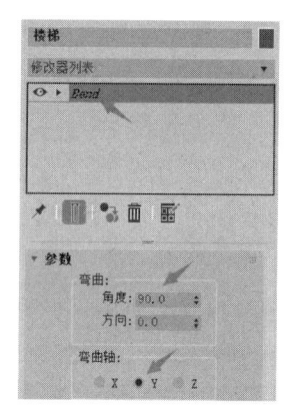

图5-14 对象弯曲处理及效果

5.1.2 制作弯曲墙体

（1）绘制墙体。在命令面板中单击【创建】→【图形】→【矩形】按钮，在前视图中绘制长度为2800mm、宽度为4500mm的矩形作为墙体，如图5-15所示。

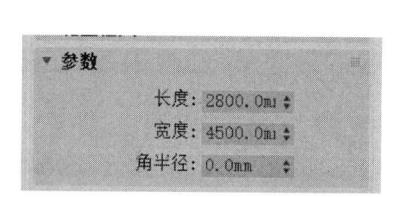

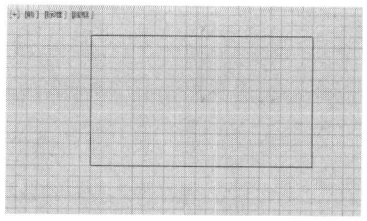

图5-15 绘制墙体

（2）绘制窗户。在第（1）步绘制的矩形中继续绘制长度为1200mm、宽度为1000mm的矩形作为窗户，按住【Shift】键并拖动矩形复制一个，单击【确定】按钮，如图5-16所示。

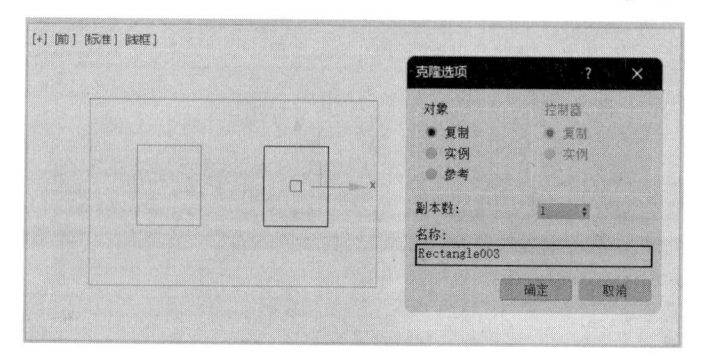

图5-16 绘制窗户

（3）将矩形转换为可编辑样条线。选中任意一个矩形（此时选中的是右侧窗户）并右击，将矩形转换为可编辑样条线，之后可以利用可编辑样条线子级（【顶点】【线段】【样条线】）的优势对矩形做进一步处理，如图5-17所示。

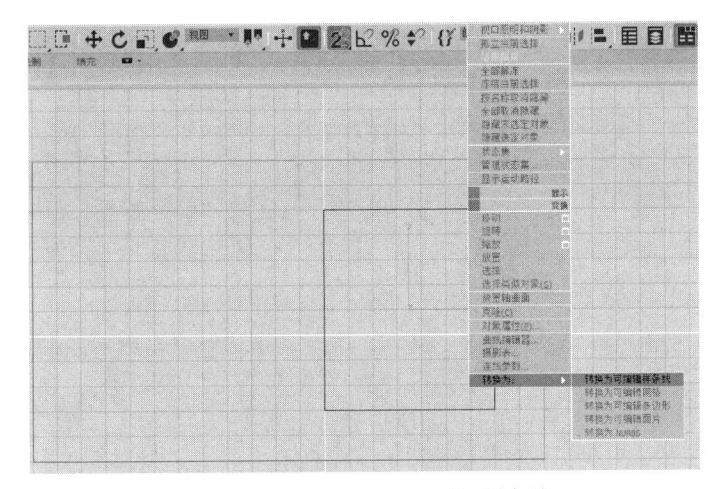

图 5-17 将矩形转换为可编辑样条线

(4) 将墙体与窗户合成一个整体。在命令面板中单击【修改】→【附加】按钮，在前视图中将光标移动至左侧窗户边框上，灰色边框变为黄色，单击边框线添加左侧矩形，线的颜色由灰色变成白色。按照以上方法继续添加外框墙体线，右击结束附加操作，如图 5-18 所示。

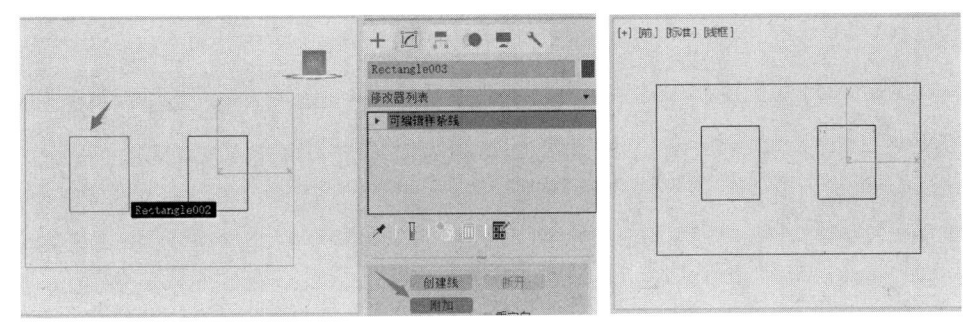

图 5-18 墙体与窗户合并处理

(5) 为墙体水平线段添加分段，为弯曲墙体做准备。选择【可编辑样条线】→【线段】子级，选中墙体水平线段，将线段拆分数量设置为 15，单击【拆分】按钮，生成多条线段，如图 5-19 所示。

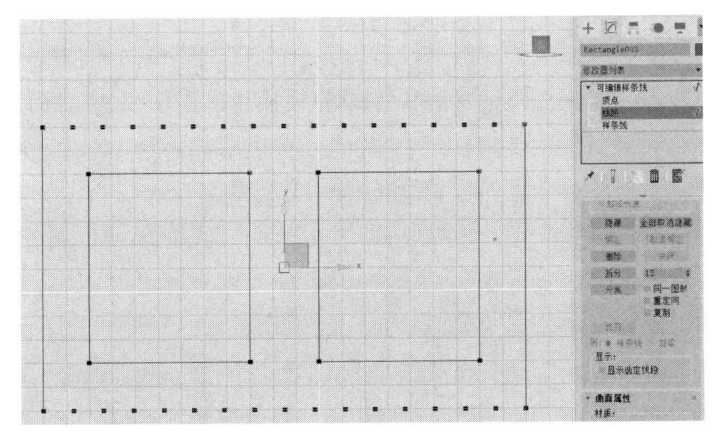

图 5-19 墙体水平线段拆分处理

（6）使用同样的方法为窗户水平线段添加分段。将窗户水平线段拆分数量设置为5，如图 5-20 所示。之后退出【线段】子级。

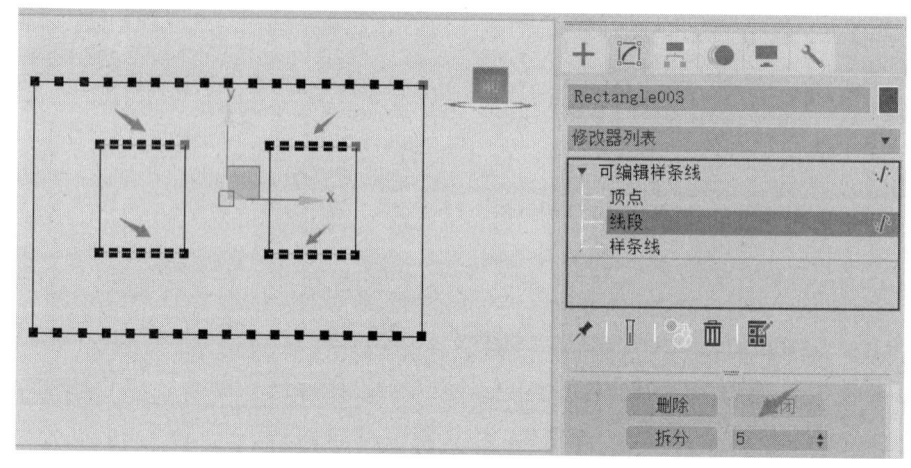

图 5-20 窗户水平线段拆分处理

（7）为墙体添加厚度。为墙体添加【挤出】修改器，将挤出【数量】设置为 120mm，如图 5-21 所示。

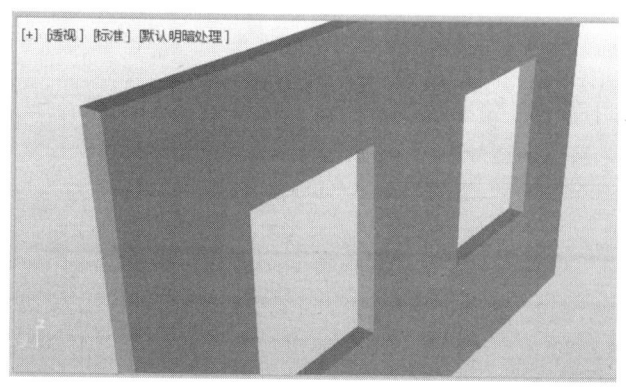

图 5-21 墙体挤出设置

（8）为窗户添加窗框。在工具栏中激活【2.5 维捕捉】按钮，使用线工具在前视图中捕捉窗户中的 4 个顶点，闭合样条线。选择【Line】→【样条线】子级，单击【轮廓】按钮，可直接在其数值调节框中输入 75mm，按【Enter】键完成操作，如图 5-22 所示。右击结束操作，并退出【样条线】子级。

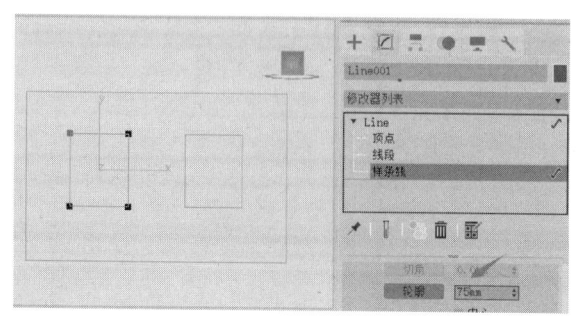

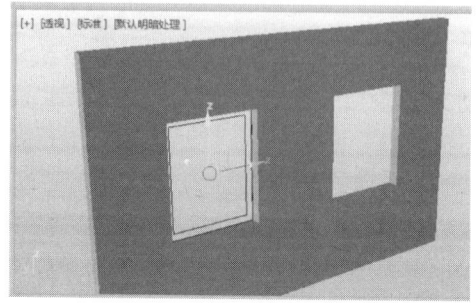

图 5-22 添加窗框

（9）为窗框添加厚度。为窗框添加【挤出】修改器，为了与墙体区分，可将窗框的颜色修改成棕色，如图 5-23 所示。

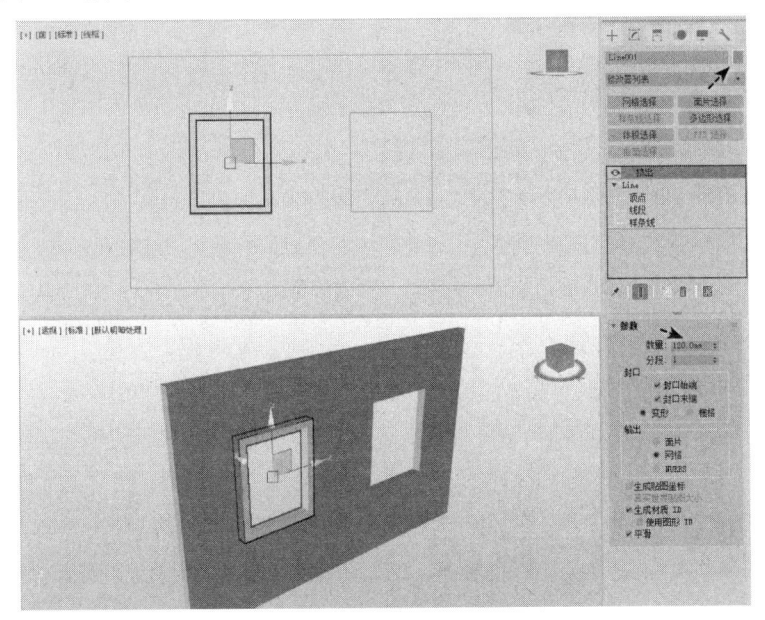

图 5-23　窗框挤出设置

（10）为窗框水平线段添加分段，为弯曲处理做准备。选择【Line】→【线段】子级，选中窗框的 4 条水平线段，设置拆分数量为 5，单击【拆分】按钮添加分段，如图 5-24 所示。之后退出【线段】子级，回到【挤出】状态。

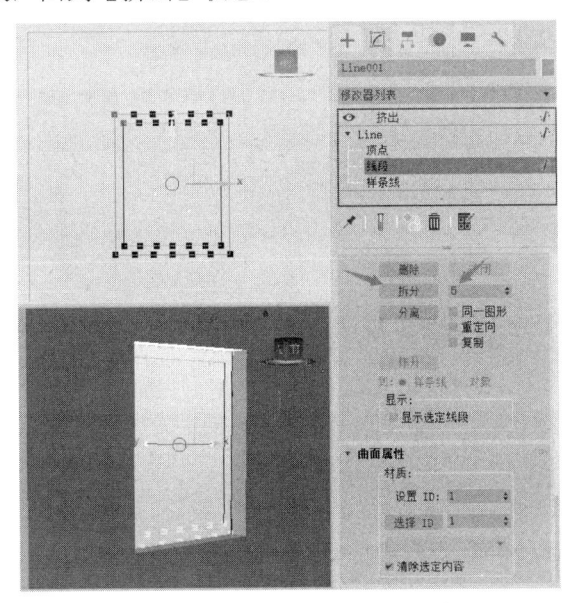

图 5-24　窗框水平线段拆分处理

（11）复制窗框。在三维视图中沿 X 轴复制窗框，设置【副本数】为 1，单击【确定】按钮。之后激活工具栏中的【3 维捕捉】按钮，将窗框左上角顶点捕捉到墙体右侧窗户内部左上角，如图 5-25 所示。

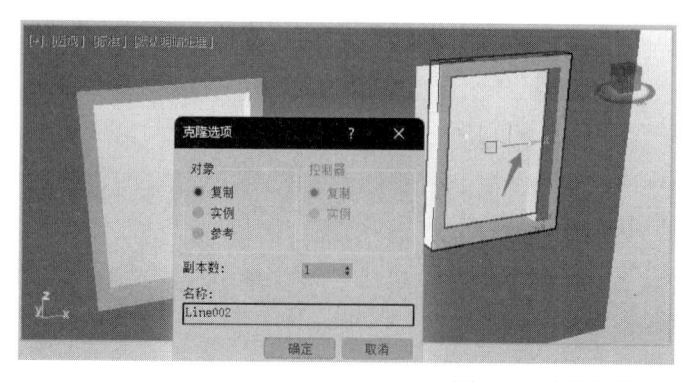

图 5-25　复制窗框

(12) 对对象进行成组处理，统一调整弧度。选中墙体和两个窗框，选择【组】→【组】命令，在弹出的【组】对话框中将组命名为【弯曲墙体】，如图 5-26 所示。

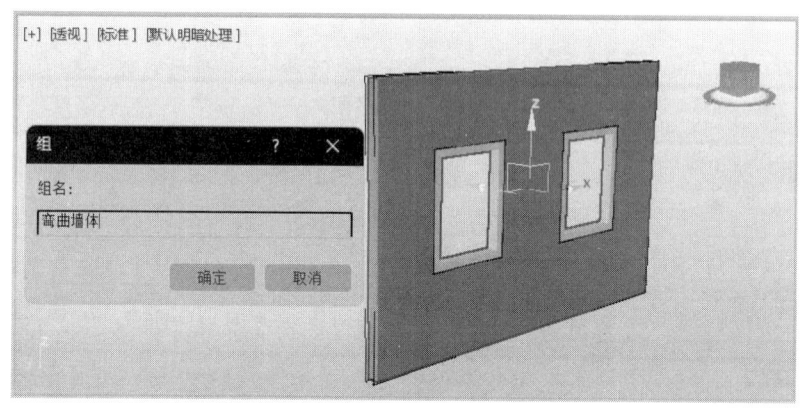

图 5-26　对象成组处理

(13) 为墙体添加弧度。为【弯曲墙体】组添加【弯曲】修改器，将【方向】【角度】均设置为 90 度，产生弯曲效果，如图 5-27 所示。

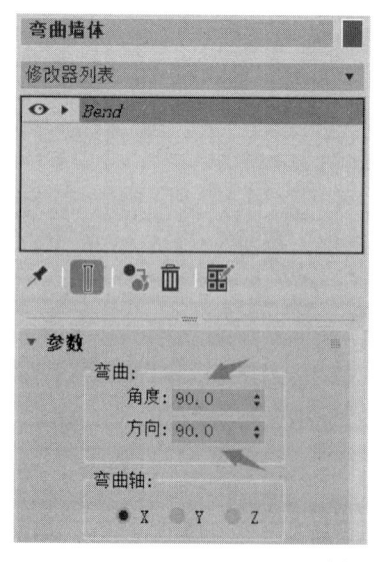

图 5-27　对象弯曲处理及效果

任务 2　制作台灯

任务描述

本任务制作的台灯首先基于圆柱体制作灯罩和底座,然后分别对这两部分进行锥化处理,最终得到想要的效果。

任务分析

制作好的灯罩和底座可以使用【锥化】修改器进行调整,其中,底座需要通过修改锥化参数调整曲线弧度实现模型凸起效果,并通过调整 Gizmo 轴在 Y 轴上的位置实现底座曲面上下弧度均分的效果。

任务实施

(1) 灯罩的参数设置。在命令面板中单击【创建】→【几何体】→【圆柱体】按钮,新建半径为 400mm、高度为 600mm 的圆柱体,参数设置如图 5-28 所示。

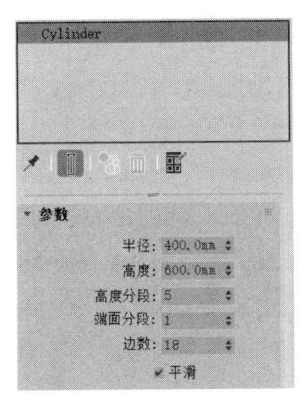

图 5-28　灯罩的参数设置

(2) 灯罩锥化处理。为圆柱体添加【锥化】修改器,调整锥化参数让其形状呈现锥体效果,如图 5-29 所示。

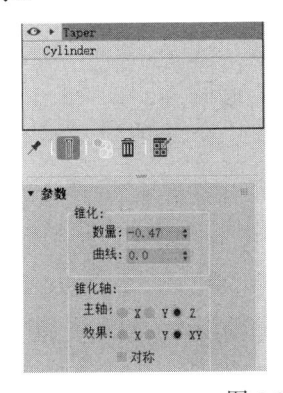

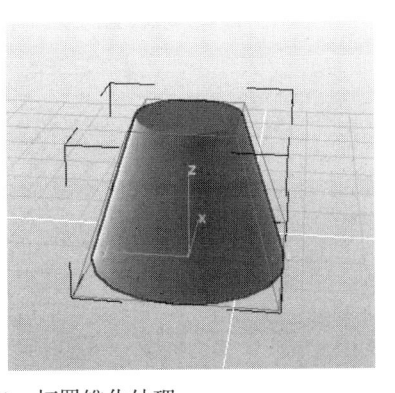

图 5-29　灯罩锥化处理

（3）底座的参数设置。选择圆柱体，按住【Shift】键并拖动圆柱体复制出一个，修改圆柱体参数，让底座变得瘦长，修改锥化参数，调整曲线弧度，使圆柱体中间部分实现凸起效果，参数设置如图 5-30 所示。

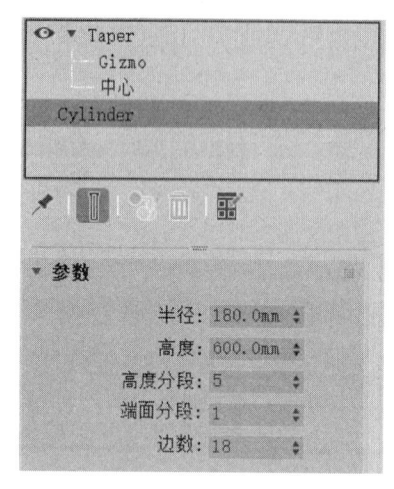

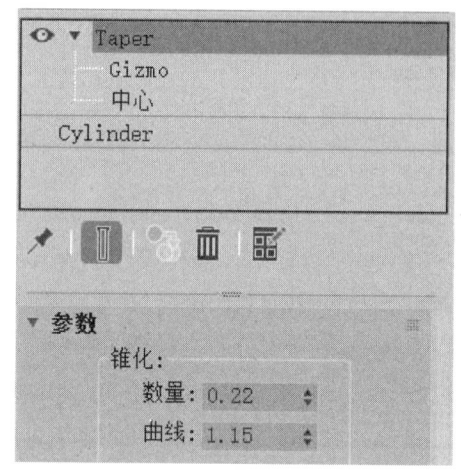

图 5-30　底座的参数设置

（4）底座曲面调整。底座曲面要想得到上下弧度均分的效果，就需要调整 Gizmo 轴在 Y 轴上的位置，如图 5-31 所示。

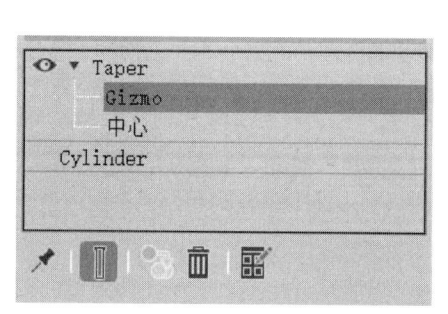

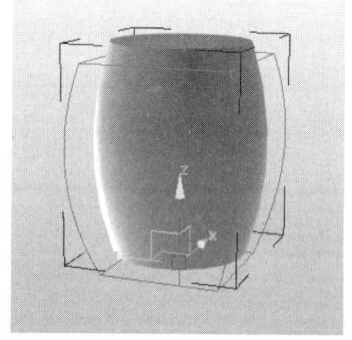

图 5-31　底座曲面调整

（5）在前视图中调整底座的位置，同时调整台灯的色彩，最终渲染效果如图 5-32 所示。

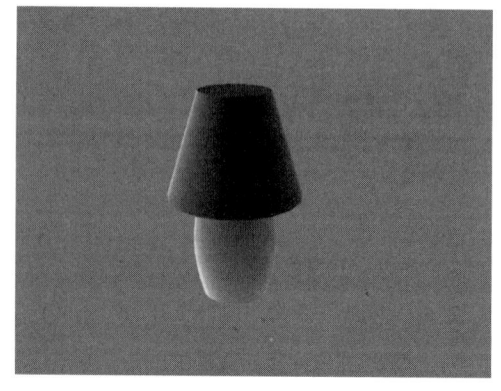

图 5-32　台灯最终渲染效果

任务3 制作休闲凳

任务描述

在制作休闲凳时首先要确定休闲凳的基本造型，这可以使用【车削】修改器实现。使用【布尔运算】修改器可以对两个及两个以上的物体进行并集、差集、交集运算，从而得到新的物体形态。本任务将通过【布尔运算】修改器来实现休闲凳的镂空效果。

任务分析

休闲凳可以通过创建二维图形，对顶点和线进行调整并添加【车削】修改器来得到。镂空效果需要通过创建合适大小的三维模型，并通过应用【布尔运算】修改器中的差集减去不需要的模型来实现。

任务实施

（1）绘制休闲凳的半剖面。激活工具栏中的【2.5维捕捉】按钮并右击，在打开的【栅格和捕捉设置】窗口中勾选【栅格点】复选框，在前视图中利用捕捉功能绘制基本图形，如图5-33所示。

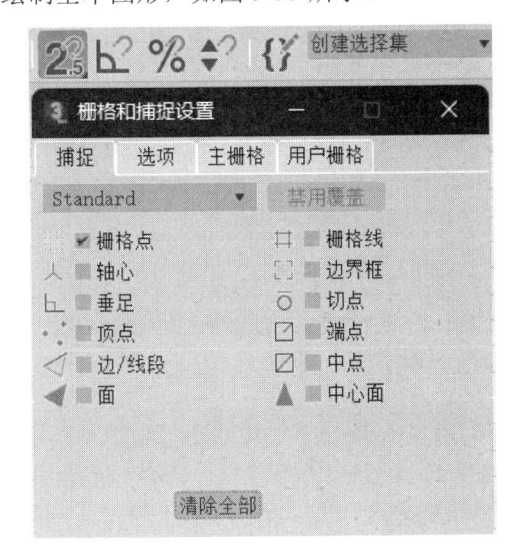

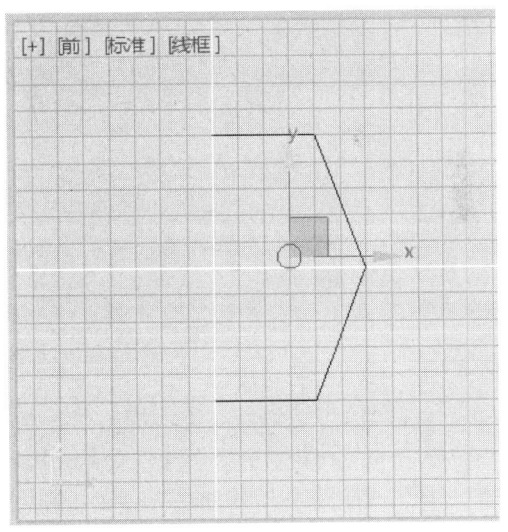

图5-33　绘制休闲凳的半剖面

（2）调整休闲凳的半剖面。选择【Line】→【顶点】子级，选中半剖面线右侧中点并右击，将【角点】类型切换为【平滑】类型，选择【Bezier角点】类型，调整两个手柄，以调整半剖面线的弧度，如图5-34所示。

（3）调整休闲凳的厚度。选择【Line】→【样条线】子级，单击【轮廓】按钮，在前视图中从外向内扩边，形成闭合的样条线，如图5-35所示。之后退出【样条线】子级。

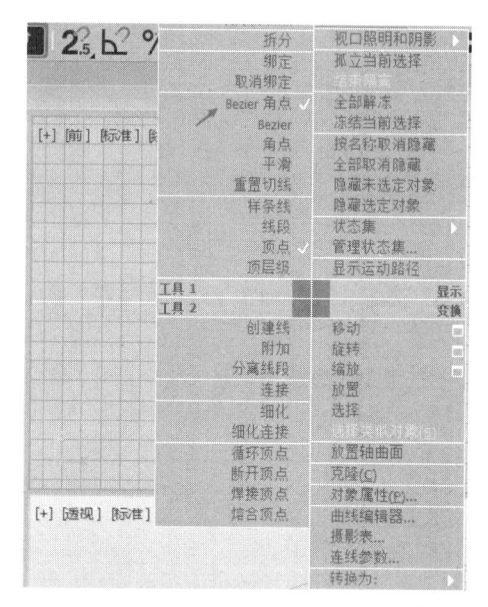

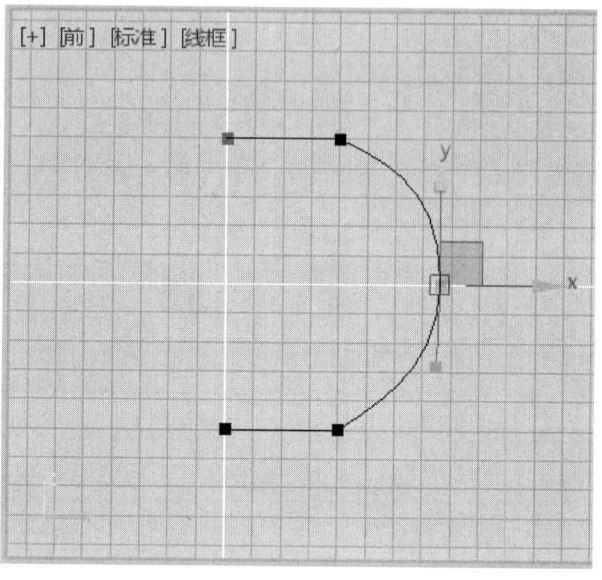

图 5-34 调整休闲凳的半剖面

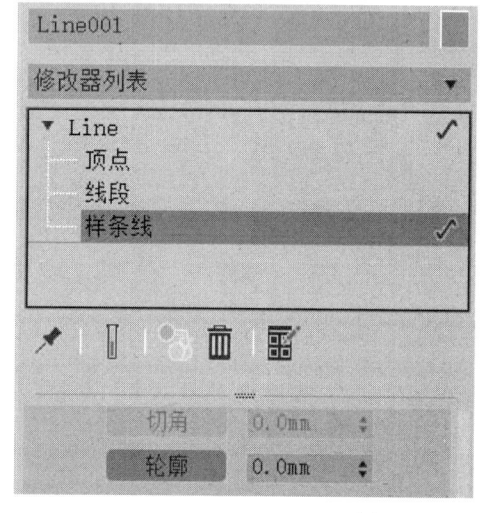

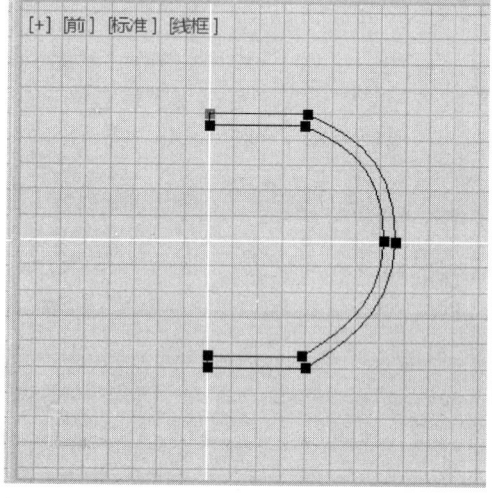

图 5-35 调整休闲凳的厚度

（4）将二维图形转换为三维图形。为休闲凳的半剖面添加【车削】修改器，在【参数】卷展栏中，单击【对齐】模块中的【最小】按钮，勾选【焊接内核】复选框，形成一个上下平整的球体休闲凳，如图 5-36 所示。

（5）绘制用于实现镂空效果的球体，使其中心点与休闲凳的中心点对齐。在顶视图中绘制大小合适的球体，保持球体的选中状态，调整中心点的位置。在命令面板中单击【层次】→【轴】→【仅影响轴】按钮。在工具栏中单击【对齐】按钮，继续选中休闲凳，在【对齐当前选择】对话框中，当前对象和目标对象都选择【中心】对齐，单击【确定】按钮后再次单击【仅影响轴】按钮取消选择，如图 5-37 所示。

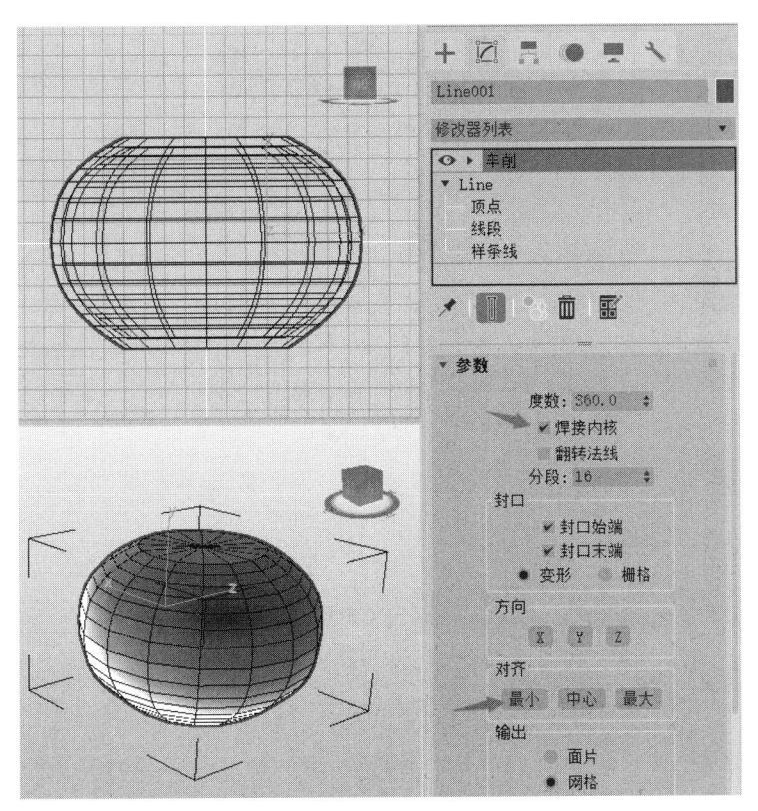

图 5-36　添加【车削】修改器

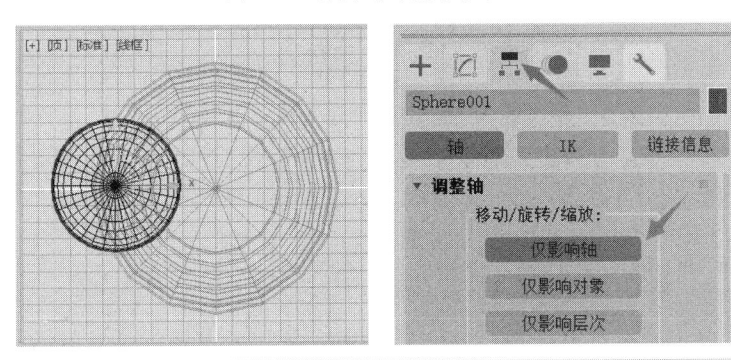

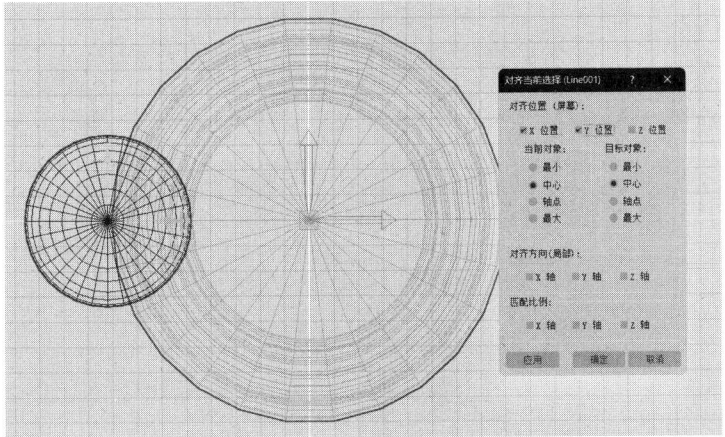

图 5-37　中心点对齐设置

（6）复制对象。激活【角度捕捉切换】按钮并右击，在弹出的【栅格和捕捉设置】对话框中将【角度】设置为 90 度。选中在第（5）步中绘制的球体，按住【Shift】键并沿 Z 轴拖动球体，在弹出的【克隆选项】对话框中选中【实例】单选按钮，并设置【副本数】为 3，旋转复制出 3 个，如图 5-38 所示。

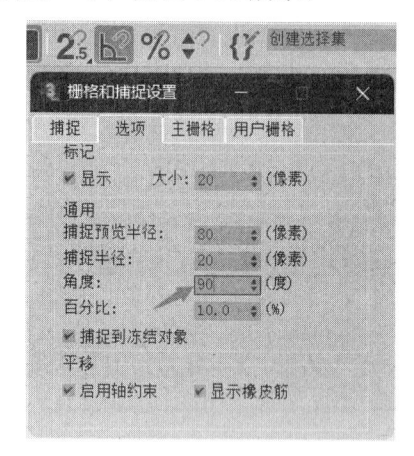

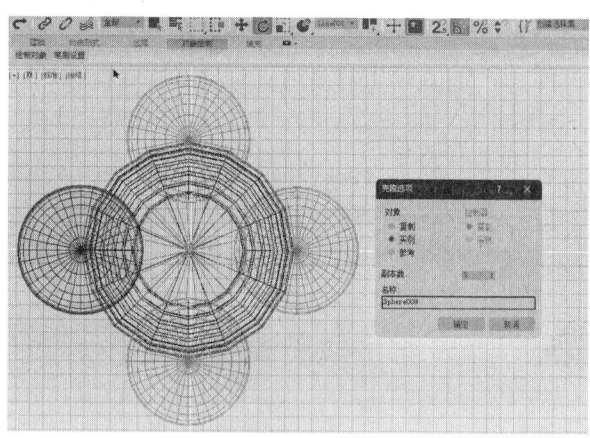

图 5-38　旋转复制对象

（7）添加运算对象。选择休闲凳，进入【创建】面板，在下拉列表中选择【复合对象】选项，首先在【对象类型】卷展栏中单击【布尔】按钮，然后在【布尔参数】卷展栏中单击【添加运算对象】按钮添加运算对象，最后选中 4 个球体，如图 5-39 所示。

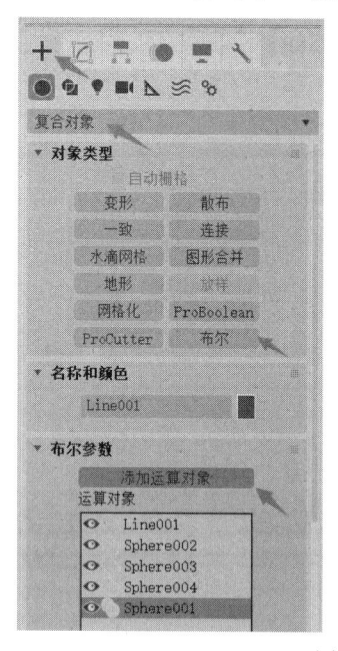

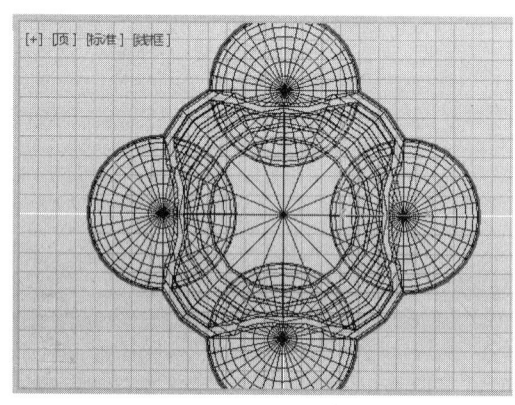

图 5-39　添加运算对象

（8）制作镂空效果。进入【修改】面板，在【运算对象】下拉列表中同时选中 4 个球体，在【运算对象参数】卷展栏中单击【差集】按钮，减去 4 个球体与休闲凳的交集部分，产生镂空效果，如图 5-40 所示。

（9）制作凳面。进入【创建】面板，在下拉列表中选择【扩展基本体】选项，在【对象类型】卷展栏中单击【切角圆柱体】按钮，新建边缘圆滑的凳面。在【修改】面板的【参数】卷展栏中将【边数】调整为30，使凳面尽量贴合休闲凳下面的部分，参数设置如图5-41所示。

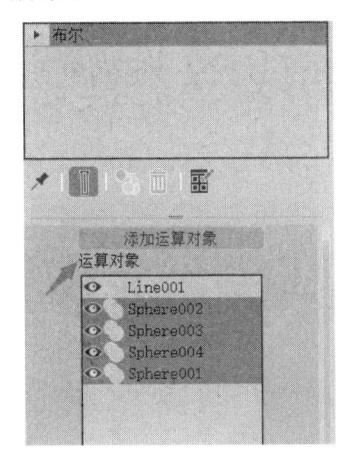

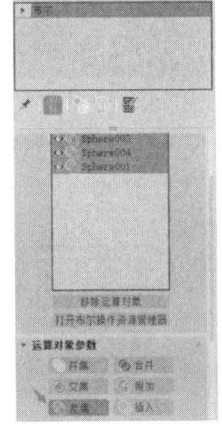

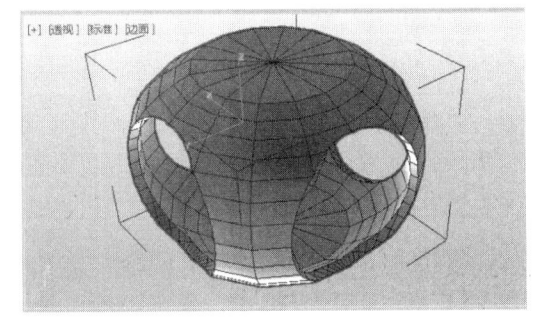

图 5-40　镂空处理及效果

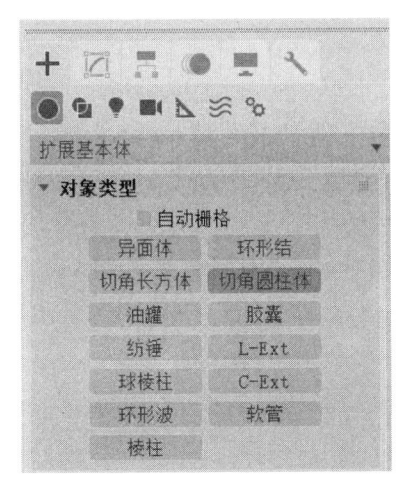

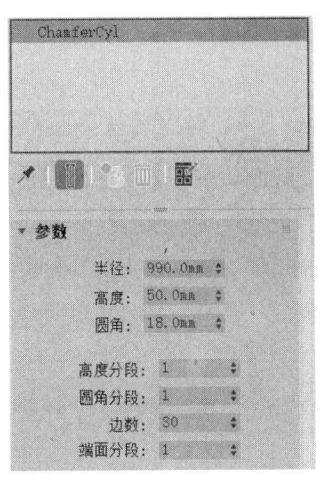

图 5-41　凳面的参数设置

（10）调整休闲凳的色彩，最终渲染效果如图5-42所示。

图 5-42　休闲凳最终渲染效果

练习题

运用三维图形修改器,制作如图 5-43 所示的弯曲楼梯、台灯、休闲凳模型。要求形状相似,结构完整,布线合理。

图 5-43　弯曲楼梯、台灯、休闲凳模型

项目 6

多边形建模

能力目标

项目 6 是本书的核心项目。通过学习本项目，学生可以掌握三维建模的核心知识。"自主创新是企业的生命，是企业爬坡过坎、发展壮大的根本。关键核心技术必须牢牢掌握在自己手里。""要紧紧扭住技术创新这个战略基点，掌握更多关键核心技术，抢占行业发展制高点。""要抓住时机，瞄准世界科技前沿，全面提升自主创新能力，力争在基础科技领域作出大的创新、在关键核心技术领域取得大的突破。"关键核心技术是国之重器，对推动我国经济高质量发展、保障国家安全都具有十分重要的意义。习近平总书记对此高度重视，对打好打赢关键核心技术攻坚战作出一系列重要论述，为各地区各部门和各行各业广大企业坚持自主创新、实现高质量发展提供了根本遵循。

完成制定的能力目标是提高学生综合素质的重要途径之一。在课堂教学中，教师要注重突出爱国主义教育，强调社会主义核心价值观，帮助学生实现全面发展，发挥教师榜样作用，并结合学科特点等，努力将思想教育与课堂教学有机融合，力求培养出更多具有社会责任感、创新精神和实践能力的人才。

项目介绍

多边形建模，又称为 Polygon 建模，是一种常见的建模方法。该方法首先将对象转换为可编辑的多边形对象，然后通过对该多边形对象的子对象进行编辑和修改来完成建模。与二维图形建模相比，多边形建模具有许多优势，如创建简单、编辑灵活、对硬件要求不高等，用户使用多边形建模几乎可以创建任何形状的模型。与二维图形建模不同的是，多边形建模可以创建具有多个节点的多边形面，而且不仅限于三角形面和四边形面。因此，多边形建模是目前被广泛应用的一种建模方法。

项目安排

任务 1 制作咖啡杯和餐椅。

任务 2 制作 U 盘。

任务 3 制作玩具枪。

任务 4 制作犀牛的 NPC 模型。

学习目标

【知识目标】

通过学习本项目的实例制作，学会在 3ds Max 中创建、修改和处理多边形模型的方法，在实践中掌握并灵活运用【挤出】【切割】【连接】【倒角】【桥】【切角】【焊接】【平面化】【塌陷】【移除】等加工方法。

【技能目标】

1. 能够使用【可编辑多边形】命令完成咖啡杯和餐椅的建模。
2. 能够熟练使用各种命令完成 U 盘的建模。
3. 能够使用【可编辑多边形】命令及相关指令完成玩具枪的建模。
4. 能够熟练使用之前学过的知识完成犀牛的建模。

【素质目标】

1. 遵守职业道德，深入生活，树立正确的艺术观和创作观。
2. 培养认真严谨、精益求精的工作态度，发扬工匠精神和劳动精神。

任务 1 制作咖啡杯和餐椅

➡ 任务描述

根据要求，完成咖啡杯和餐椅的建模任务。在 3ds Max 中进行咖啡杯和餐椅模型的制作时，需要注意以下要求。

（1）模型尺寸：确保咖啡杯和餐椅模型的尺寸与实际物体接近，特别要注意长宽高比例合适。

（2）模型形状：根据实际咖啡杯的形状制作咖啡杯模型，注重圆角和直边的设置。餐椅靠背上方和侧面有微微弯曲，并且形状是上小下大，椅脚也是弯曲的。

（3）模型细节：注意杯口的圆形设计，以及咖啡杯把手的位置。要确保餐椅靠背与椅面的接触部分平滑过渡。

（4）导出文件：将制作完成的模型按照需要的文件格式导出。常用的三维文件格式包括.obj、.fbx 和.3ds。

任务分析

通过使用【可编辑多边形】命令及可编辑对象的 5 个层级指令来制作模型。可编辑对象包含 5 个层级：【顶点】【边】【边界】【多边形】【元素】。在不同的层级下可以使用不同的命令，用户可以根据需要选择性地完成建模任务。

（1）创建基础形状：首先使用【创建】面板中的基本体（长方体）创建基础形状，然后在此基础上进行建模。

（2）修改基础形状：使用选取和变换工具对基础形状进行修改。

（3）添加细节：针对特征点增加线段，并调整线段的位置，运用【可编辑多边形】命令（如【切角】【挤出】【倒角】【沿样条线挤出】【弯曲】等），将模型细化。

（4）优化模型：调整线，使模型布局均匀合理，反映细节，删除多余的顶点和线。

（5）导出文件：将模型文件导出为常用的三维文件格式，如.fbx，并将渲染图片保存为.jpg 文件格式。

任务实施

6.1.1 制作咖啡杯

1. 制作杯体

（1）在命令面板中单击【创建】→【几何体】→【长方体】按钮，在前视图中创建一个长方体，如图 6-1 所示。

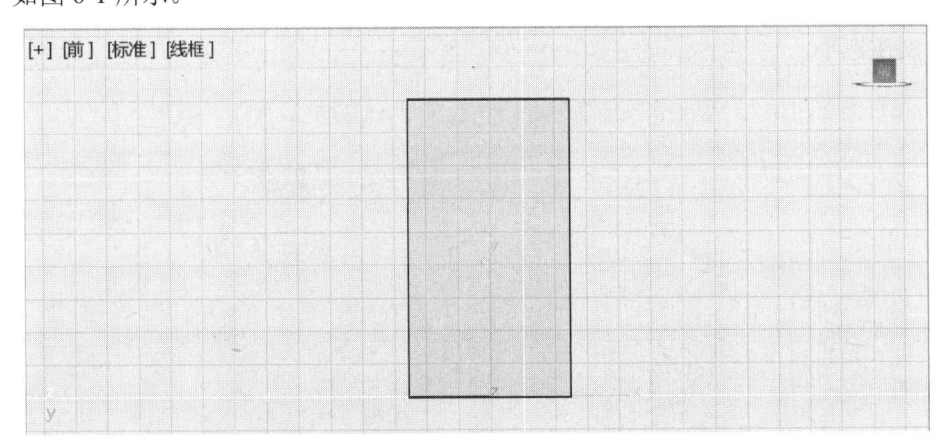

图 6-1 创建长方体

（2）在【修改】面板的【参数】卷展栏中进行参数设置，具体设置如图 6-2 所示。将【长度】和【宽度】均设置为 50cm、【高度】设置为 90cm。调整分段数，将【长度分段】和【宽度分段】均设置为 4、【高度分段】设置为 5。

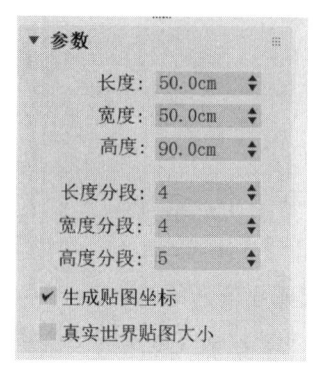

图 6-2　参数设置

（3）右击长方体，在弹出的快捷菜单中选择【转换为】→【转换为可编辑多边形】命令。

（4）在【选择】卷展栏中单击【顶点】按钮，在顶视图中调整 4 个顶点的位置，如图 6-3 和图 6-4 所示。

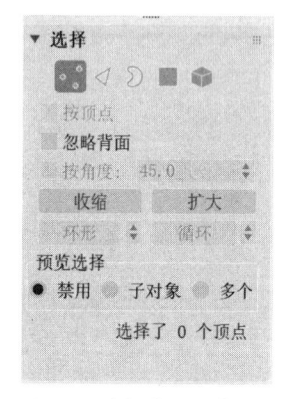

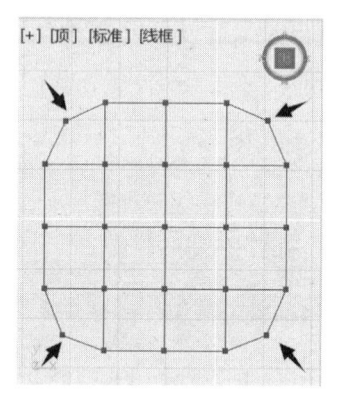

图 6-3　单击【顶点】按钮　　　　图 6-4　调整顶点的位置（1）

2. 制作把手

（1）在前视图中，分别选中杯体两端的横线，执行【切角】操作，如图 6-5 和图 6-6 所示。

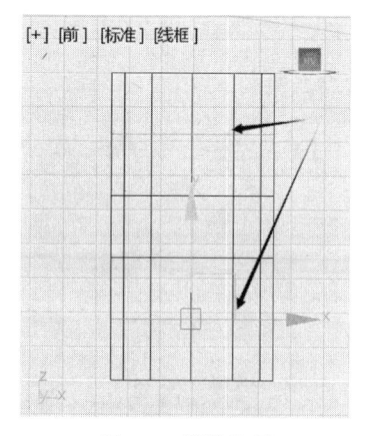

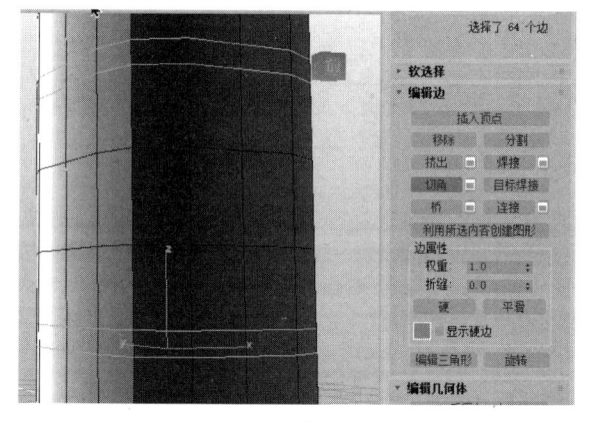

图 6-5　横线选择　　　　图 6-6　执行【切角】操作

（2）选中每个面中间的垂直线，执行【循环】操作，如图 6-7 和图 6-8 所示。

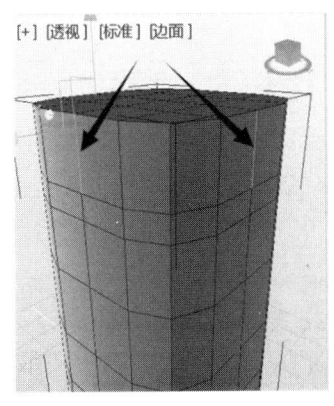

图 6-7　垂直线选择　　　　　　　图 6-8　执行【循环】操作

（3）再次执行【切角】操作，对垂直线进行拆分，如图 6-9 所示。

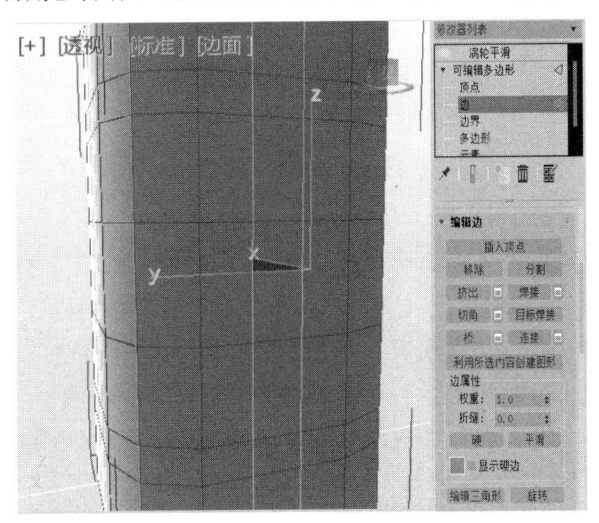

图 6-9　垂直线拆分

（4）选中合适位置的面，执行两次【倒角】操作，效果如图 6-10 所示。

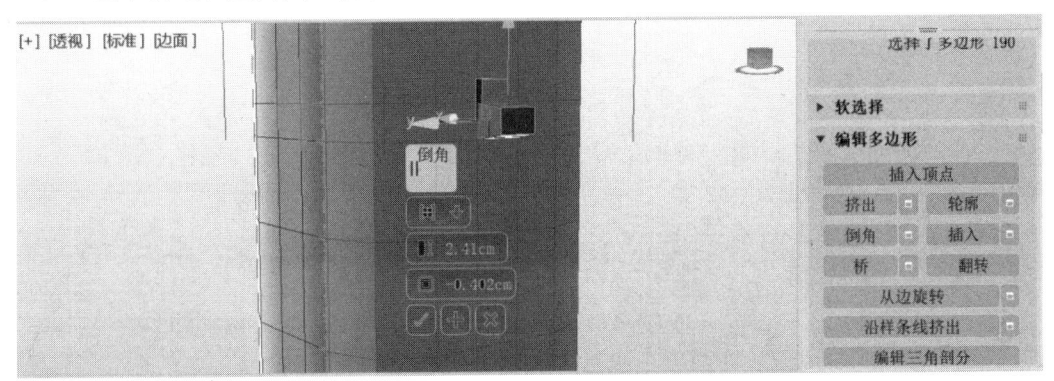

图 6-10　执行【倒角】操作后的效果（1）

（5）在前视图中新建一条样条线，确定把手的大概形状，如图 6-11 所示。

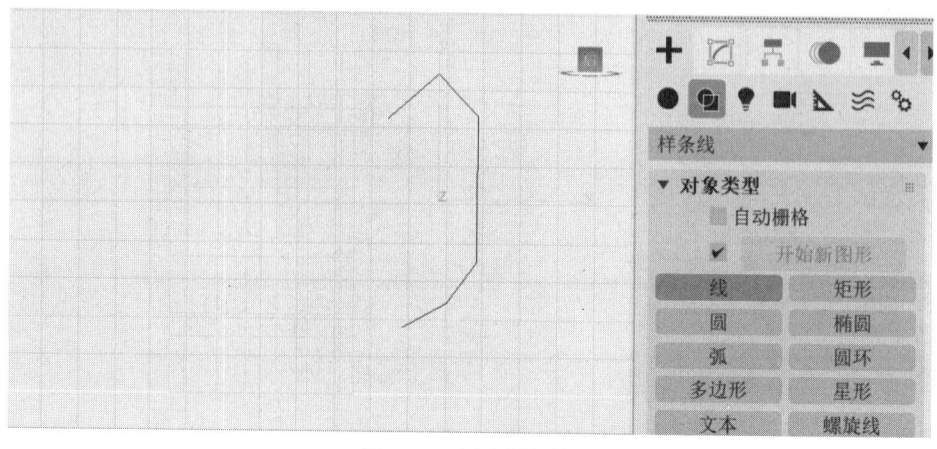

图 6-11 新建样条线

（6）调整样条线，将其中的顶点调整为平滑点，并切换为【Bezier 角点】类型进行调整，如图 6-12 所示。

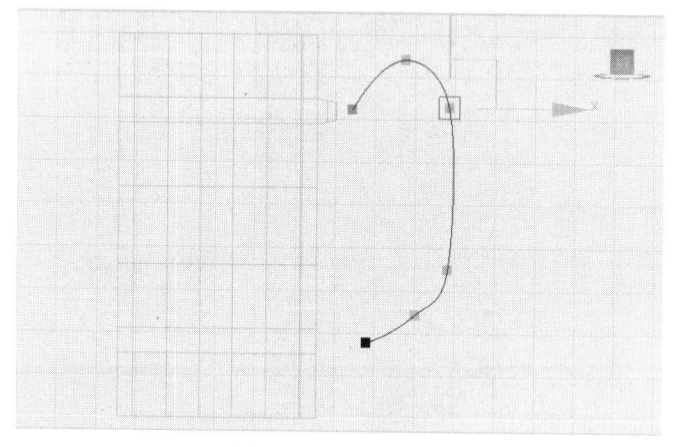

图 6-12 调整样条线

（7）选中把手所在的面，执行【沿样条线挤出】操作，并选中样条线，如图 6-13 所示。

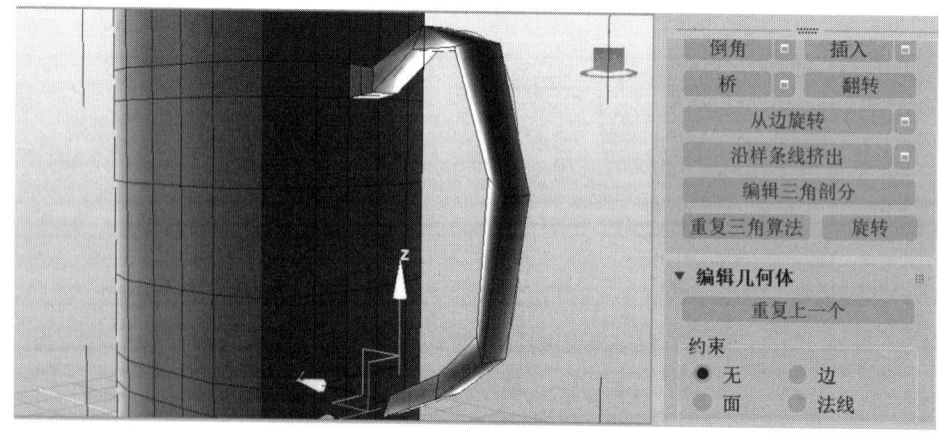

图 6-13 沿样条线挤出

（8）在前视图中调整顶点的位置，如图 6-14 所示。沿样条线挤出后的效果如图 6-15 所示。

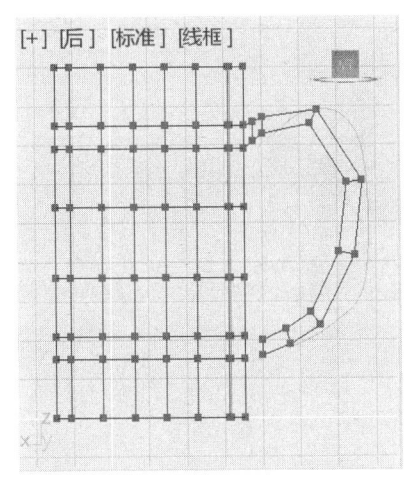

图 6-14 调整顶点的位置（2）

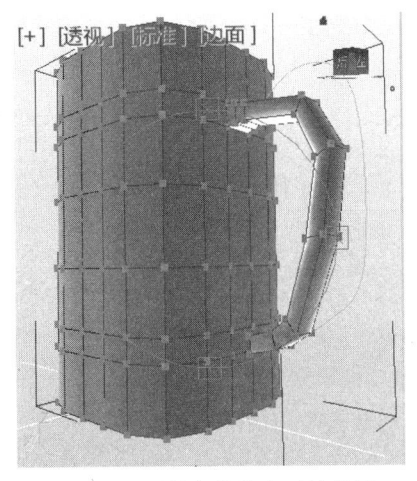

图 6-15 沿样条线挤出后的效果

（9）在透视图中调整把手形状，如图 6-16 所示。

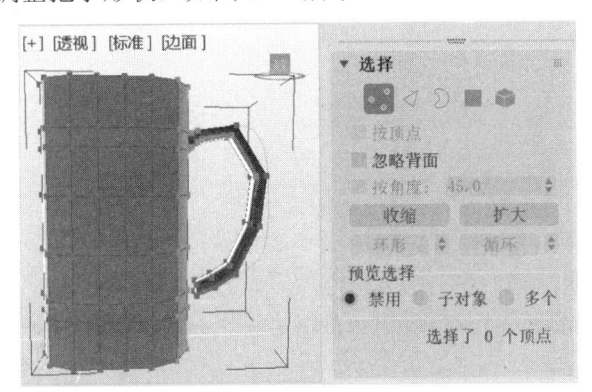

图 6-16 调整把手形状

（10）选中下端面，执行【倒角】操作，如图 6-17 所示。

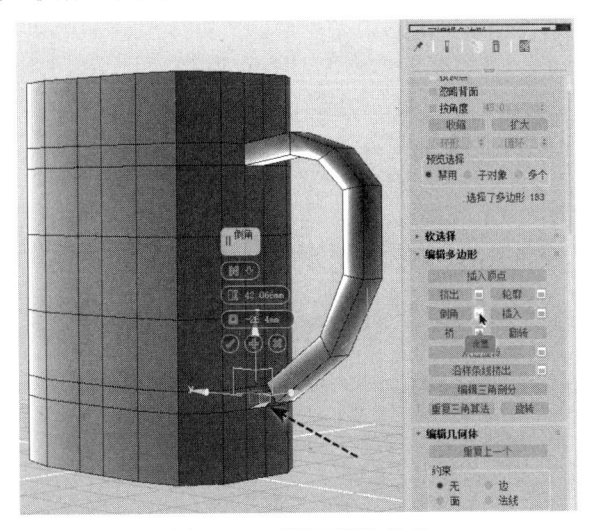

图 6-17 下端面倒角处理

（11）选中两个对立面，执行【桥】操作，如图 6-18 和图 6-19 所示。

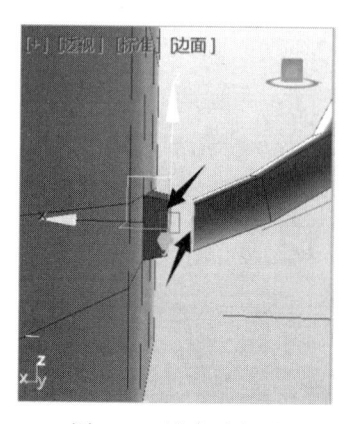

图 6-18　选中对立面　　　　　　　　　图 6-19　执行【桥】操作

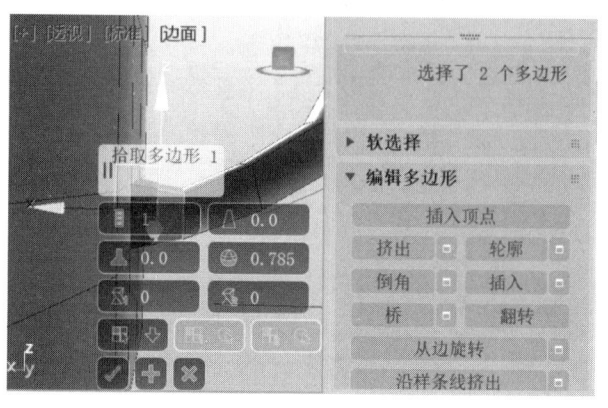

3. 制作圆弧形杯口

（1）选中上表面，执行【删除】操作，如图 6-20 和图 6-21 所示。

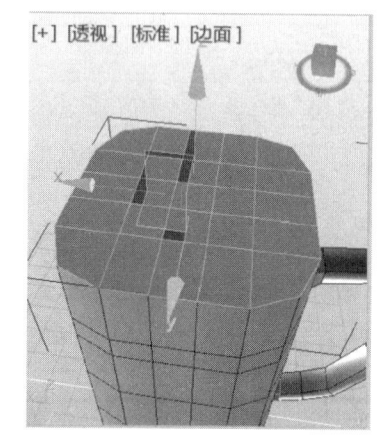

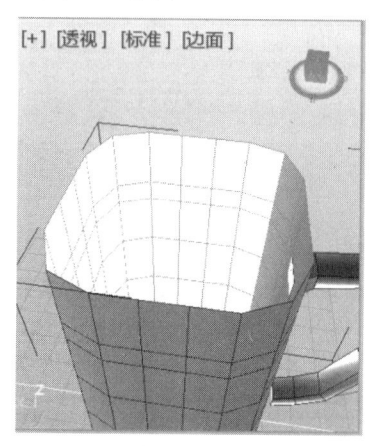

图 6-20　选中上表面　　　　　　　　　图 6-21　执行【删除】操作

（2）单击【边界】按钮，选中上表面的边界，执行【封口】操作，如图 6-22 所示。

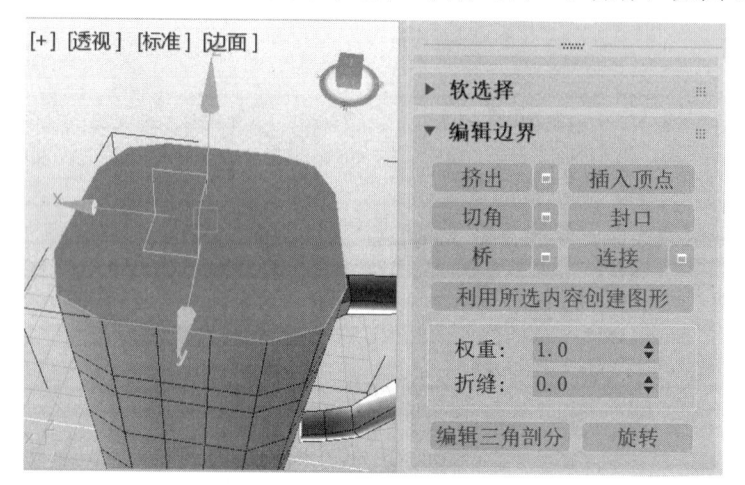

图 6-22　上表面【封口】操作

（3）对底面执行两次【倒角】操作，设置高度为正值，形成圆弧形状，再次对其执行两次

【倒角】操作，设置高度为负值，完成杯口模型的创建，如图6-23所示。

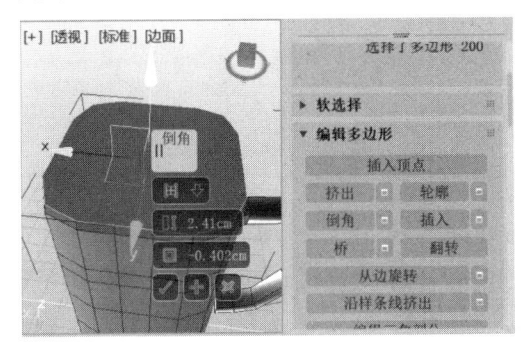

（1）倒角1 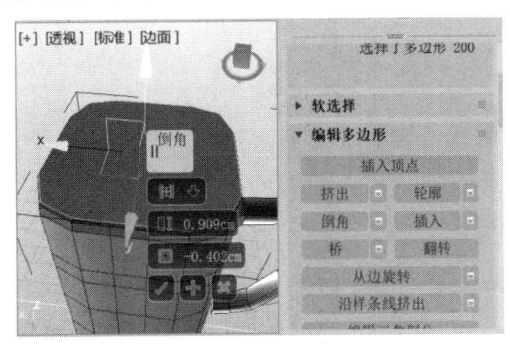　　　　　　　　　　　　（2）倒角2

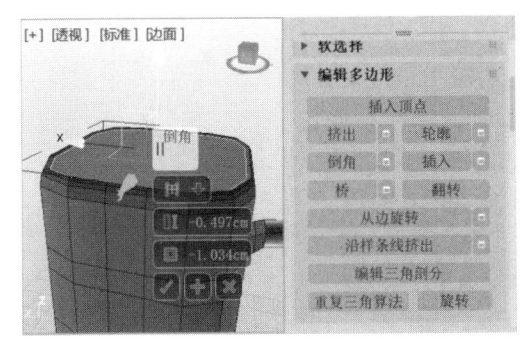

（3）倒角3 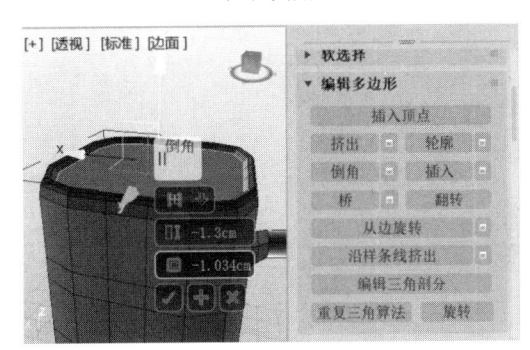　　　　　　　　　　　　（4）倒角4

图6-23　底面【倒角】操作

（4）在前视图中将底面向下【挤出】到杯底的位置，如图6-24所示。需要注意的是，在执行【挤出】操作时，要观察前视图中杯底的位置，避免穿模。

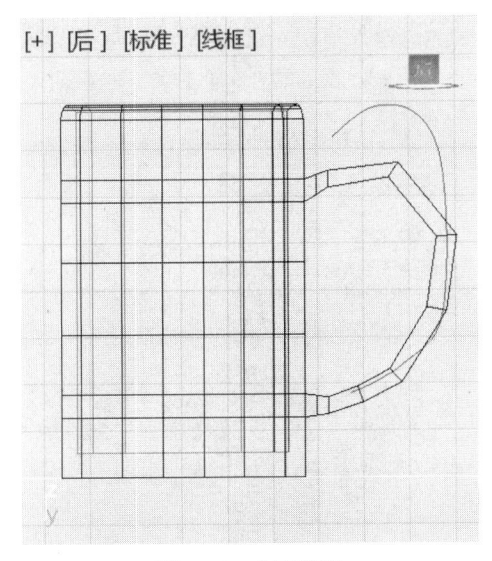

图6-24　向下挤出

（5）执行【倒角】操作，并修改参数，如图6-25所示，效果如图6-26所示。

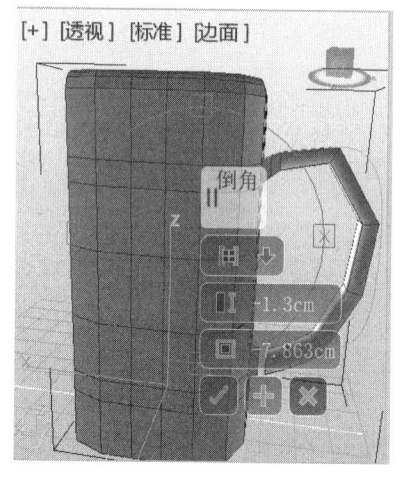

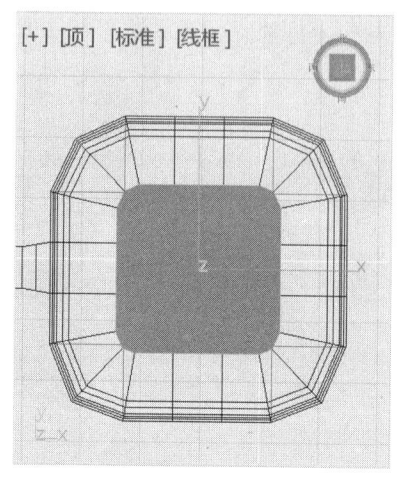

图 6-25　【倒角】参数调整　　　　　　　图 6-26　执行【倒角】操作后的效果（2）

（6）在命令面板中选择【修改】→【涡轮平滑】选项，观察效果，如图 6-27 所示。

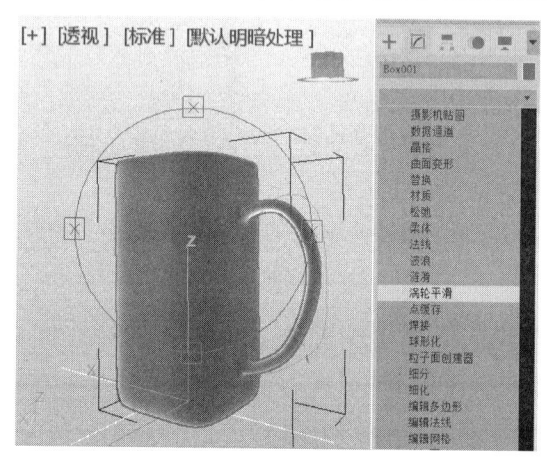

图 6-27　涡轮平滑

（7）调整咖啡杯的大小，效果如图 6-28 所示。

图 6-28　调整咖啡杯的大小后的效果

6.1.2 制作餐椅

(1) 在命令面板中单击【创建】→【几何体】→【长方体】按钮，在前视图中创建一个长方体，如图 6-29 所示。

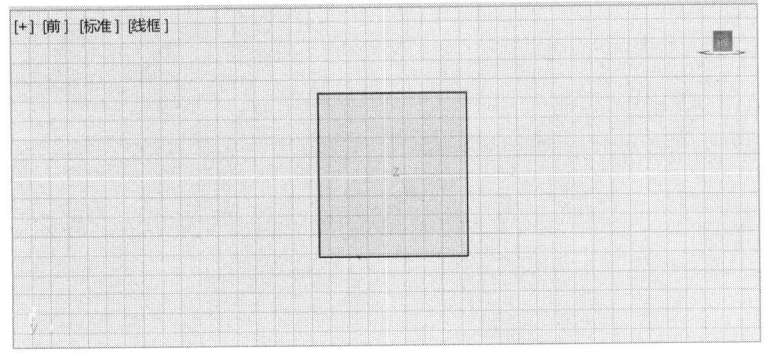

图 6-29 创建长方体

(2) 在【修改】面板的【参数】卷展栏中进行参数设置，将【长度】设置为 70cm、【宽度】设置为 60cm、【高度】设置为 10cm。同时将【长度分段】和【宽度分段】均设置为 2、【高度分段】设置为 1，如图 6-30 所示。

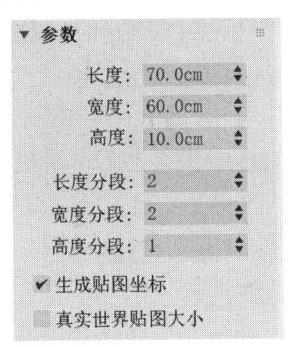

图 6-30 参数设置

(3) 右击长方体，在弹出的快捷菜单中选择【转换为】→【转换为可编辑多边形】命令。

(4) 在【选择】卷展栏中单击【多边形】按钮，如图 6-31 所示。按住【Ctrl】键并分别单击长方体左、右两个面，即可选中 4 个面，如图 6-32 所示。

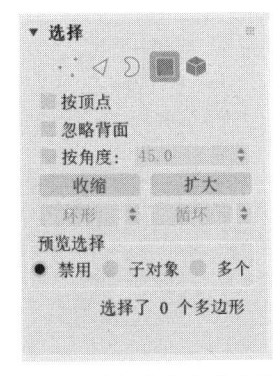

图 6-31 单击【多边形】按钮   图 6-32 选中 4 个面

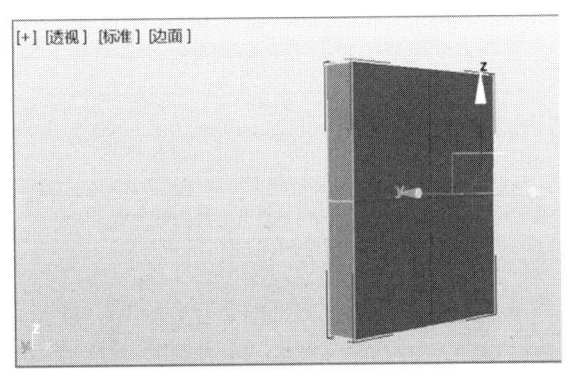

（5）对在第（4）步中选中的 4 个面执行【挤出】操作，如图 6-33 所示。

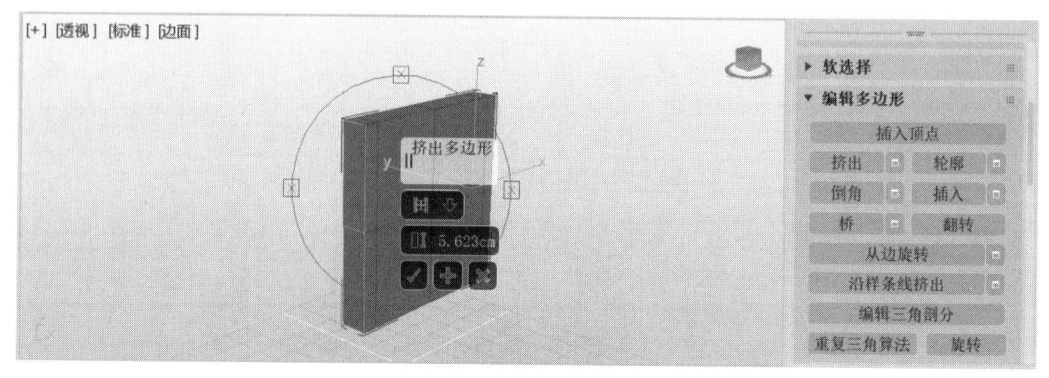

图 6-33　挤出面

（6）选中长方体上方所有的面，执行【挤出】操作，如图 6-34 所示。选中长方体下方所有的面，执行两次【挤出】操作，挤出第 2 块的高度就是凳面的高度，如图 6-35 所示。

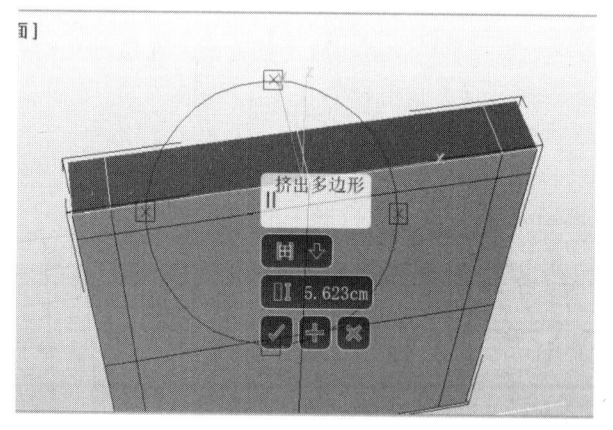

图 6-34　挤出上方面

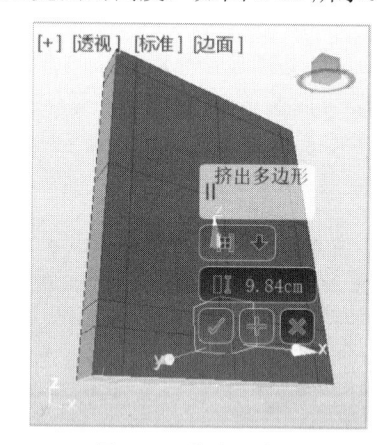

图 6-35　挤出下方面

（7）选中长方体正面下方的 4 个面，执行【挤出】操作，先挤出凳面的一小块，如图 6-36（1）所示；再挤出凳面的一大块，如图 6-36（2）所示；最后挤出凳面的一小块，如图 6-36（3）所示。

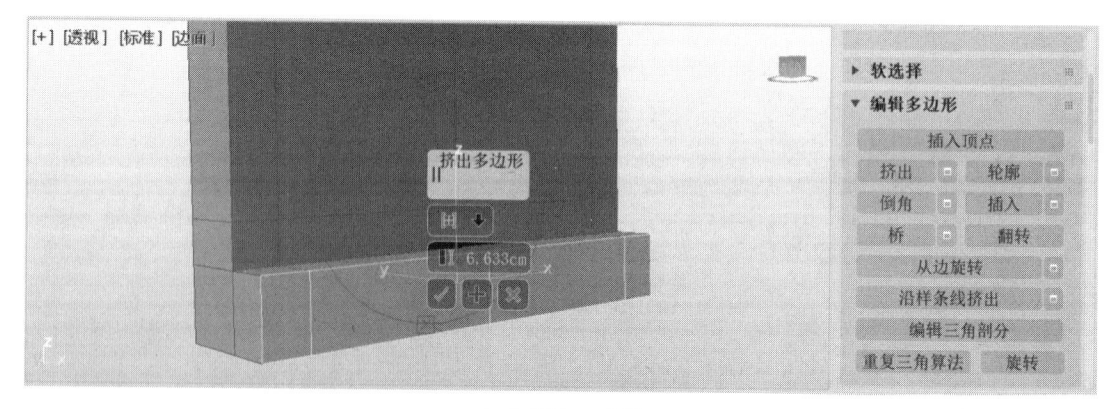

（1）挤出一小块

图 6-36　挤出凳面

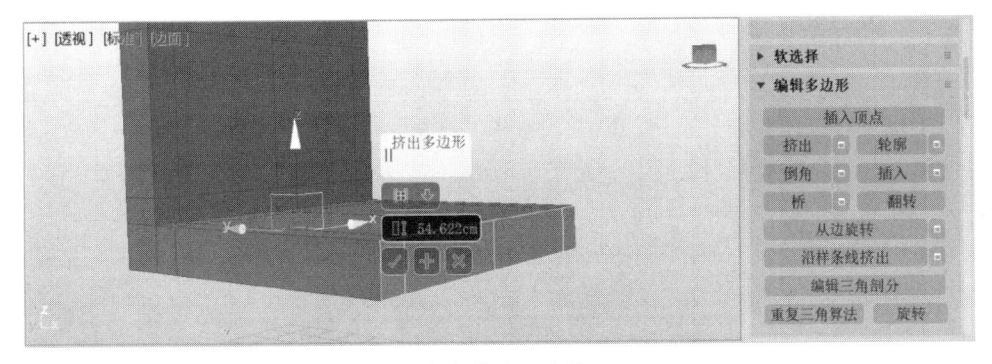

（2）挤出一大块

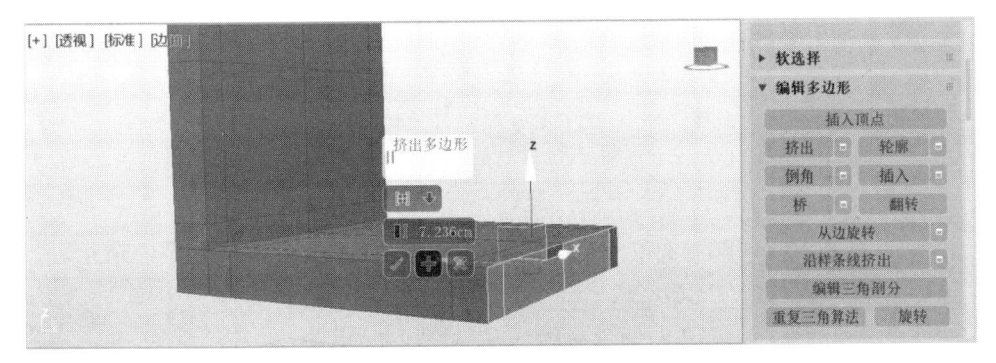

（3）挤出一小块

图 6-36　挤出凳面（续）

（8）选中底部所有的面，执行【删除】操作，如图 6-37 和图 6-38 所示。

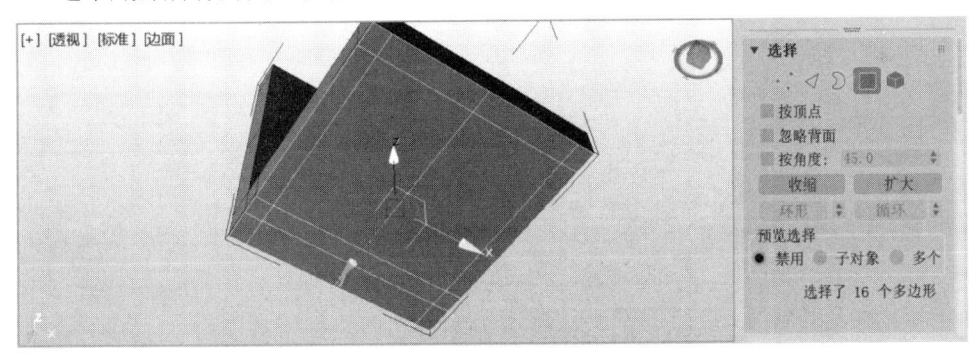

图 6-37　全选面

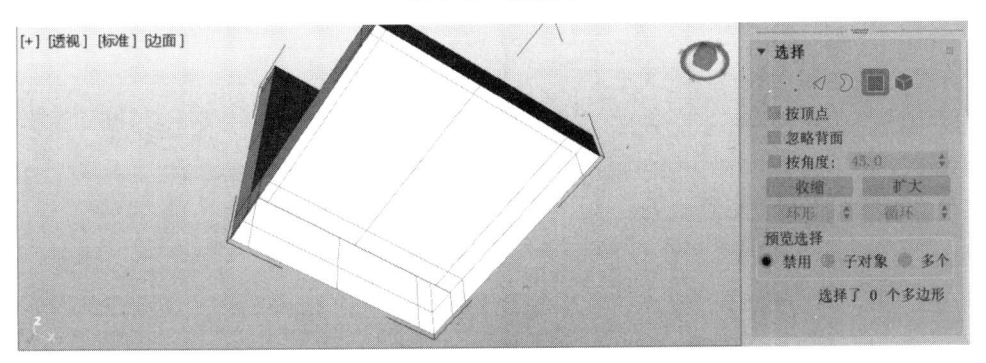

图 6-38　删除面

（9）在左视图中选中上面的顶点，调整靠背的形状，如图6-39所示。

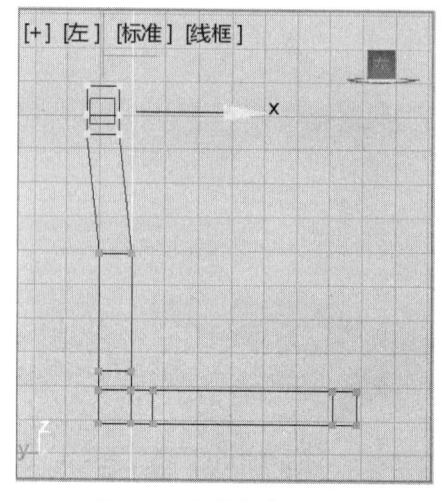

图6-39 调整靠背的形状

（10）进入前视图，调整上面的顶点让靠背顶部呈现圆角效果，如图6-40所示。

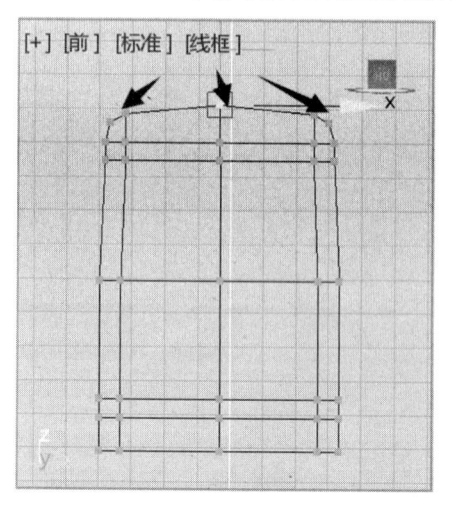

图6-40 调整靠背顶部的形状

（11）将靠背中部拉出一部分，如图6-41所示。

图6-41 调整靠背中部的形状

（12）在修改器堆栈中选择【可编辑多边形】选项，在命令面板中展开【细分曲面】卷展栏，勾选【使用 NURMS 细分】复选框，如图 6-42 所示。

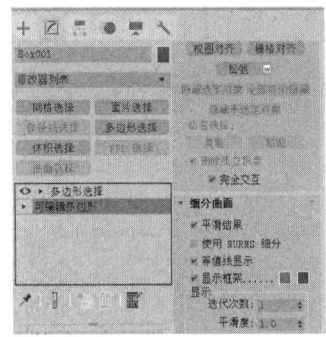

图 6-42　添加细分曲面

（13）制作椅脚部分。在命令面板中单击【创建】→【几何体】→【长方体】按钮，在顶视图中创建长方体，将【长度】和【宽度】均设置为 7cm、【高度】设置为 5cm，如图 6-43 所示。

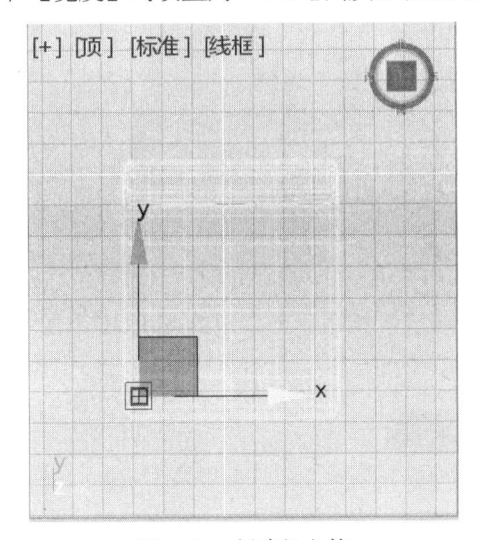

图 6-43　创建长方体

（14）切换到透视图，调整长方体的位置并右击长方体，在弹出的快捷菜单中选择【转换为】→【转换为可编辑多边形】命令，进入【多边形】层级，选中长方体底面，执行【倒角】操作，如图 6-44 所示。

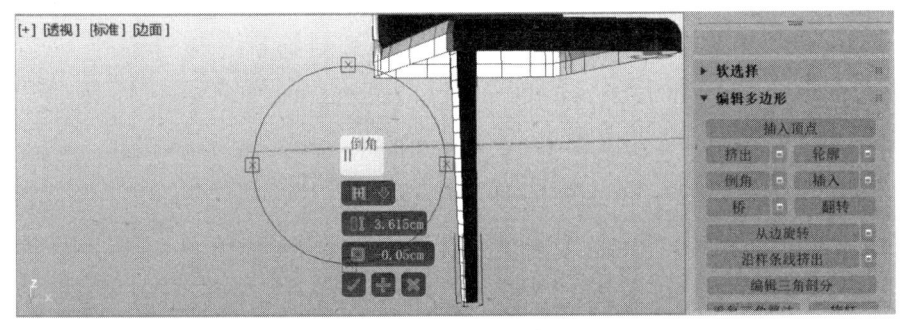

图 6-44　执行【倒角】操作

（15）对椅脚执行【弯曲】操作并调整参数，如图6-45所示。

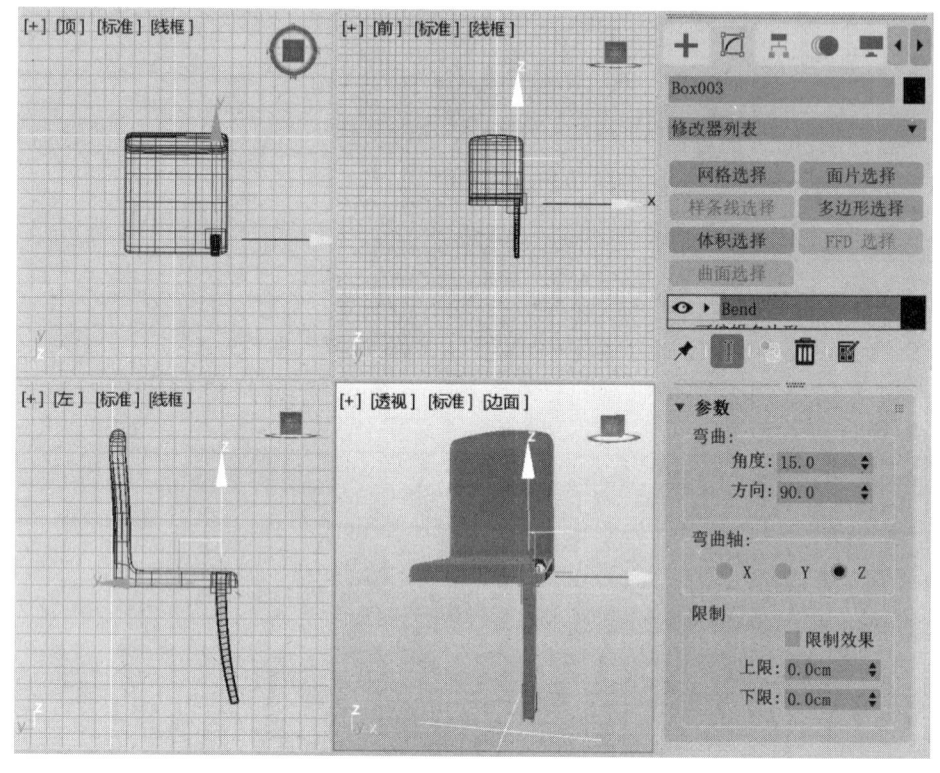

图6-45　执行【弯曲】操作并调整参数

（16）单击工具栏中的【镜像】按钮，在弹出的【镜像】对话框中选中【实例】单选按钮，如图6-46所示，效果如图6-47所示。

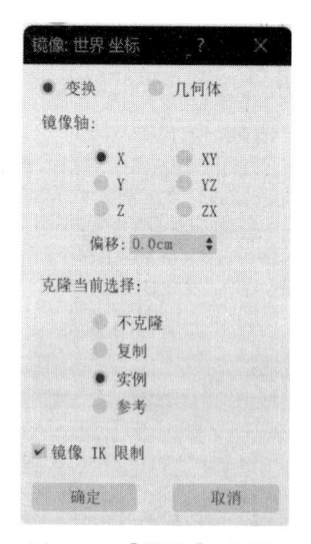

图6-46　【镜像】对话框　　　　　　图6-47　镜像效果

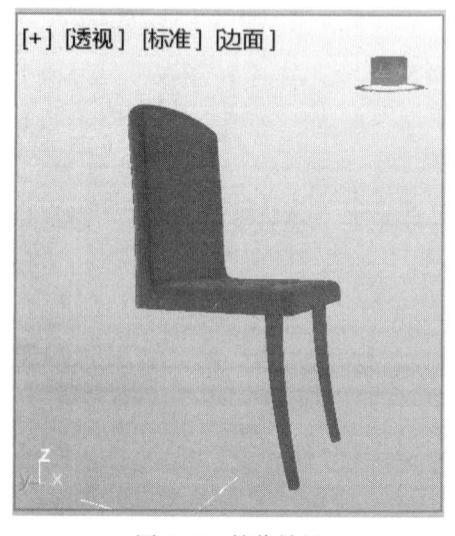

（17）选中前面两个椅脚，按住【Shift】键并拖动椅脚进行移动复制，同时调整弯曲参数，如图6-48所示。

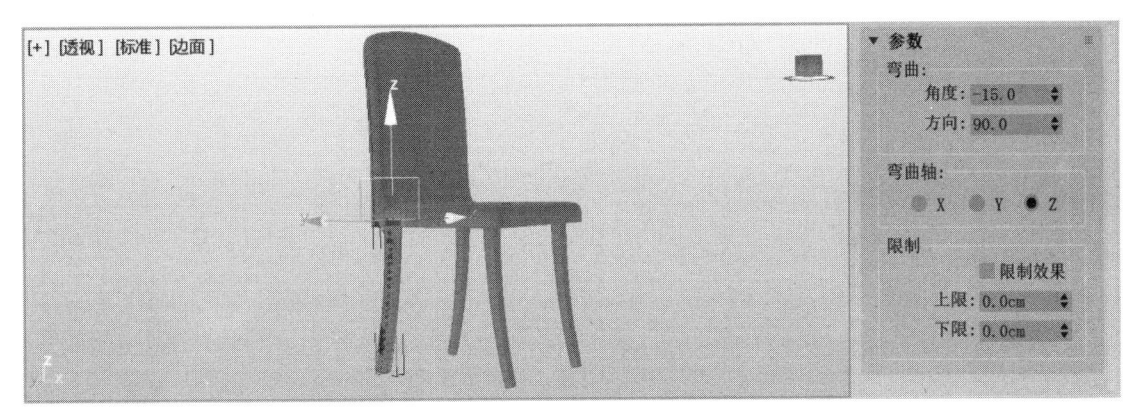

图 6-48　移动复制后面椅脚并调整弯曲参数

（18）餐椅最终效果如图 6-49 所示。

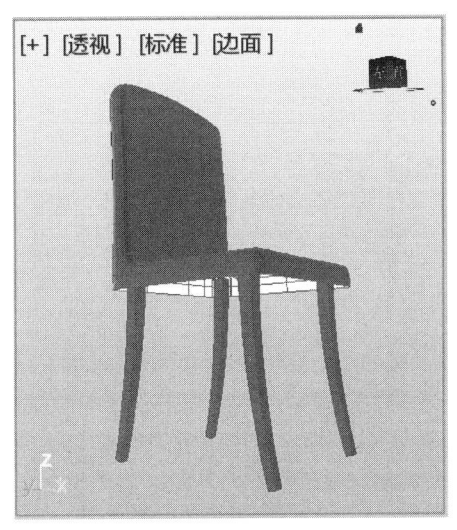

图 6-49　餐椅最终效果

任务 2　制作 U 盘

➡ 任务描述

公司要求设计师制作 U 盘的三维模型，设计师可根据公司提供的 U 盘图片进行制作。

➡ 任务分析

通过创建长方体，并运用长方体的【挤出】和【倒角】命令来制作 U 盘的三维模型。要制作 U 盘的三维模型，需要熟练掌握多边形建模的技能，任务具体分析如下。

（1）观察和分析 U 盘的尺寸、材质、细节等相关内容。

（2）制订模型制作计划：可以分前、中、尾三部分进行制作。

（3）建立基础形状，并通过编辑多边形进行细节修改。

🡪 任务实施

6.2.1 制作 U 盘中部

（1）在命令面板中单击【创建】→【几何体】→【长方体】按钮，在顶视图的中心位置创建一个长方体，如图 6-50 所示。

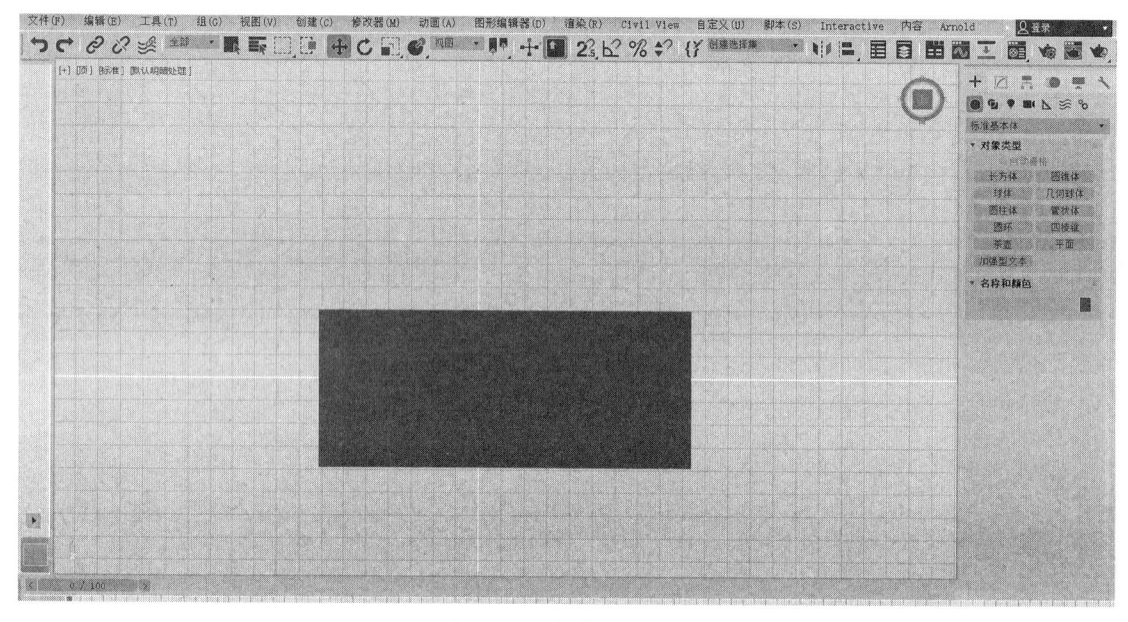

图 6-50 创建长方体

（2）修改【参数】卷展栏中的参数，将【长度】【宽度】【高度】分别设置为 50cm、136cm、8cm，将【长度分段】【宽度分段】【高度分段】均设置为 3，并按【F4】键，如图 6-51 所示。

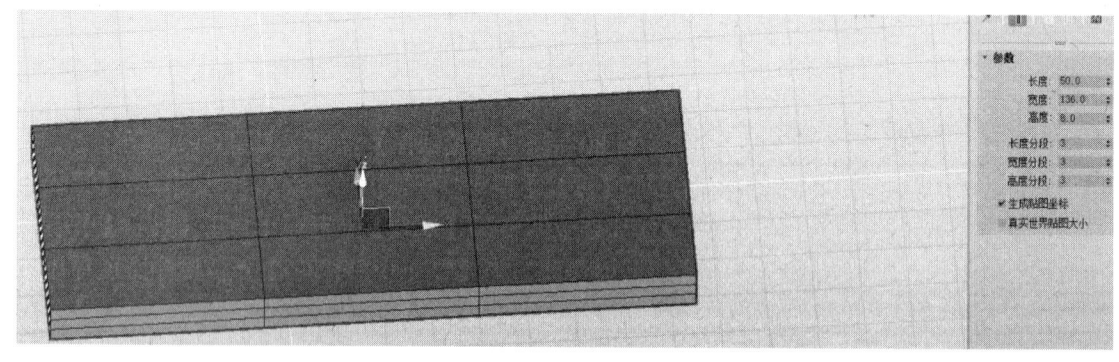

图 6-51 参数设置

（3）选中长方体并右击，在弹出的快捷菜单中选择【转换为】→【转换为可编辑多边形】命令。进入命令面板中的【顶点】层级，框选左、右各 4 个顶点（这里注意背后的两个顶点也要同时选中），将其沿 X 轴依次向左和向右拖动，调整出 U 盘的弧度，如图 6-52 所示。

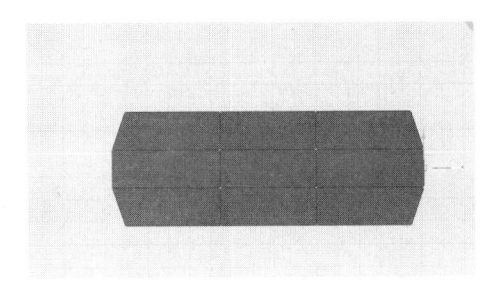

图 6-52　调整形状

（4）按住【Alt】键并单击鼠标中键旋转视图窗口，在命令面板的【选择】卷展栏中单击【多边形】按钮，同时选中左侧的 9 个面，单击【插入】按钮右侧的小方框，设置【插入数量】为 1.5，单击【确认】按钮，如图 6-53 所示。

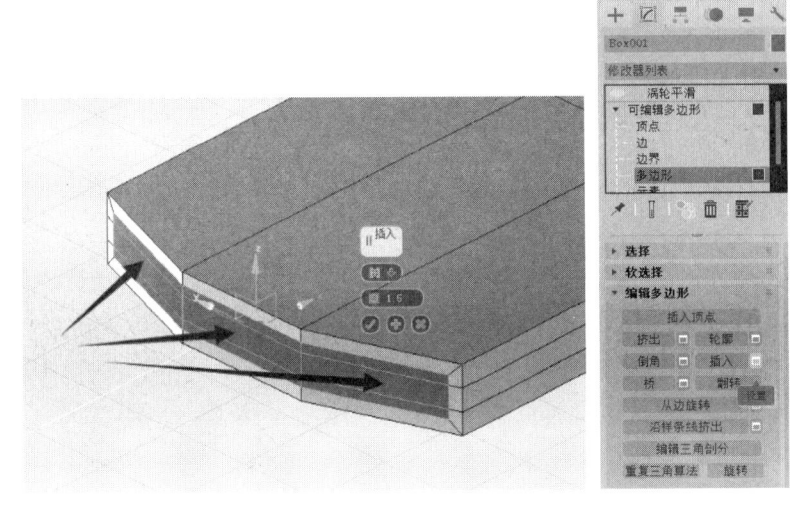

图 6-53　插入面

（5）单击【挤出】按钮右侧的小方框，设置【挤出多边形高度】为 9，单击【确认】按钮，如图 6-54 所示。

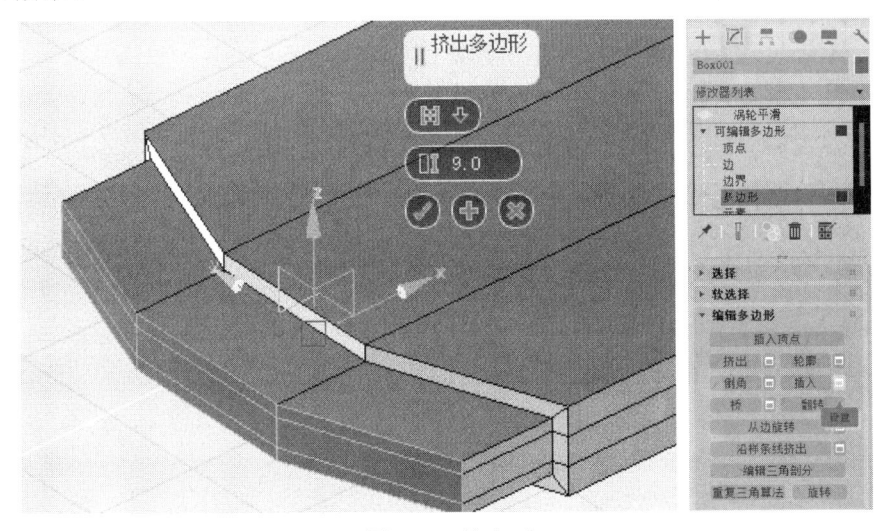

图 6-54　挤出面

（6）按【T】键切换到顶视图，首先按【R】键，然后用鼠标逆向沿 X 轴拖动，使前弯曲的表面变成一个平面，如图 6-55 所示。

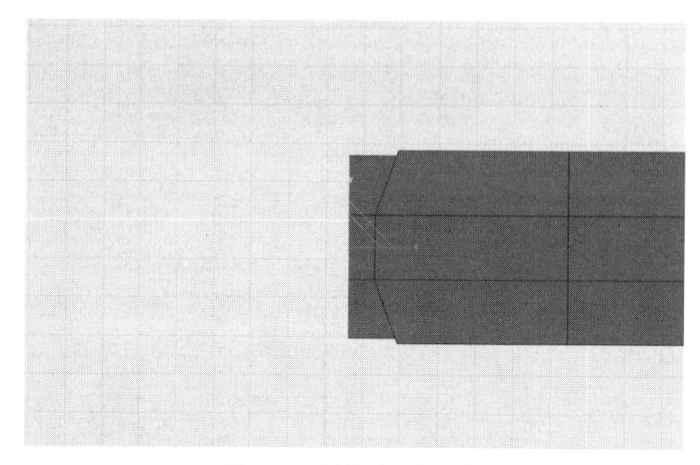

图 6-55 调整平面的形状

（7）在命令面板的【选择】卷展栏中单击【顶点】按钮，框选如图 6-56 所示的 8 个顶点，注意上下一共需要选择 32 个顶点。

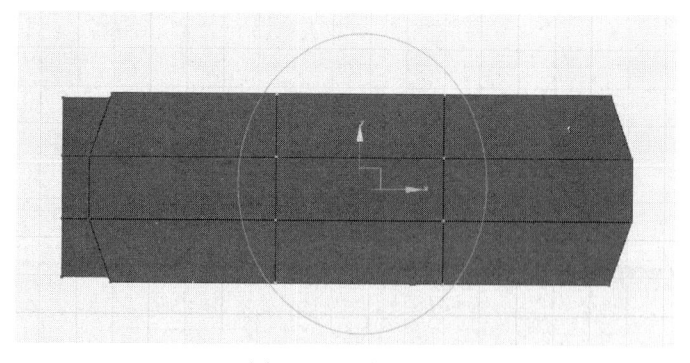

图 6-56 选择顶点

（8）按【R】键，使用缩放功能，将光标移动至 X 轴上并按住鼠标左键拖动，将顶点调整到如图 6-57 所示的合适位置，按【W】键取消缩放。

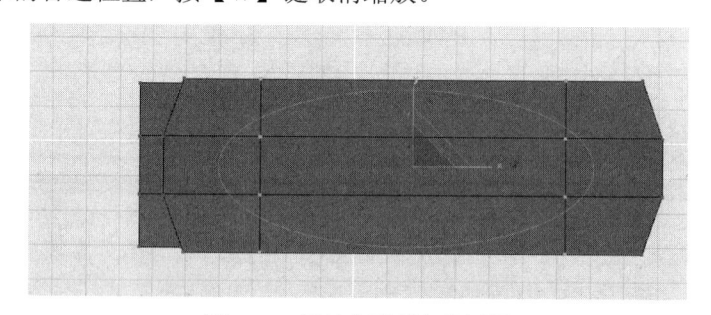

图 6-57 调整水平顶点的间距

（9）框选中间的 4 个顶点（上下一共 8 个顶点），按【R】键，使用缩放功能，将光标移动至 Y 轴上并按住鼠标左键拖动，将顶点调整到如图 6-58 所示的合适位置，按【W】键取消缩放。

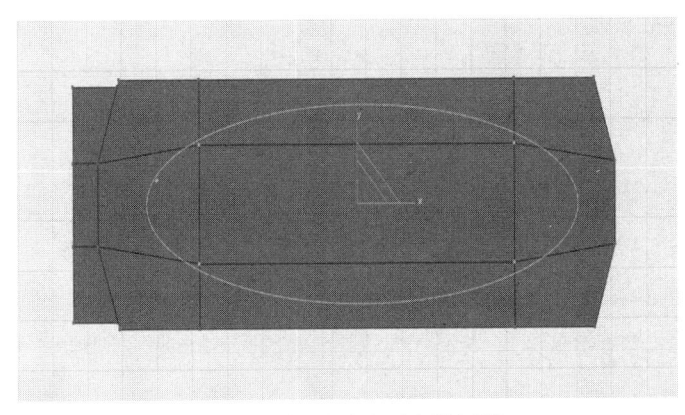

图 6-58 调整垂直顶点的间距

（10）在命令面板的【选择】卷展栏中单击【多边形】按钮，选中如图 6-59 所示的上下两个面并右击，在弹出的快捷菜单中选择【插入】命令，在弹出的参数设置界面中修改【插入数量】为 0.5，并单击【确认】按钮。

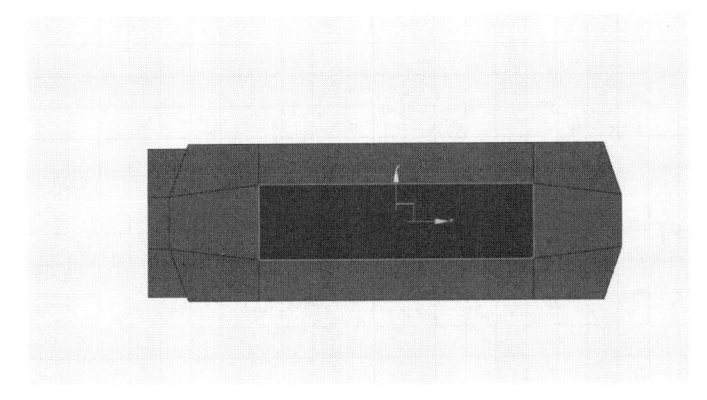

图 6-59 选中面

（11）再次右击选中的上下两个面，在弹出的快捷菜单中选择【倒角】命令，在弹出的参数设置界面中将【倒角高度】和【倒角轮廓】均设置为-1，并单击【确认】按钮，如图 6-60 所示。

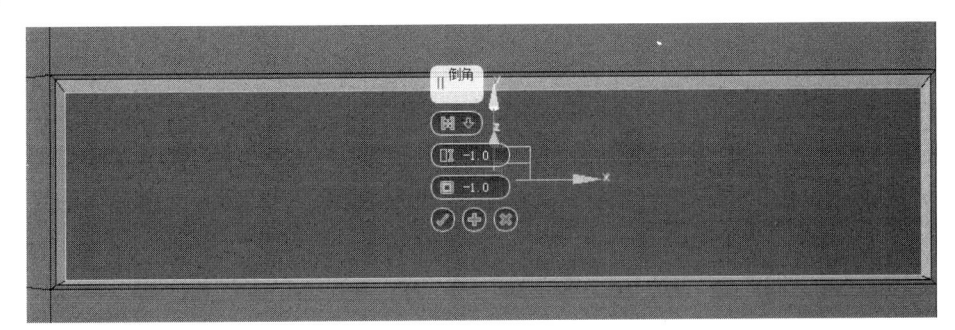

图 6-60 调整【倒角】参数

（12）在命令面板的【选择】卷展栏中单击【边】按钮，框选中间所有的边并右击，在弹出的快捷菜单中选择【连接】命令，在弹出的参数设置界面中将【连接边分段】和【连接边收缩】分别设置为 2 和 98，并单击【确认】按钮，如图 6-61 所示。

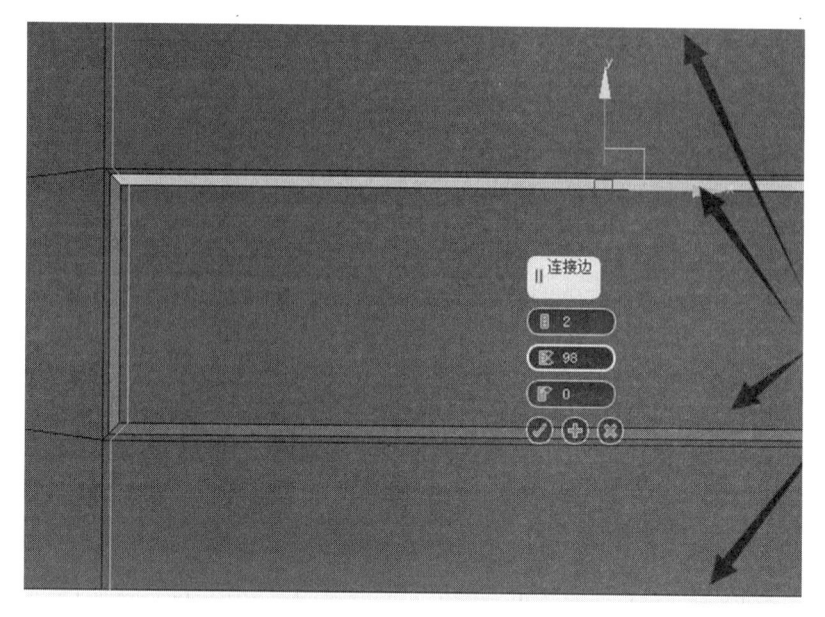

图 6-61　创建凹槽两边卡线

（13）选中中间凹陷面上的垂直边，在命令面板的【选择】卷展栏中单击【环形】按钮，右击选中的垂直边，在弹出的快捷菜单中选择【连接】命令，在弹出的参数设置界面中将【连接边分段】和【连接边收缩】分别设置为 2 和 56，并单击【确认】按钮，如图 6-62 所示。

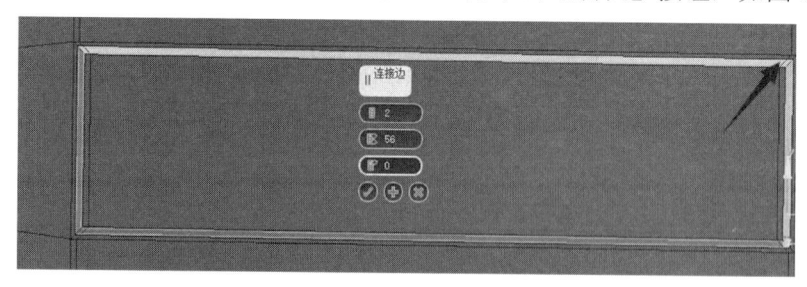

图 6-62　创建中间凹陷面卡边

（14）选中如图 6-63 所示的边，在命令面板的【选择】卷展栏中单击【环形】按钮，右击选中的边，在弹出的快捷菜单中选择【连接】命令，参数不变，并单击【确认】按钮，效果如图 6-64 所示。

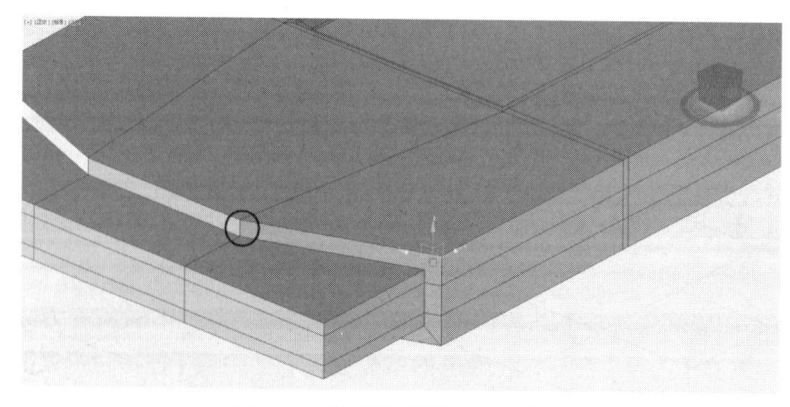

图 6-63　选择头部凹陷面环形边

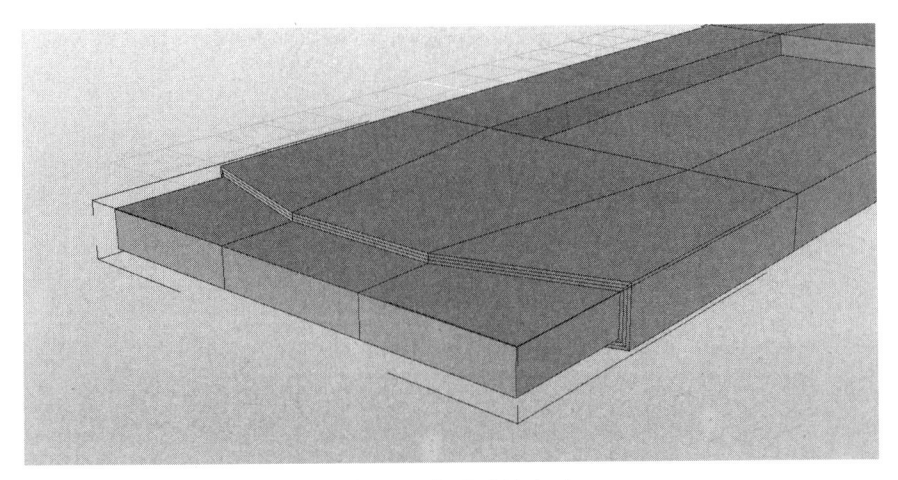

图 6-64 加边后约束面

（15）双击选中图 6-65 中箭头所指的两条线，按【Ctrl+Backspace】快捷键删除所选中的两条线。选择图 6-66 中箭头所指的边，在命令面板的【选择】卷展栏中单击【环形】按钮，右击选择的边，在弹出的快捷菜单中选择【连接】命令，在弹出的参数设置界面中将【连接边分段】和【连接边收缩】分别设置为 2 和 80，并单击【确认】按钮，如图 6-67 所示。

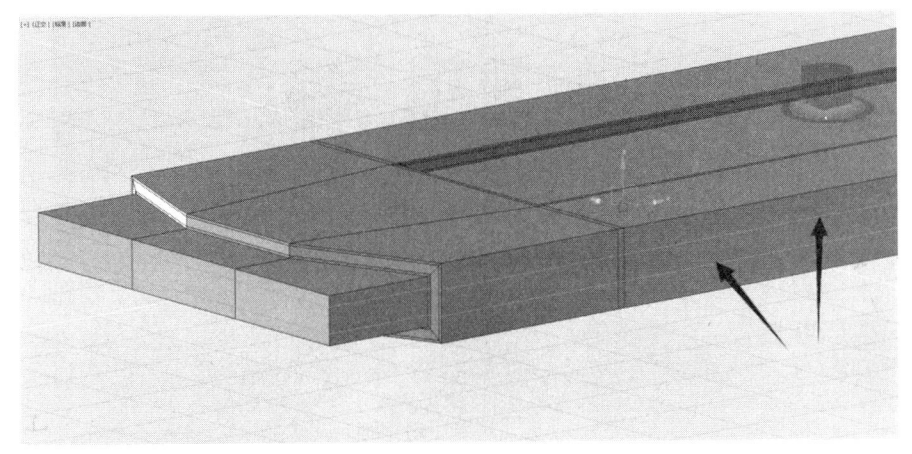

图 6-65　删除线

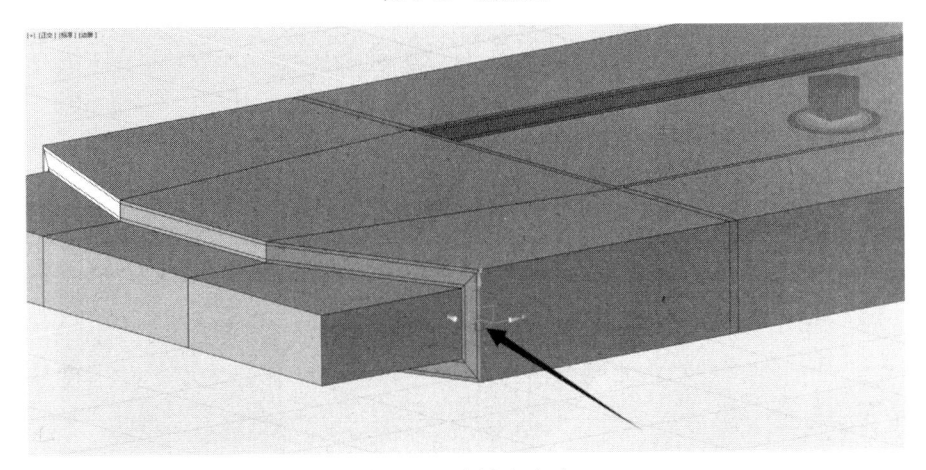

图 6-66　选择边（1）

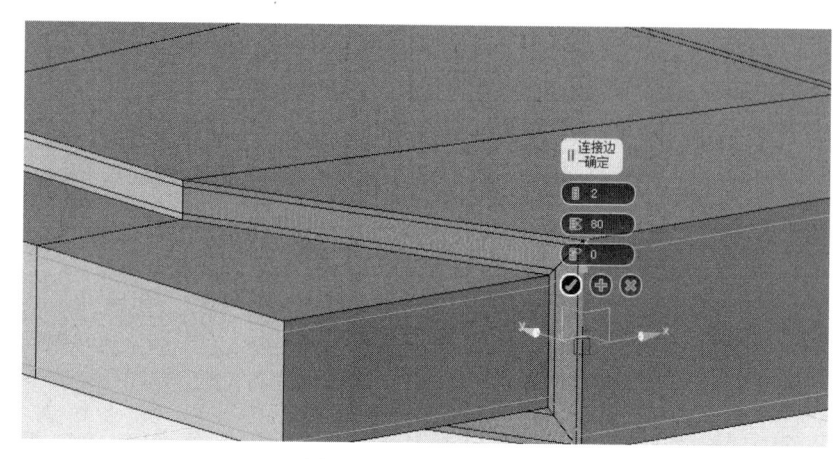

图 6-67 创建身体卡线

（16）选择如图 6-68 所示的边，在命令面板的【选择】卷展栏中单击【环形】按钮，右击选择的边，在弹出的快捷菜单中选择【连接】命令，在弹出的参数设置界面中将【连接边分段】和【连接边收缩】分别设置为 2 和 85，如图 6-69 所示。在命令面板的修改器堆栈中选择【涡轮平滑】选项。

图 6-68 选择边（2）

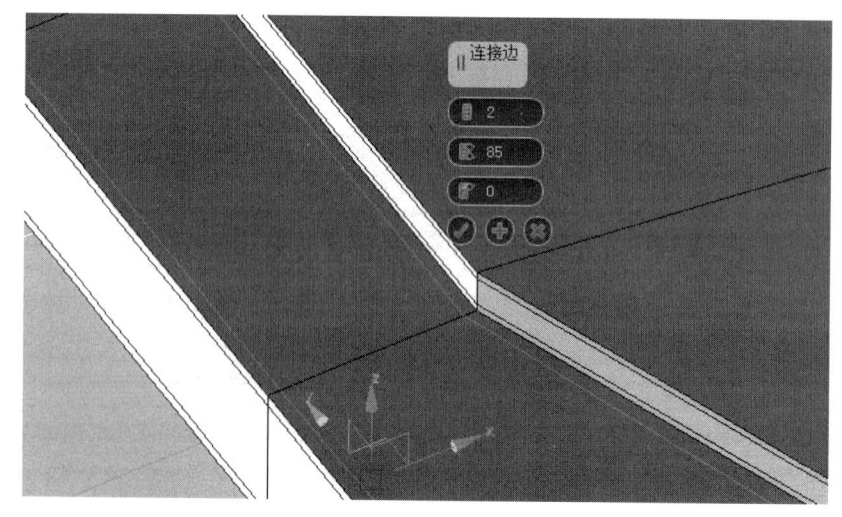

图 6-69 连接边

6.2.2 制作 U 盘前部

（1）按【T】键切换到顶视图，首先在命令面板中单击【创建】→【几何体】→【长方体】按钮创建长方体，然后单击【修改】按钮，在【参数】卷展栏中，修改【长度】【宽度】【高度】分别为 31cm、40cm、3.5cm，修改【长度分段】【宽度分段】【高度分段】均为 3，并右击长方体，在弹出的快捷菜单中选择【转换为】→【转换为可编辑多边形】命令，调整到如图 6-70 所示的位置。

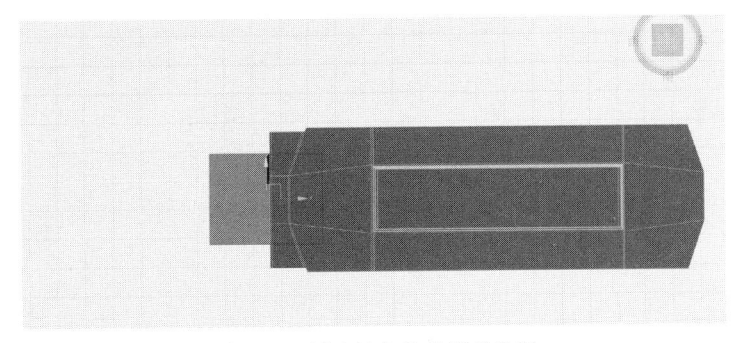

图 6-70　创建长方体并调整位置

（2）右击在第（1）步中创建的长方体，在弹出的快捷菜单中选择【孤立当前选项】命令，单击命令面板的【选择】卷展栏中的【边】按钮，选择如图 6-71 所示的两条边，在命令面板的【选择】卷展栏中单击【环形】按钮，右击选择的边，在弹出的快捷菜单中选择【连接】命令，参数保持默认设置，效果如图 6-72 所示。

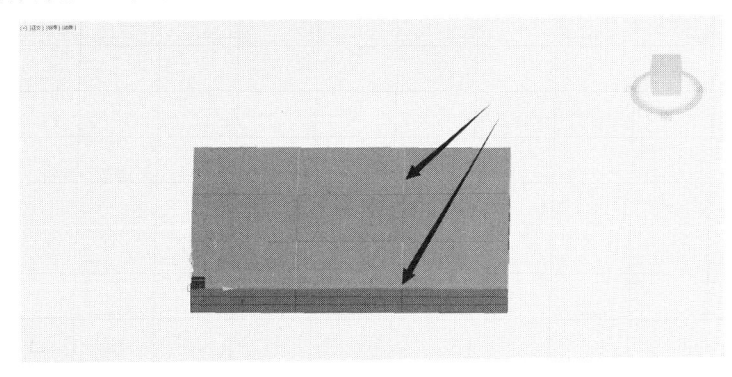

图 6-71　选择边

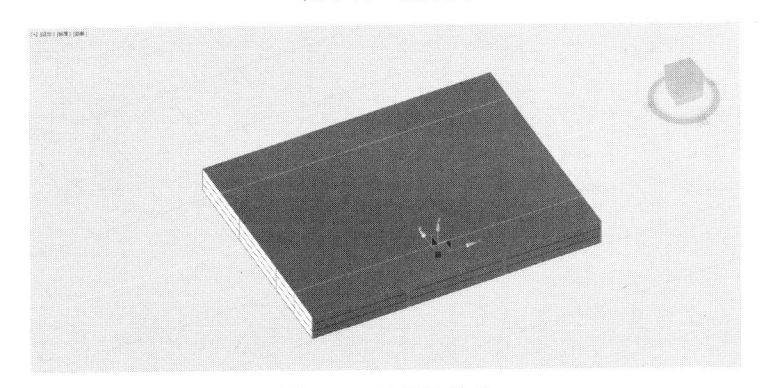

图 6-72　连接边效果

（3）首先选择如图 6-73 所示的线，然后在命令面板的【选择】卷展栏中单击【循环】按钮，调整线的位置和距离（见图 6-74），右击选择的线，在弹出的快捷菜单中选择【结束隔离】命令，最后参考图 6-75，调整出最终效果。

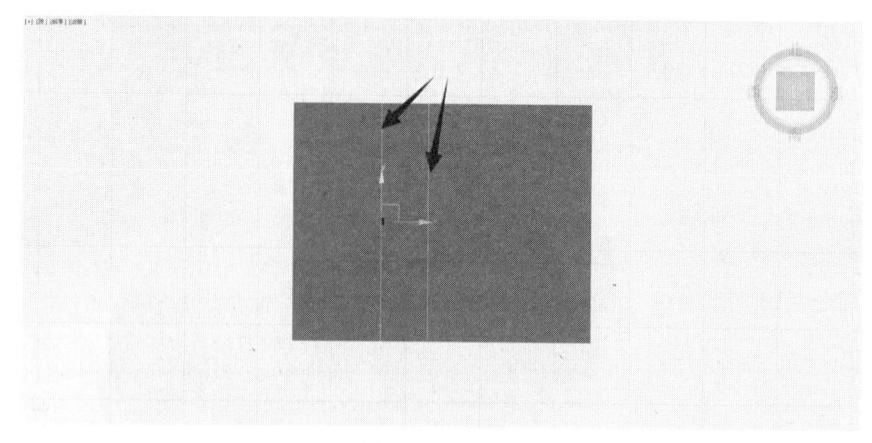

图 6-73　布线 1

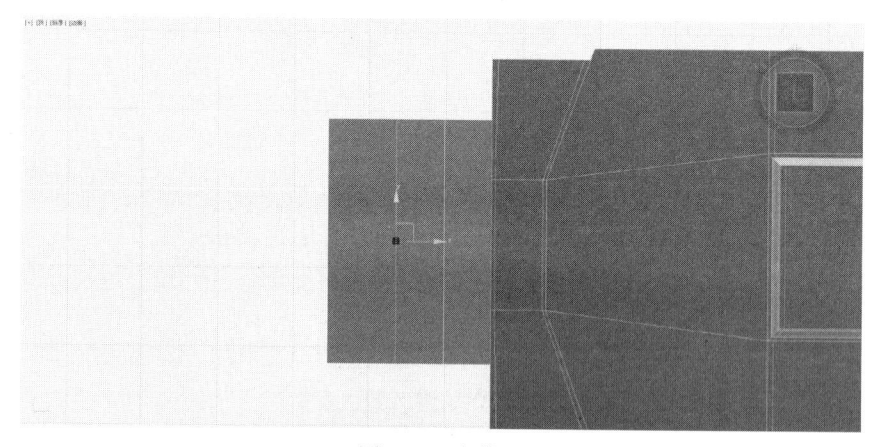

图 6-74　布线 2

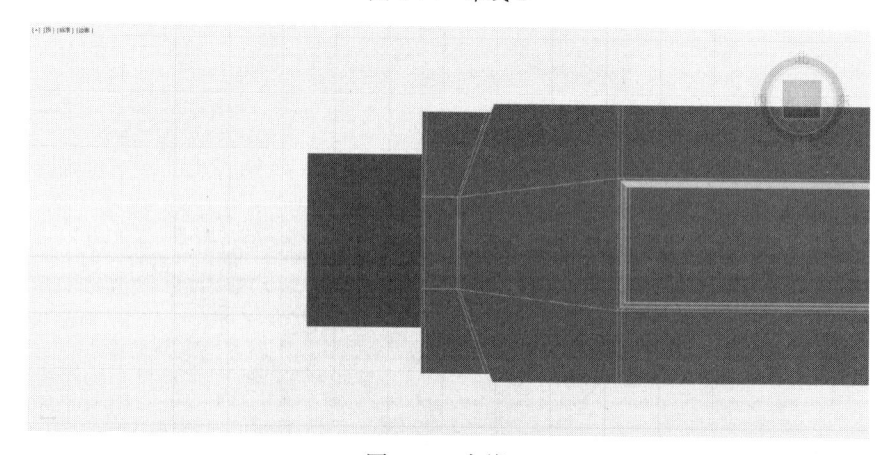

图 6-75　布线 3

（4）右击在第（1）步中创建的长方体，在弹出的快捷菜单中选择【孤立当前选项】命令，单击命令面板中的【多边形】按钮，选择如图 6-76 所示的两个面，按【Delete】键将其删除。

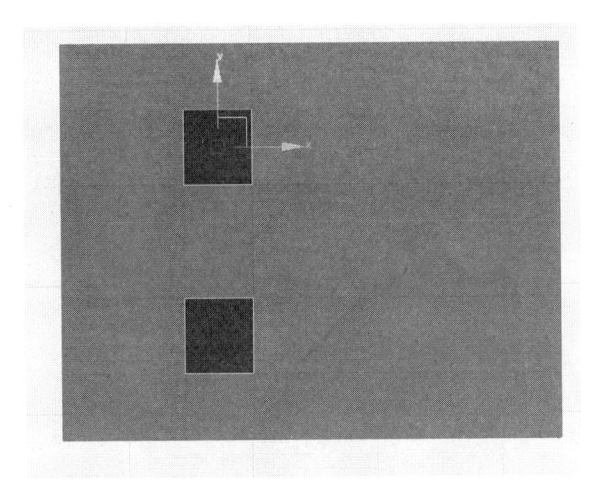

图 6-76 选择并删除面

（5）如图 6-77 所示，框选所有交叉边并右击，在弹出的快捷菜单中选择【连接】命令，在弹出的参数设置界面中将【连接边分段】和【连接边收缩】分别设置为 2 和 98，如图 6-78 所示。其他边可以按照同样的方式进行设置，以增强边缘效果。

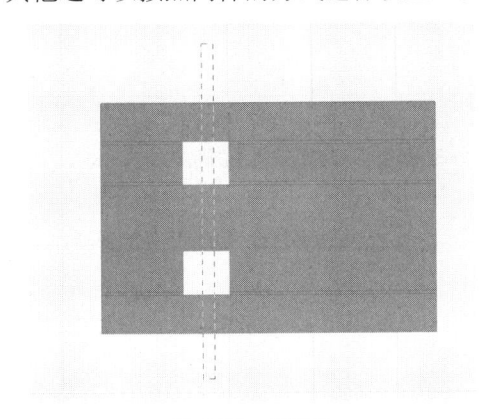

图 6-77 框选边　　　　　　　图 6-78 参数设置

（6）在命令面板中单击【多边形】按钮，选择如图 6-79 所示的面，按【Delete】键将其删除。

图 6-79 选择并删除 U 盘前部的面

（7）在命令面板中选择修改器堆栈中的【壳】选项，设置【外部量】为0.35，效果如图6-80所示。设置【分段】为3，效果如图6-81所示。

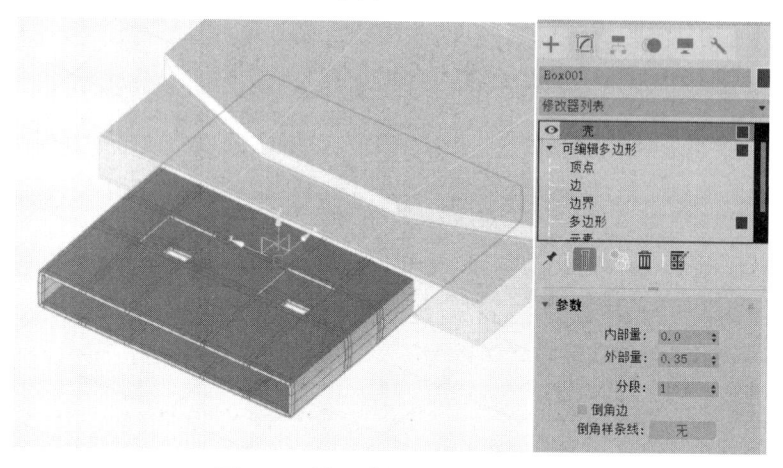

图6-80　设置【外部量】后的效果

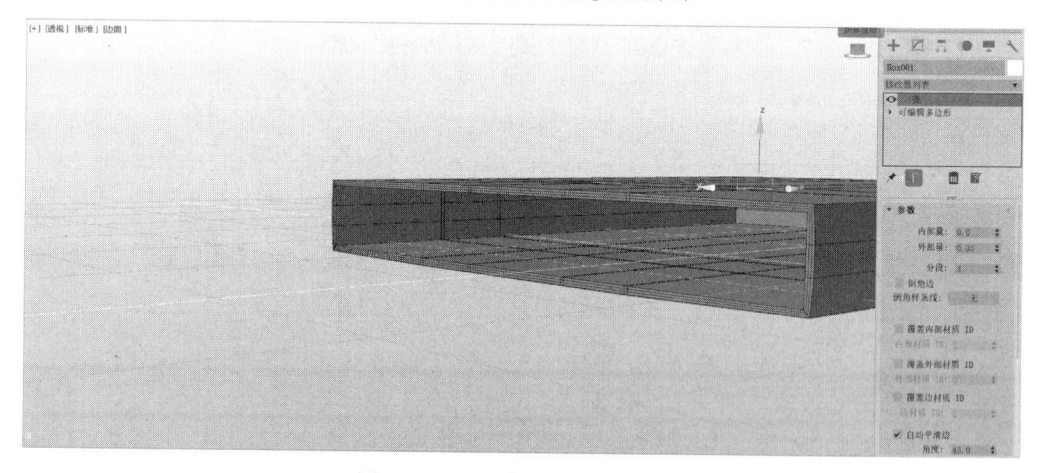

图6-81　设置【分段】后的效果

（8）在命令面板中单击【创建】→【几何体】→【长方体】按钮，创建一个长方体，修改【长度】【宽度】【高度】分别为31cm、25cm、1cm，并调整位置，如图6-82所示。

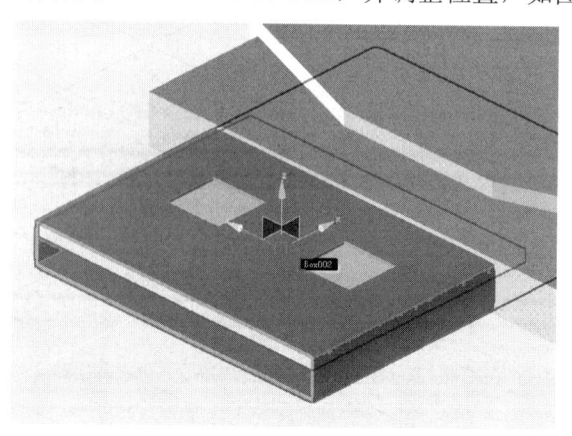

图6-82　创建长方体并调整位置

6.2.3 制作 U 盘尾部

（1）在命令面板中单击【创建】→【图形】→【线】按钮，配合使用【Shift】键绘制出如图 6-83 所示的二维线（配合使用【Shift】键可以绘制直线），单击工具栏中的【镜像】按钮，调整镜像后的形状，效果如图 6-84 所示。

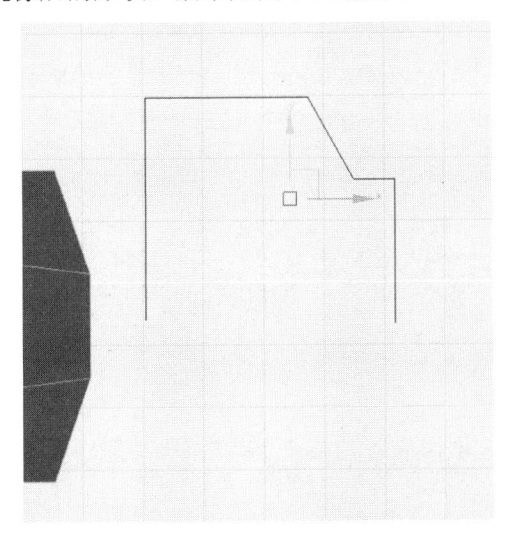

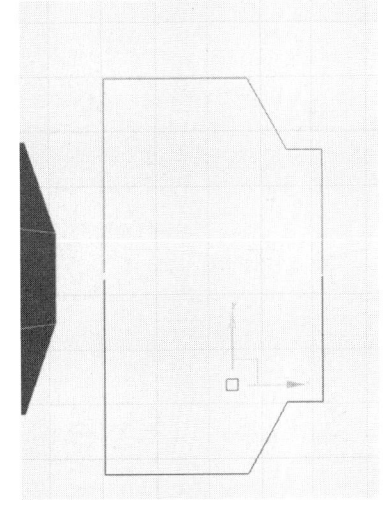

图 6-83　绘制二维线　　　　图 6-84　镜像效果

（2）选中二维线并右击，在弹出的快捷菜单中首先选择【附加】命令，然后选择【转换为】→【转换为可编辑样条线】命令，在命令面板的【选择】卷展栏中单击【顶点】按钮，选中相应的顶点，分别执行【熔合】和【焊接】操作，最后在线框右侧创建一个矩形，效果如图 6-85 所示。

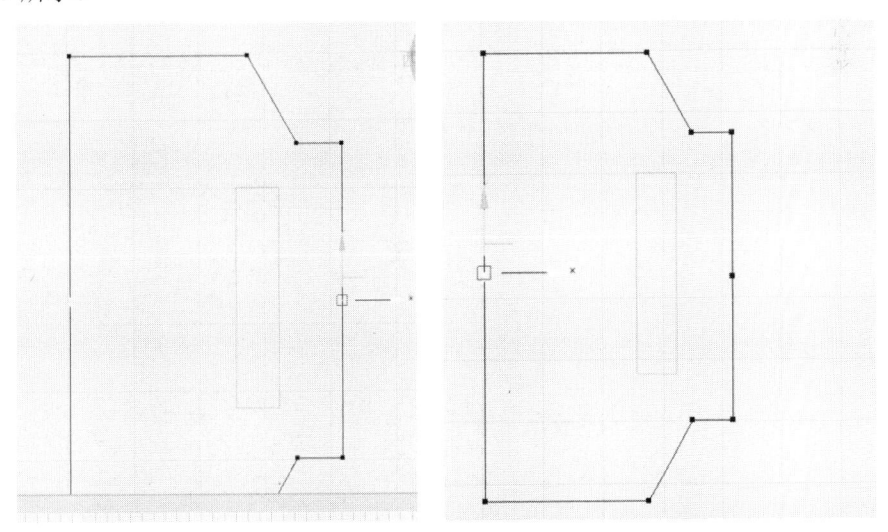

图 6-85　执行【熔合】和【焊接】操作后的效果

（3）在命令面板的【选择】卷展栏中单击【线段】按钮，选中矩形的两条边，单击【拆分】按钮，并调整矩形的形状，如图 6-86 所示。

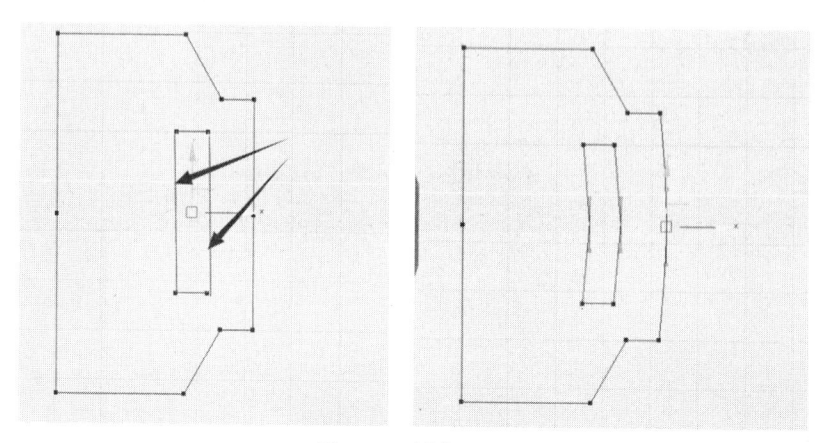

图 6-86 拆分

（4）按【F】键切换到前视图，创建矩形，并右击矩形，在弹出的快捷菜单中选择【转换为】→【转换为可编辑样条线】命令，在命令面板中单击【创建】→【几何体】→【圆角】按钮，并在命令面板的【选择】卷展栏中单击【线段】按钮，选中矩形的一半并按【Delete】键将其删除，如图 6-87 所示。

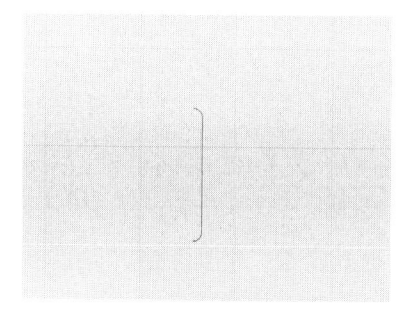

图 6-87 删除

（5）选中 U 盘尾部形状，在命令面板的修改器堆栈中选择【倒角剖面】选项，在【经典】卷展栏中单击【拾取剖面】按钮，产生倒角剖面效果，如图 6-88 所示。

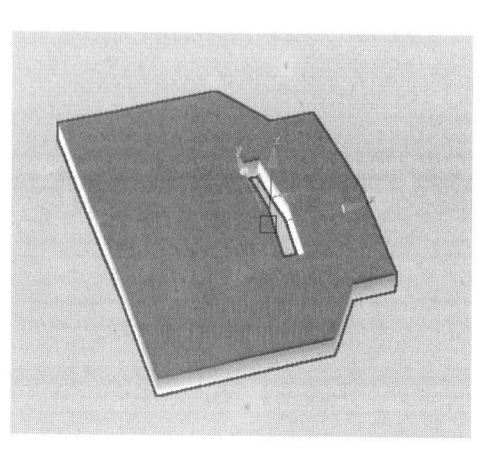

图 6-88 倒角剖面效果

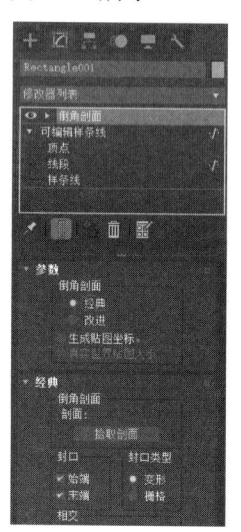

（6）按【R】键调整 U 盘尾部的大小并将其放置到合适的位置。
（7）调整整个 U 盘的比例和颜色，完成制作，整体效果如图 6-89 所示。

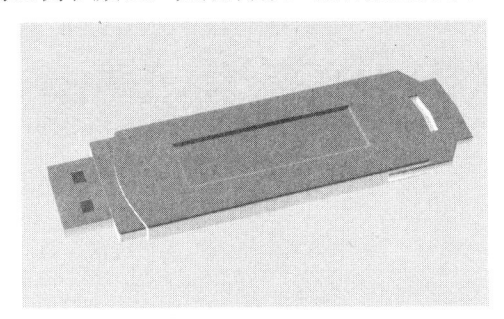

图 6-89　U 盘的整体效果

任务 3　制作玩具枪

任务描述

根据要求进行玩具枪的建模。在制作玩具枪的三维模型时需要注意以下几点。
（1）模型尺寸：玩具枪模型的尺寸应尽可能准确。
（2）制作过程：参考修改器堆栈中的选项和相关参数进行制作。
（3）导出文件：将制作完成的玩具枪模型按需导出为常用的 .fbx 文件格式。

任务分析

通过使用【可编辑多边形】命令及其他指令来制作玩具枪模型，根据需要选择性地完成以下任务。
（1）创建基础形状：首先使用【创建】面板中的基本体（如盒子、球体、圆柱体等）创建基础形状，然后在其基础上进行建模。
（2）修改基础形状：使用选取和变换工具对基础形状进行拉伸、旋转、移动、缩放等操作，以改变其样式。
（3）添加细节：使用编辑多边形工具制作模型细节，如添加切角等，以增加模型的真实感和细节。
（4）导入其他模型：导入其他三维模型或素材文件，将其作为构建模型的基础来快速构建模型。
（5）优化模型：调整线，使模型布局均匀合理，反映细节，删除多余的顶点和线。
（6）导出文件：将模型文件导出为常用的三维文件格式，如 .fbx，并将渲染图片保存为 .jpg 文件格式。

任务实施

可编辑对象包含 5 个层级，分别为【顶点】【边】【边界】【多边形】【元素】，其对应的快捷键分别为【1】【2】【3】【4】【5】。

6.3.1 制作零部件

(1) 在命令面板中单击【创建】→【几何体】→【圆柱体】按钮，在顶视图的中心位置创建一个圆柱体，并进行参数设置，如图 6-90 所示。

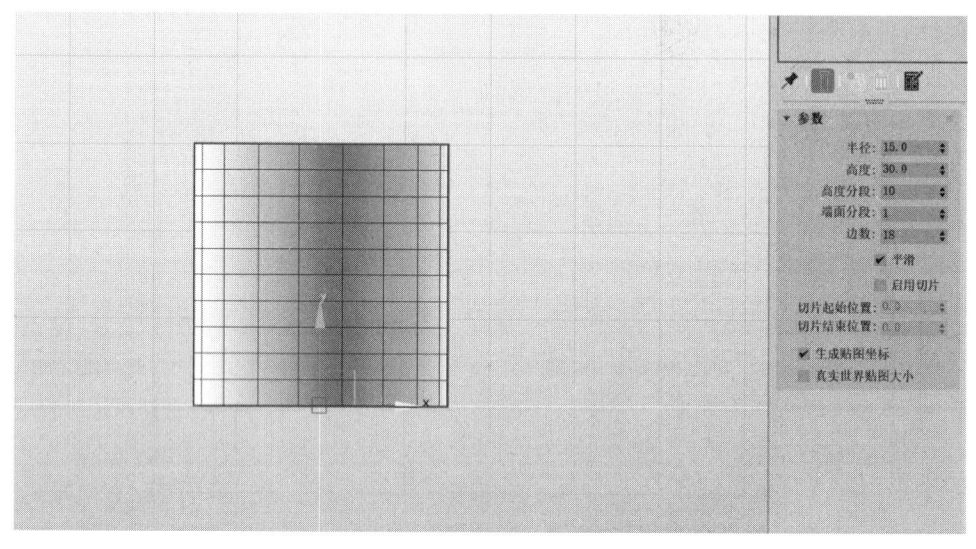

图 6-90 创建圆柱体并设置参数

(2) 选中圆柱体并右击，在弹出的快捷菜单中选择【转换为】→【转换为可编辑多边形】命令，如图 6-91 所示。

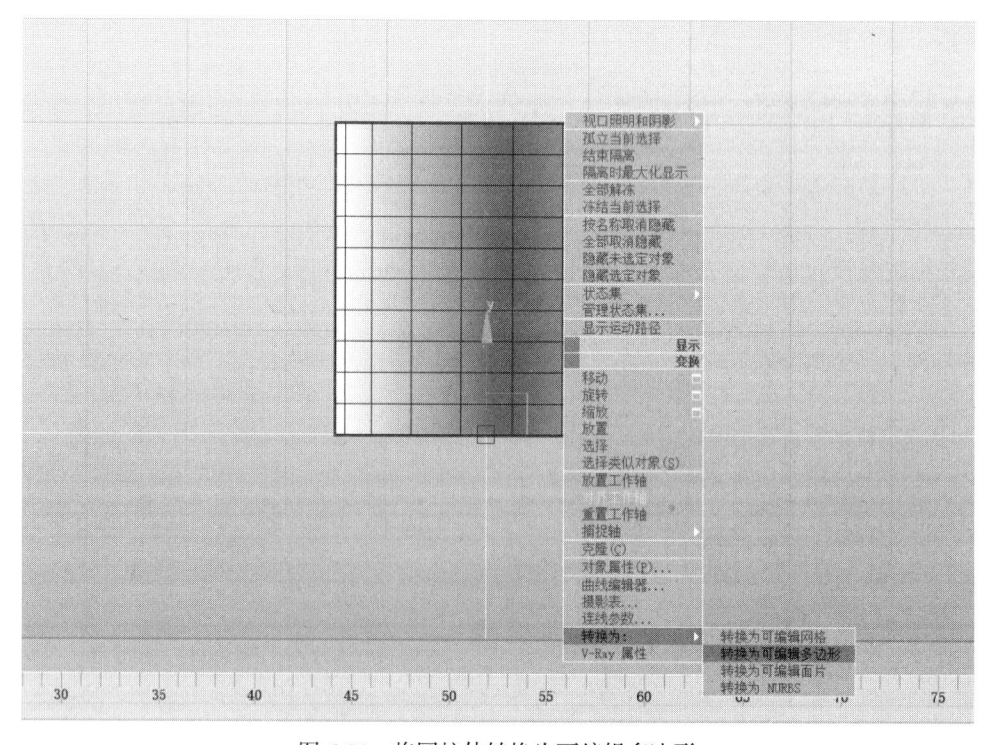

图 6-91 将圆柱体转换为可编辑多边形

（3）在命令面板的【选择】卷展栏中单击【多边形】按钮，在按住【Ctrl】键的同时选择如图 6-92 所示的所有灰色区域（箭头所指）。

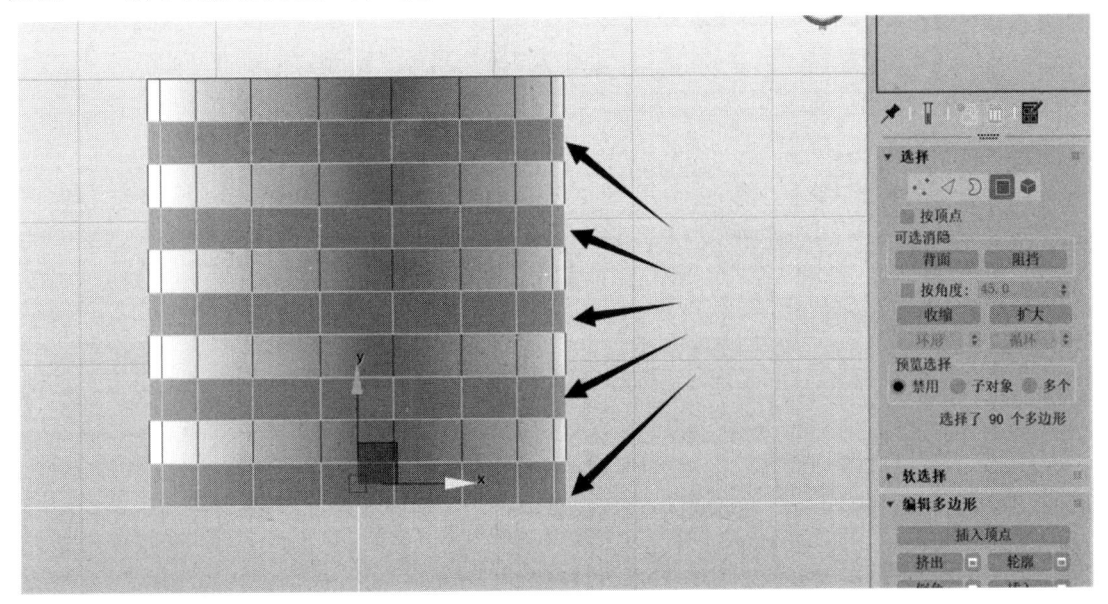

图 6-92　选择区域

（4）删除选择的区域和圆柱体的上、下两个面，效果如图 6-93 所示。

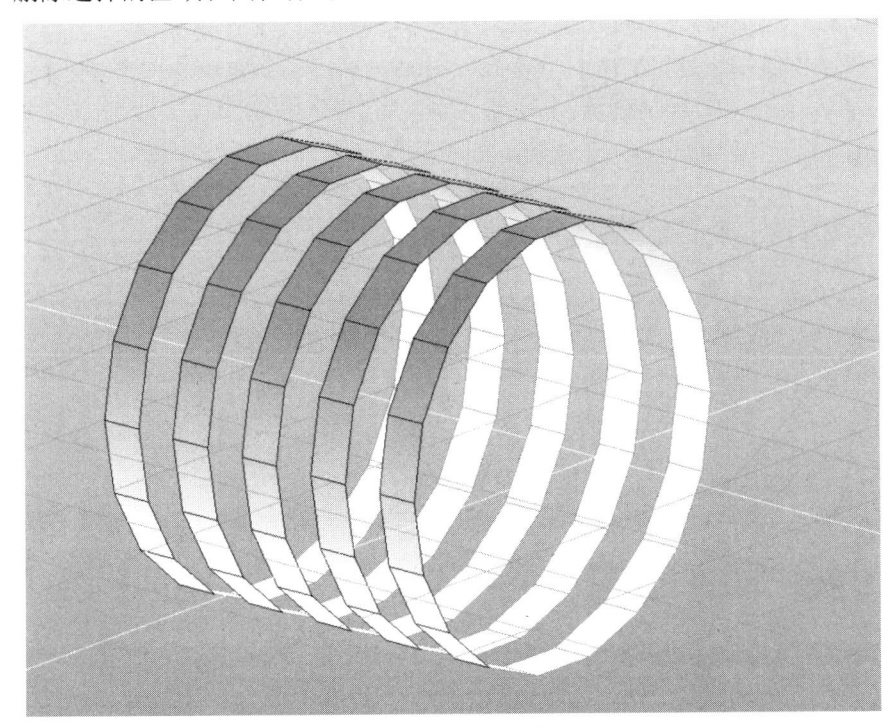

图 6-93　删除后的效果

（5）按【T】键切换到顶视图，在命令面板的【选择】卷展栏中单击【元素】按钮，对模型进行缩放，效果如图 6-94 所示。

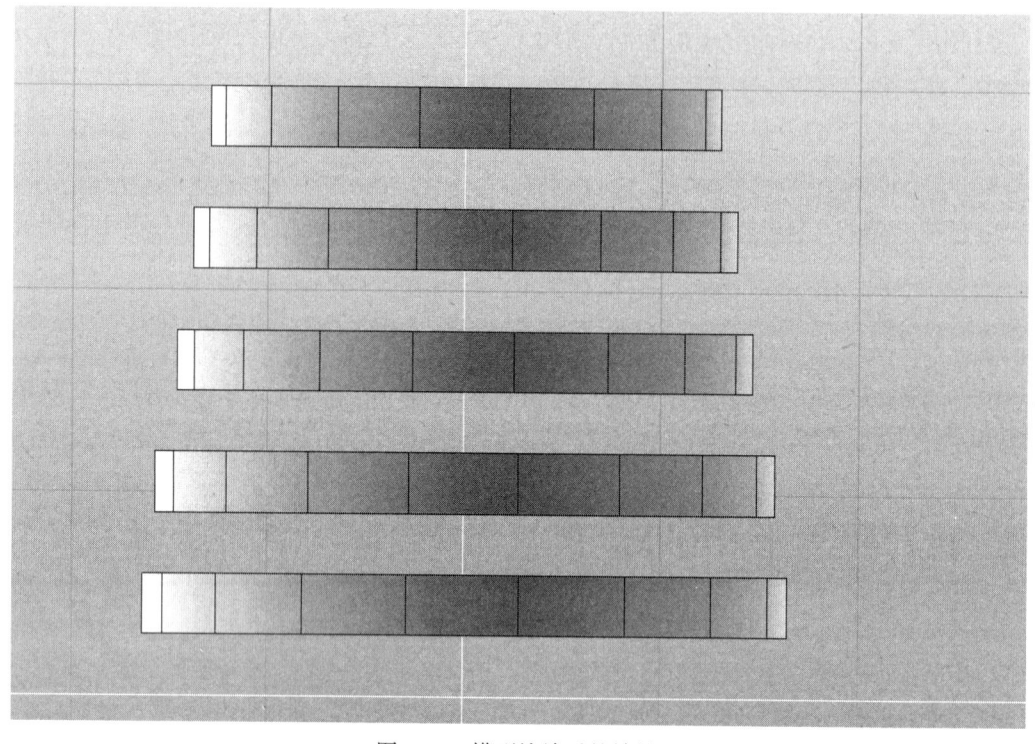

图 6-94　模型缩放后的效果

（6）选中模型，首先在命令面板的【选择】卷展栏中单击【多边形】按钮，然后按【Ctrl+A】快捷键全选所有多边形，最后在命令面板的【编辑多边形】卷展栏中单击【挤出】按钮，在弹出的参数设置界面中选择【局部法线】选项，将【挤出高度】设置为 1.3，并单击【确认】按钮。模型挤出前后的效果如图 6-95 和图 6-96 所示。

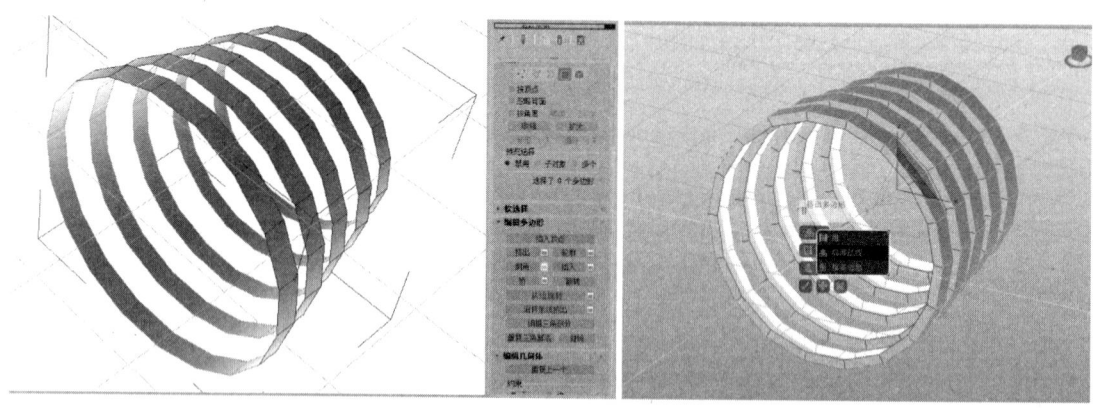

图 6-95　模型挤出前的效果　　　　图 6-96　模型挤出后的效果

（7）选中模型，在命令面板的修改器堆栈中选择【涡轮平滑】选项并在【涡轮平滑】卷展栏中勾选【等值线显示】复选框，如图 6-97 所示。

（8）按【T】键切换到顶视图，在命令面板中单击【创建】→【图形】→【线】按钮，绘制如图 6-98 所示的样条线。

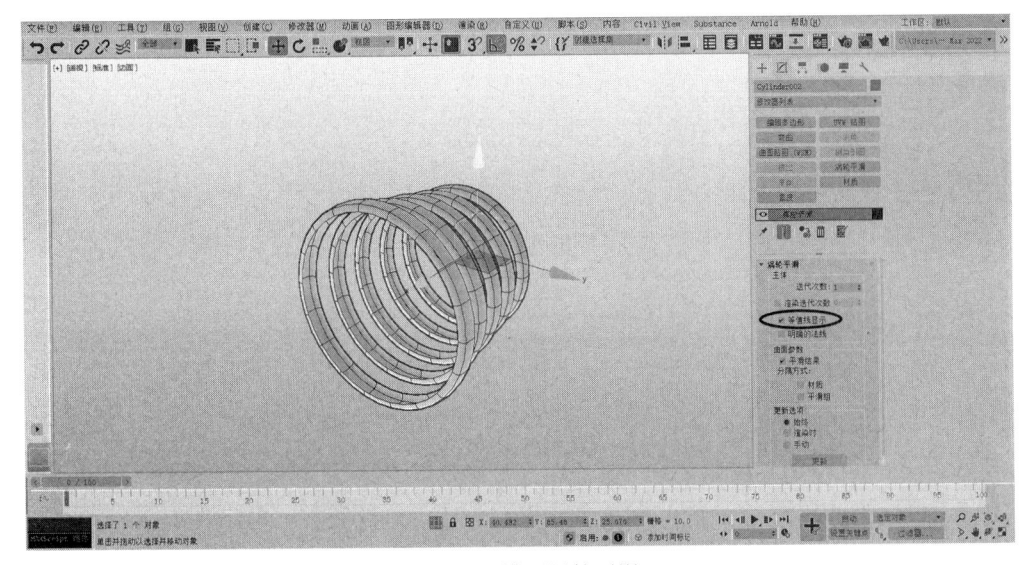

图 6-97 模型涡轮平滑

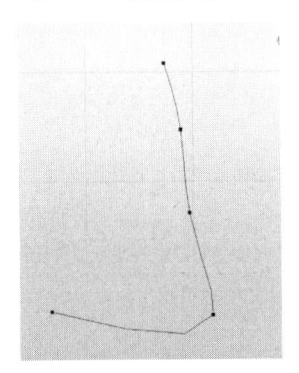

图 6-98 绘制样条线（1）

（9）为样条线添加【车削】修改器，按【F3】键切换到透视图，在命令面板的修改器堆栈中选择【车削】→【轴】子级，并在【参数】卷展栏的【方向】模块中调整合适的方向轴，如图 6-99 所示。更改车削轴前的效果如图 6-100 所示。

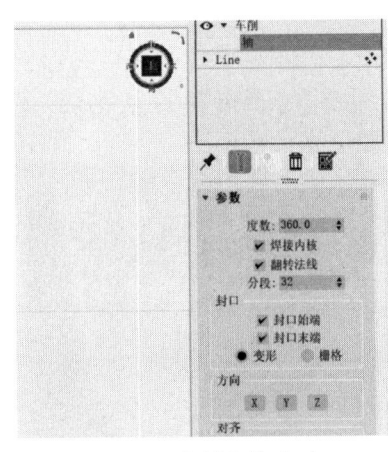

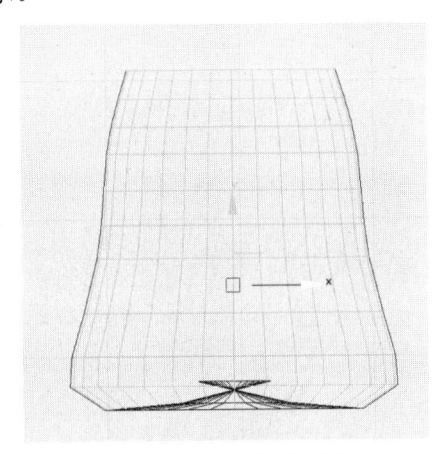

图 6-99 车削参数（1） 　　　　图 6-100 更改车削轴前的效果（1）

（10）在视图窗口中移动中心轴，移动至下方线无重合即可。如果中间有小洞，则可将其

123

转换为可编辑多边形后,选中一圈空的顶点进行【焊接】或【塌陷】操作。更改车削轴后的效果如图6-101所示。

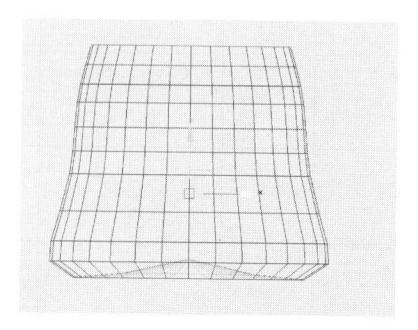

图6-101 更改车削轴后的效果(1)

(11)在命令面板中单击【创建】→【几何体】→【管状体】按钮,创建3个管状体并将其摆放至合适的位置,调整外圈的管状体参数(【半径1】为13、【半径2】为8、【高度】为7、【高度分段】为1、【端面分段】为1、【边数】为18),调整中圈的管状体参数(【半径1】为7、【半径2】为4、【高度】为4、【高度分段】为1、【端面分段】为1、【边数】为18),调整内圈的管状体参数(【半径1】为3、【半径2】为1、【高度】为4、【高度分段】为2、【端面分段】为1、【边数】为18),效果如图6-102所示。

图6-102 创建管状体并调整参数后的效果

(12)选中3个管状体并右击,在弹出的快捷菜单中选择【转换为】→【转换为可编辑多边形】命令,选中内圈的管状体,在命令面板的【选择】卷展栏中单击【边】按钮,按住【Ctrl】键的同时双击如图6-103所示的边实现向内移动,效果如图6-104所示。

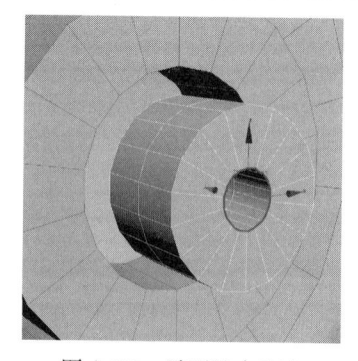

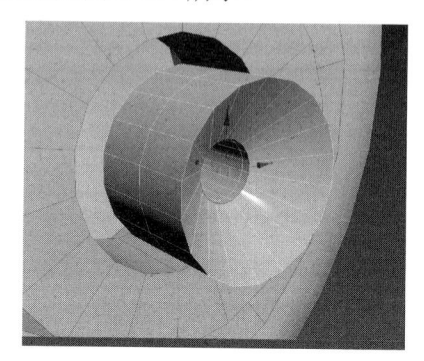

图6-103 需要选中的边　　　　　图6-104 移动边后的效果

（13）选中 3 个管状体，在命令面板的修改器堆栈中选择【涡轮平滑】选项，效果如图 6-105 所示。

图 6-105　涡轮平滑后管状体的效果

（14）按【T】键切换到顶视图，在命令面板中单击【创建】→【样条线】按钮，绘制如图 6-106 所示的样条线。

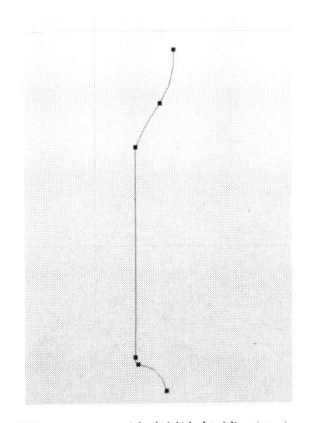

图 6-106　绘制样条线（2）

（15）为样条线添加【车削】修改器，在命令面板的修改器堆栈中选择【车削】→【轴】子级，并在【参数】卷展栏的【方向】模块中调整合适的方向轴，如图 6-107 所示。更改车削轴前的效果如图 6-108 所示。

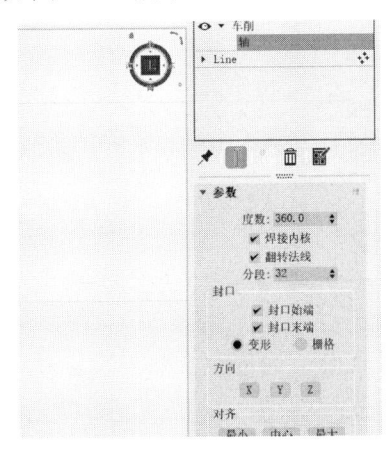

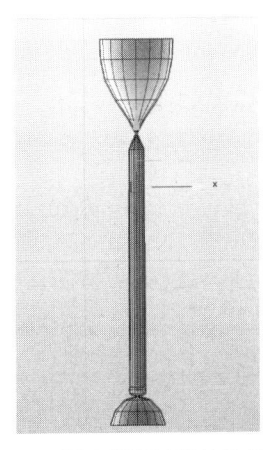

图 6-107　车削参数（2）　　图 6-108　更改车削轴前的效果（2）

（16）选择【车削】→【轴】子级，移动中心轴，移动至下方线无重合即可。如果中间有小洞，则可将其转换为可编辑多边形后，选中一圈空的顶点进行【焊接】或【塌陷】操作。更改车削轴后的效果如图6-109所示。

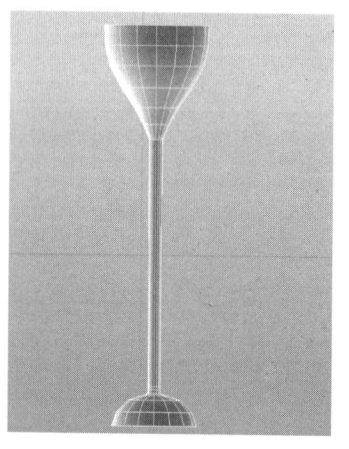

图6-109　更改车削轴后的效果（2）

（17）在命令面板中单击【创建】→【几何体】→【球体】按钮，创建一个【半径】为1.7cm、【分段】为12的球体，摆放位置如图6-110所示。

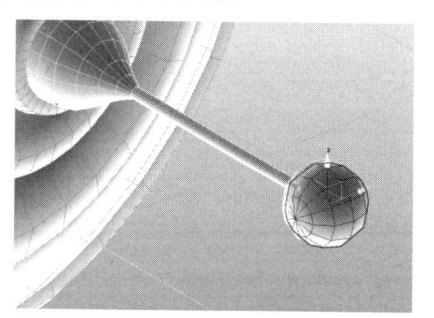

图6-110　球体摆放位置

（18）按【T】键切换到顶视图，在命令面板中单击【创建】→【样条线】按钮，绘制如图6-111所示的样条线。

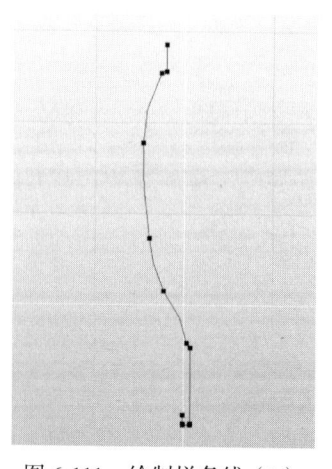

图6-111　绘制样条线（3）

（19）为样条线添加【车削】修改器，在命令面板的修改器堆栈中选择【车削】→【轴】子级，在【参数】卷展栏的【方向】模块中调整合适的方向轴，如图 6-112 所示。更改车削轴前的效果如图 6-113 所示。

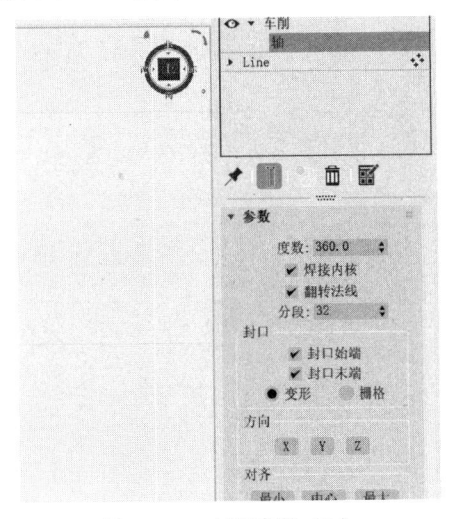

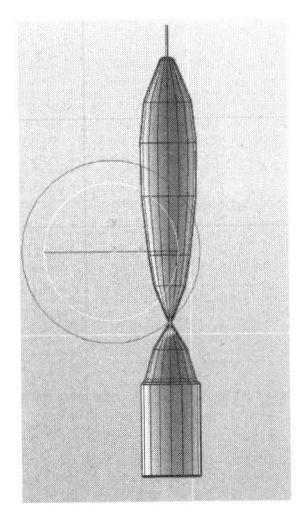

图 6-112　车削参数（3）　　　　图 6-113　更改车削轴前的效果（3）

（20）选择修改器堆栈中的【车削】→【轴】子级，移动中心轴，移动至下方线无重合即可。如果中间有小洞，则可将其转换为可编辑多边形后，选中一圈空的顶点进行【焊接】或【塌陷】操作。更改车削轴后的效果如图 6-114 所示。

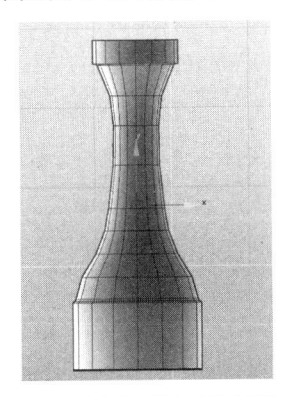

图 6-114　更改车削轴后的效果（3）

（21）按【T】键切换到顶视图，在命令面板中单击【创建】→【样条线】按钮，绘制如图 6-115 所示的样条线。

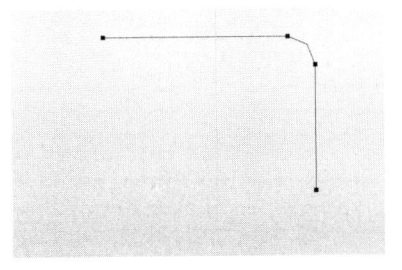

图 6-115　绘制样条线（4）

（22）为样条线添加【车削】修改器，在命令面板的修改器堆栈中选择【车削】→【轴】子级，在【参数】卷展栏的【方向】模块中调整合适的方向轴，再次选择【轴】子级将中心轴移动至合适的位置即可。更改车削轴后的效果如图6-116所示。

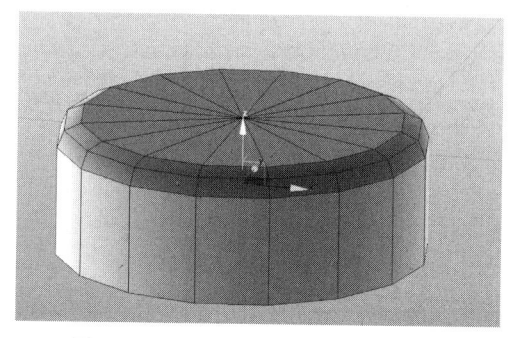

图6-116　更改车削轴后的效果（4）

（23）按【F】键切换到前视图，在命令面板中单击【创建】→【样条线】按钮，绘制如图6-117所示的样条线。

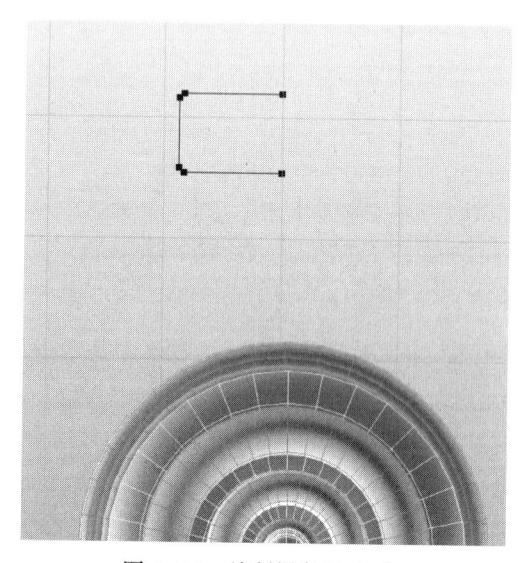

图6-117　绘制样条线（5）

（24）为样条线添加【车削】修改器，在命令面板的修改器堆栈中依次选择【挤出】和【壳】选项，对模型进行复制，并将模型移动至合适的位置，效果如图6-118所示。

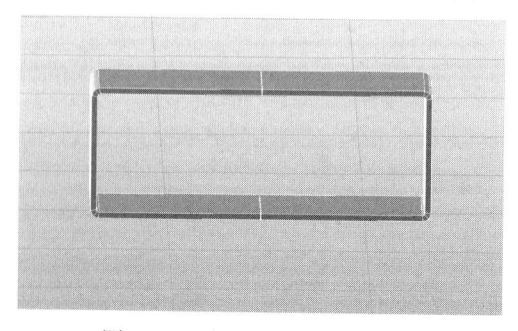

图6-118　复制并移动后的效果

（25）在命令面板中单击【创建】→【几何体】按钮，在下拉列表中选择【扩展基本体】选项，在【对象类型】卷展栏中单击【切角长方体】按钮，创建切角长方体，并调整切角长方体的参数（【长度】为13、【宽度】为13、【高度】为1.7、【圆角】为0.03、【长度分段】为1、【宽度分段】为1、【高度分段】为1、【圆角分段】为1），如图6-119所示。添加【涡轮平滑】修改器，在【涡轮平滑】卷展栏中设置【迭代次数】为3，如图6-120所示。

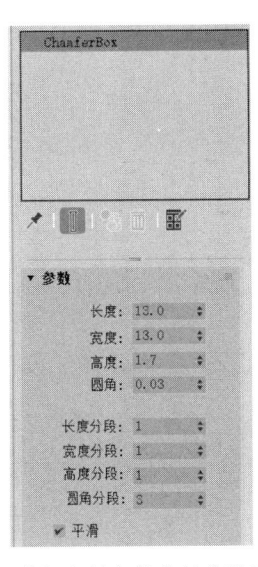

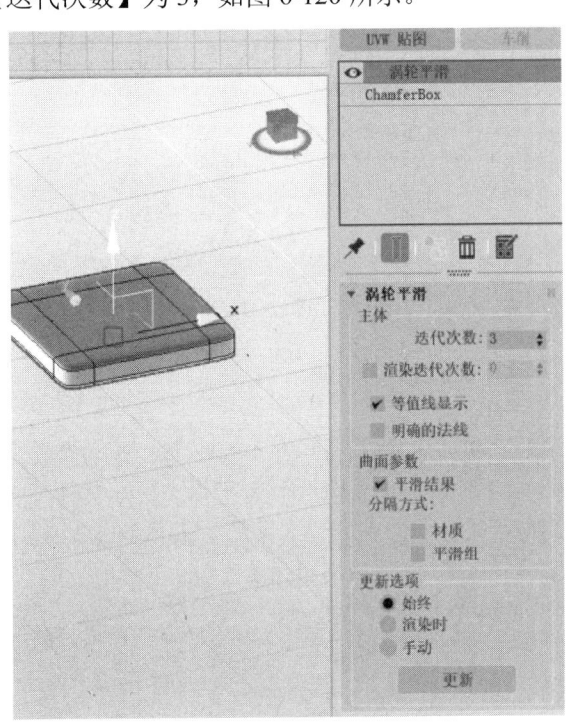

图6-119 【切角长方体】的参数设置（1）　　图6-120 【涡轮平滑】的参数设置

（26）按【L】键切换到左视图，首先在命令面板中单击【创建】→【图形】→【线】按钮，绘制如图6-121所示的样条线；然后制作3个圆形，选择样条线，并在修改器堆栈中单击【元素】按钮，在命令面板的【几何体】卷展栏中单击【附加】按钮，依次单击3个圆形进行附加，效果如图6-122所示。

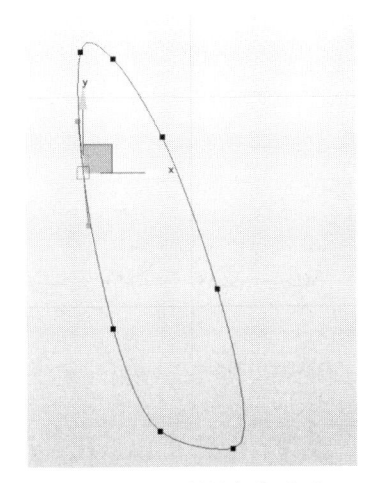

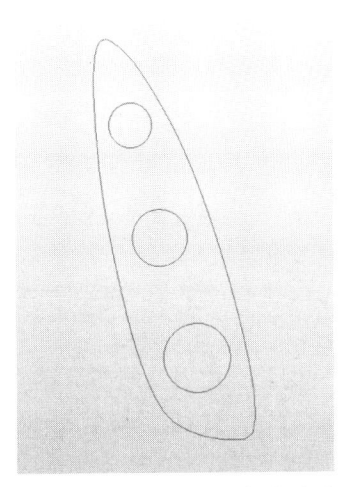

图6-121　绘制样条线（6）　　图6-122　附加后的样条线效果

（27）为第（26）步绘制的样条线添加倒角（在命令面板的修改器堆栈中选择【倒角】选项），效果如图6-123所示。

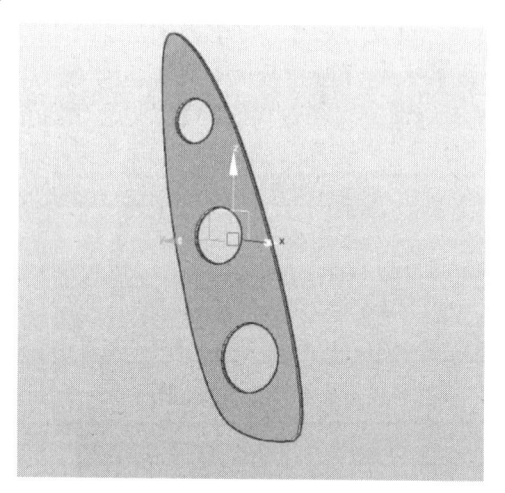

图6-123　添加倒角后的效果

（28）在命令面板中单击【创建】→【几何体】按钮，在下拉列表中选择【扩展基本体】选项，在【对象类型】卷展栏中单击【切角长方体】按钮，创建切角长方体，并调整切角长方体的参数（【长度】为18、【宽度】为3.5、【高度】为1、【圆角】为0.05、【长度分段】为7、【宽度分段】为1、【高度分段】为1、【圆角分段】为1），如图6-124所示。添加【弯曲】修改器，调整【弯曲】修改器的参数（【弯曲角度】为90度、【方向】为90度、【弯曲轴】为Y轴），添加【涡轮平滑】修改器，并执行【旋转】操作（快捷键为【E】），将模型调整至合适的角度，效果如图6-125所示。

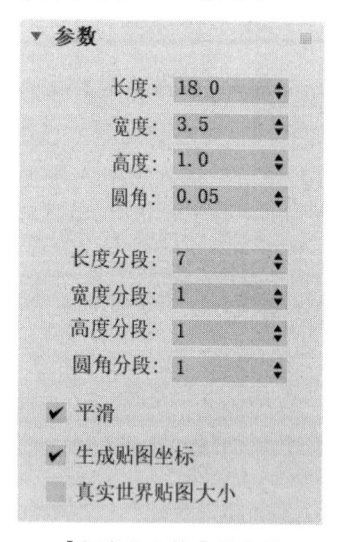

图6-124　【切角长方体】的参数设置（2） 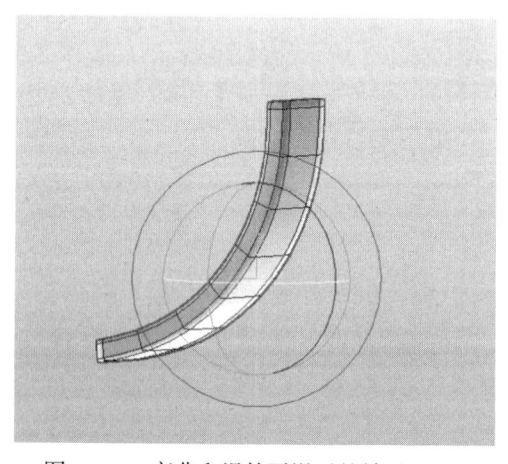　　　图6-125　弯曲和涡轮平滑后的效果（1）

（29）使用相同的方法制作扳机的前档部分。在命令面板中单击【创建】→【几何体】按钮，在下拉列表中选择【扩展基本体】选项，在【对象类型】卷展栏中单击【切角长方体】按钮，创建切角长方体，并调整切角长方体的参数（【长度】为8.7、【宽度】为2、【高度】为1.7、【圆角】为0.05、【长度分段】为7、【宽度分段】为1、【高度分段】为1、【圆角分段】为

1），如图 6-126 所示。添加【弯曲】修改器，调整【弯曲】修改器的参数（【弯曲角度】为 90 度、【方向】为 90 度、【弯曲轴】为 Y 轴），添加【涡轮平滑】修改器，并执行【旋转】操作（快捷键为【E】），将模型调整至合适的角度，效果如图 6-127 所示。

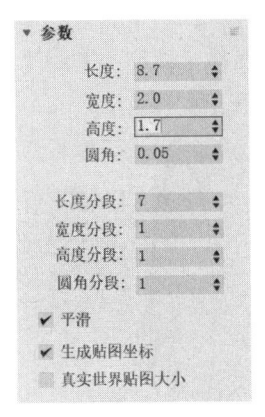

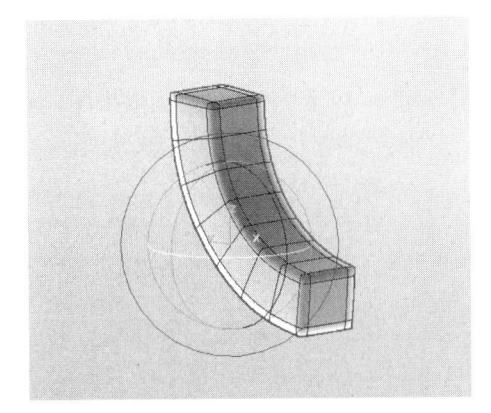

图 6-126　【切角长方体】的参数设置（3）　　图 6-127　弯曲和涡轮平滑后的效果（2）

（30）在命令面板中单击【创建】→【几何体】按钮，在下拉列表中选择【扩展基本体】选项，在【对象类型】卷展栏中单击【切角圆柱体】按钮，创建切角圆柱体，并调整切角圆柱体的参数（【半径】为 2、【高度】为 1.7、【圆角】为 0.05、【宽度】为 1、【高度分段】为 1、【圆角分段】为 1、【边数】为 12、【端面分段】为 1），添加【涡轮平滑】修改器，在【涡轮平滑】卷展栏中设置【迭代次数】为 2，效果如图 6-128 所示。

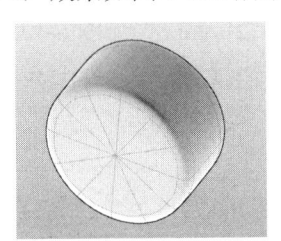

图 6-128　涡轮平滑后的效果

（31）单击工具栏中的【选择并移动】按钮（快捷键为【W】），在按住【Shift】键的同时，按住鼠标左键并拖动模型，松开【Shift】键和鼠标左键后弹出【克隆选项】对话框，参数设置如图 6-129 所示。

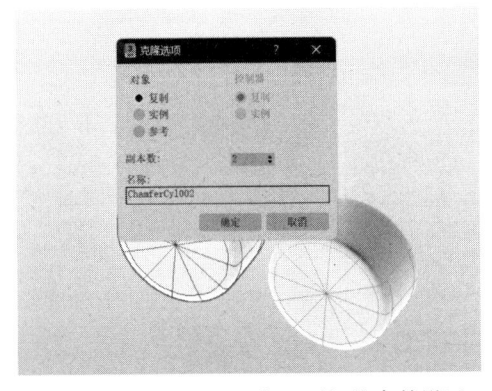

图 6-129　【克隆选项】对话框的参数设置

6.3.2 制作枪身

（1）在命令面板中单击【创建】→【几何体】→【圆柱体】按钮，创建圆柱体，并调整圆柱体的参数（【半径】为9、【高度】为10、【高度分段】为2、【端面分段】为1、【边数】为18），如图6-130所示。右击圆柱体，在弹出的快捷菜单中选择【转换为】→【转换为可编辑多边形】命令，按【T】键切换到顶视图，删除图6-131中圈出的顶点。

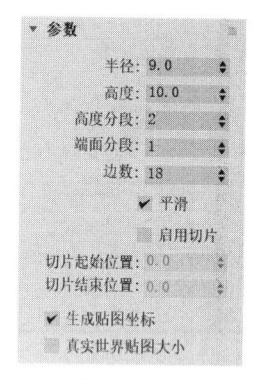

图6-130 【圆柱体】的参数设置　　　　图6-131 需要删除的顶点

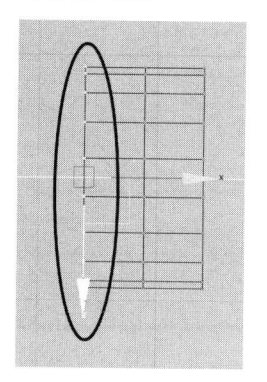

（2）在命令面板的【选择】卷展栏中单击【多边形】按钮，选择面，在命令面板中单击【插入】按钮右侧的小方框，设置【插入数量】为2.3，如图6-132（1）所示；单击【挤出】按钮右侧的小方框，设置【挤出多边形高度】为-3，如图6-132（2）所示；再次单击【插入】按钮右侧的小方框，设置【插入数量】为0.6，如图6-132（3）所示；再次单击【挤出】按钮右侧的小方框，设置【挤出多边形高度】为3.5，如图6-132（4）所示；再次单击【插入】按钮右侧的小方框，设置【插入数量】为1.2，如图6-132（5）所示；再次单击【挤出】按钮右侧的小方框，设置【挤出多边形高度】为-2，并删除多边形，效果如图6-133所示。

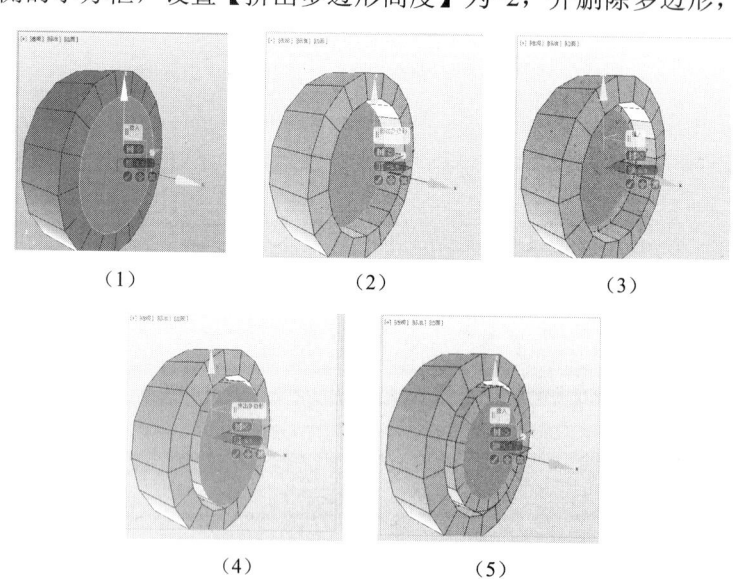

（1）　　　　（2）　　　　（3）

（4）　　　　（5）

图6-132 需要更改的面（1）　　　　图6-133 更改后的效果

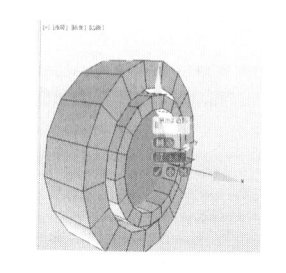

（3）在命令面板的【选择】卷展栏中单击【边】按钮（见图 6-134），选择如图 6-135 所示的边，单击【环形】按钮，并单击【循环】按钮，右击选择的边，在弹出的快捷菜单中选择【切角】命令，设置【切角】为 0.05。

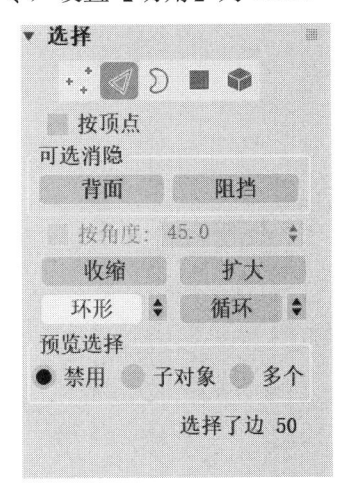

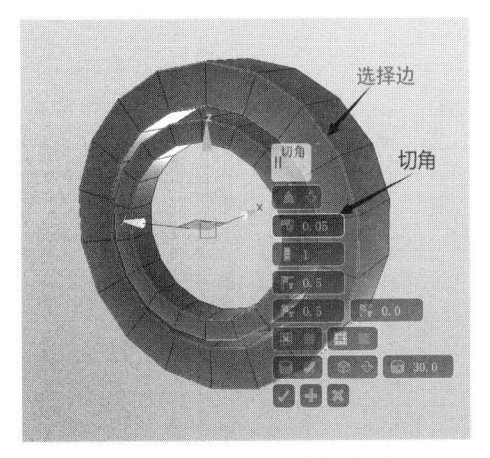

图 6-134　环形工具位置　　　　图 6-135　需要更改的边（1）

（4）在命令面板的【选择】卷展栏中单击【多边形】按钮，选择如图 6-136 所示的多边形，并单击【挤出】按钮右侧的小方框，设置【挤出多边形高度】为 3.1，随后进行 Y 轴对齐，再次执行两次【挤出】操作，设置【挤出多边形高度】分别为 19 和 16，效果如图 6-137 所示。

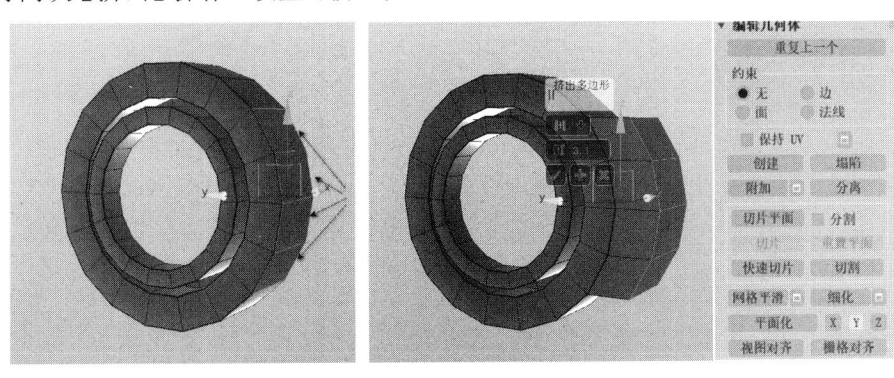

图 6-136　选择需要挤出的面并设置挤出参数

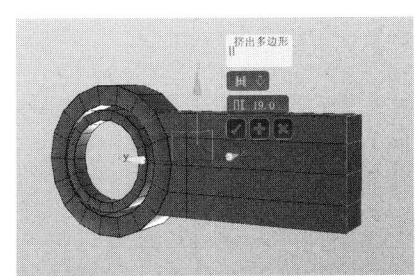

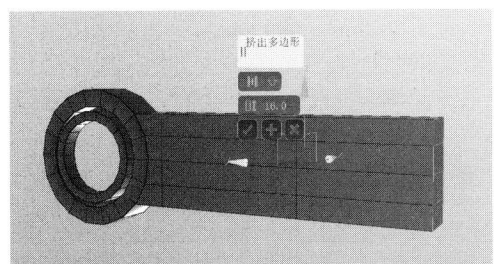

图 6-137　挤出后的效果（1）

（5）在命令面板的【选择】卷展栏中单击【边】按钮，选择如图 6-138 所示的边，单击【环形】按钮，并右击选择的边，在弹出的快捷菜单中选择【连接】命令，设置【连接边分段】【连接边收缩】【连接边滑块】分别为 2、99、0，效果如图 6-139 所示。

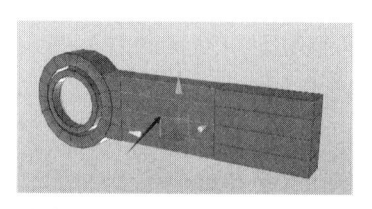

图 6-138　需要更改的边（2）　　　　　图 6-139　连接后的效果（1）

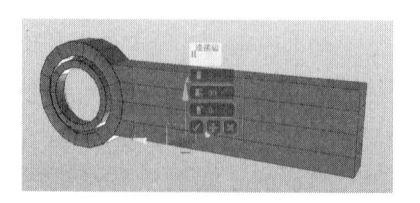

（6）在命令面板的【选择】卷展栏中单击【边】按钮，选择如图 6-140 所示的边，单击【环形】按钮，并右击选择的边，在弹出的快捷菜单中选择【连接】命令，设置【连接边分段】【连接边收缩】【连接边滑块】分别为 1、0、97，效果如图 6-141 所示。

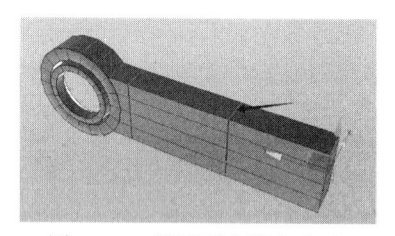

图 6-140　需要更改的边（3）　　　　　图 6-141　连接后的效果（2）

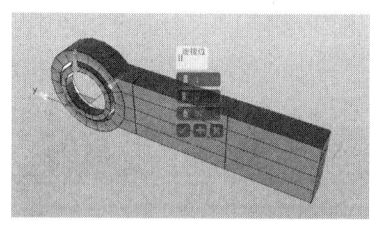

（7）在命令面板的【选择】卷展栏中单击【多边形】按钮，选择如图 6-142 所示的多边形并单击【挤出】按钮右侧的小方框，设置【挤出多边形高度】为 24，移动顶点至合适的位置，效果如图 6-143 所示。

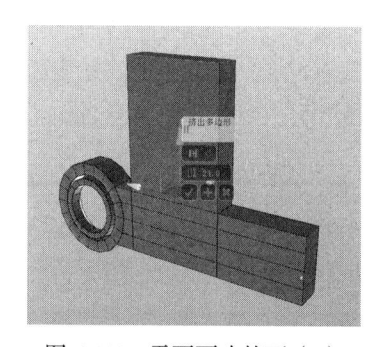

图 6-142　需要更改的面（2）　　　　　图 6-143　挤出后的效果（2）

（8）在命令面板的【选择】卷展栏中单击【边】按钮，选择如图 6-144 所示的边，单击【循环】按钮，并右击选择的边，在弹出的快捷菜单中选择【切角】命令，设置【切角】为 0.05，如图 6-145 所示。

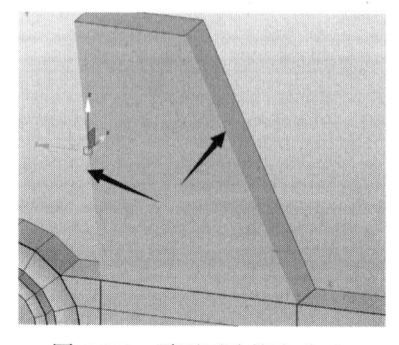

图 6-144　需要更改的边（4）　　　　　图 6-145　【切角】的参数设置

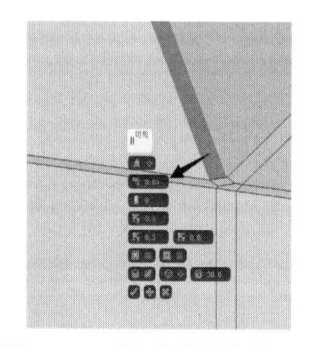

（9）执行【切角】操作后在线的底部会形成左、右两个多边形区域，放大右侧的多边形区域。在命令面板的【选择】卷展栏中单击【顶点】按钮，选择如图 6-146 所示的顶点并右击，在弹出的快捷菜单中选择【目标焊接】命令，将顶点 1 焊接到顶点 2 上，将顶点 3 焊接到顶点 4 上，效果如图 6-147 所示。

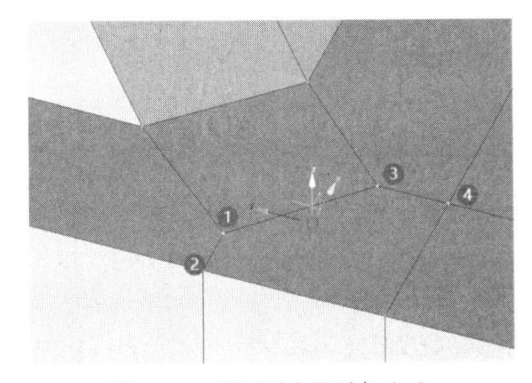

图 6-146　需要更改的顶点（1）　　　　　图 6-147　焊接后的效果（1）

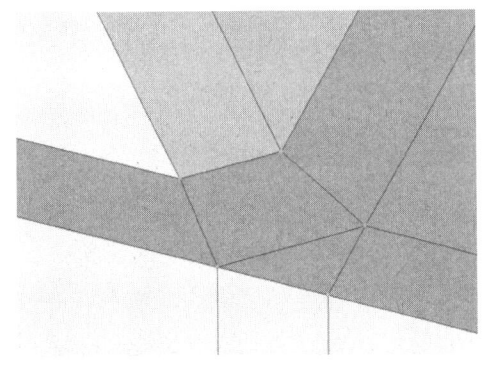

（10）放大左侧的多边形区域。在命令面板的【选择】卷展栏中单击【顶点】按钮，选择如图 6-148 所示的顶点并右击，在弹出的快捷菜单中选择【目标焊接】命令，将顶点 1 焊接到顶点 2 上，将顶点 3 焊接到顶点 4 上，效果如图 6-149 所示。

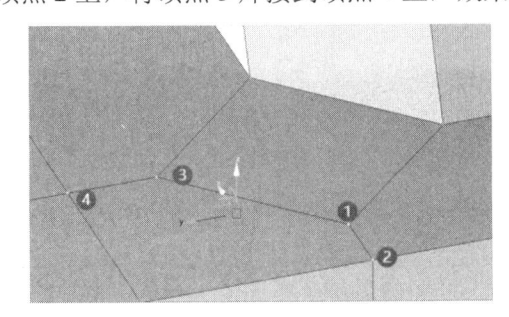

图 6-148　需要更改的顶点（2）　　　　　图 6-149　焊接后的效果（2）

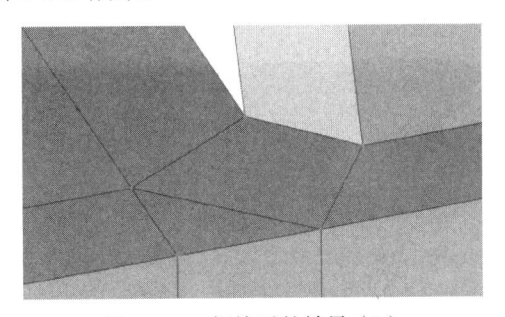

（11）在左、右两个三角形区域中，选择如图 6-150 和图 6-151 所示的边，执行【删除】操作，在删除时不要使用【Delete】键，而要使用【Ctrl+Backspace】快捷键。

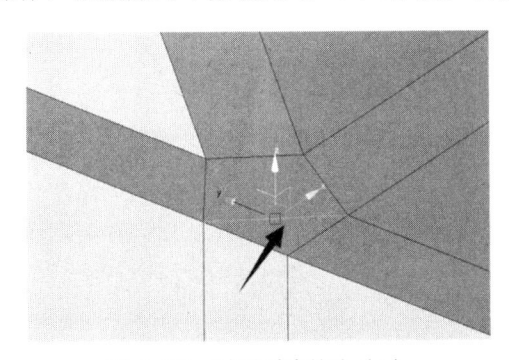

图 6-150　需要删除的边（1）　　　　　图 6-151　需要删除的边（2）

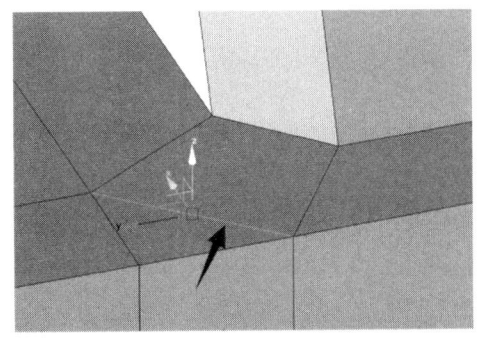

（12）在命令面板的【选择】卷展栏中单击【边】按钮，选择如图 6-152 所示的边，单击【环形】按钮，并右击选择的边，在弹出的快捷菜单中选择【连接】命令，设置【连接边分段】

【连接边收缩】【连接边滑块】分别为 2、98、0，效果如图 6-153 所示。

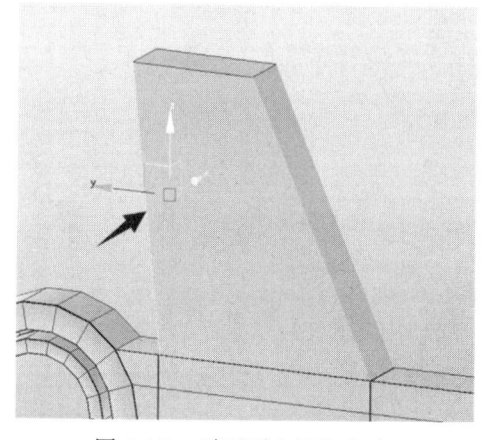

图 6-152　需要更改的边（5）　　　　　　图 6-153　连接后的效果（3）

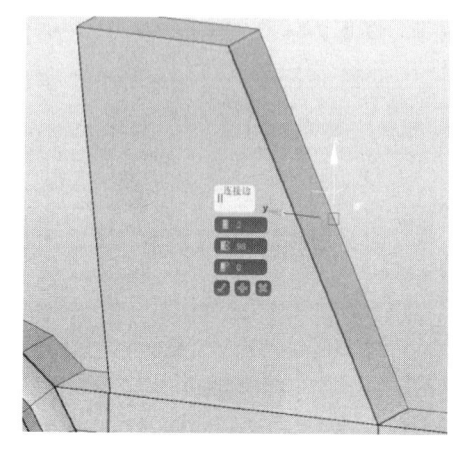

（13）在命令面板的【选择】卷展栏中单击【多边形】按钮，选择如图 6-154 所示的多边形，单击【插入】按钮右侧的小方框，设置【插入数量】为 0.05，效果如图 6-155 所示。

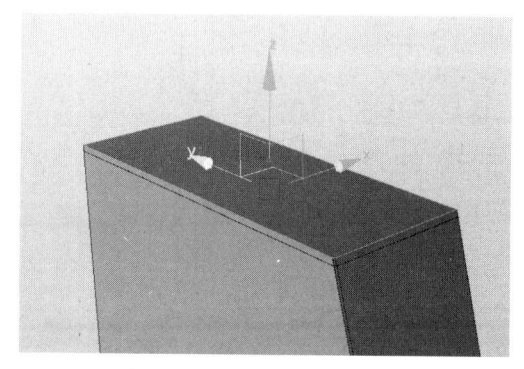

图 6-154　需要更改的面（3）　　　　　　图 6-155　插入后的效果

（14）在命令面板的【选择】卷展栏中单击【多边形】按钮，选择如图 6-156 所示的多边形，按【Delete】键将其删除，切换到【顶点】层级，对如图 6-157 所示的两个顶点进行移动。

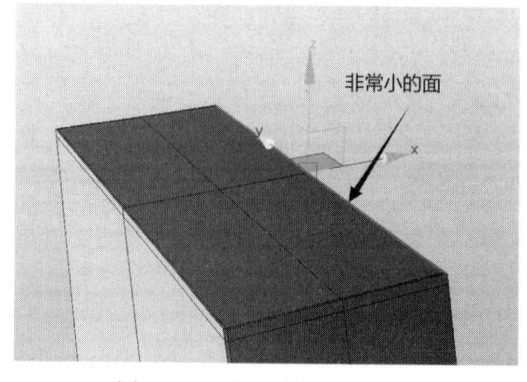

图 6-156　需要删除的面（1）　　　　　　图 6-157　需要移动的顶点

（15）对如图 6-158 所示的整个背面进行删除。

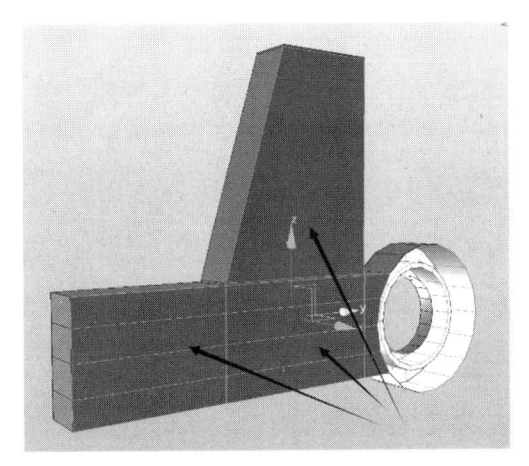

图 6-158 需要删除的面（2）

（16）在命令面板的【选择】卷展栏中单击【边】按钮，选择如图 6-159 所示的边，单击【环形】按钮，并右击选择的边，在弹出的快捷菜单中选择【连接】命令，设置【连接边分段】【连接边收缩】【连接边滑块】分别为 1、0、99，效果如图 6-160 所示。

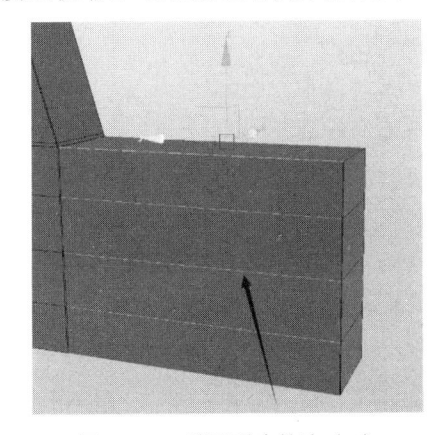

图 6-159 需要更改的边（6）   图 6-160 连接后的效果（4）

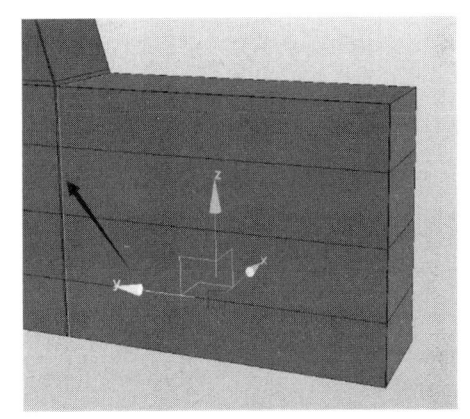

（17）在命令面板的【选择】卷展栏中单击【边】按钮，选择如图 6-161 所示的边，单击【环形】按钮，并右击选择的边，在弹出的快捷菜单中选择【连接】命令，设置【连接边分段】【连接边收缩】【连接边滑块】分别为 1、0、0，效果如图 6-162 所示。

图 6-161 需要更改的边（7）   图 6-162 连接后的效果（5）

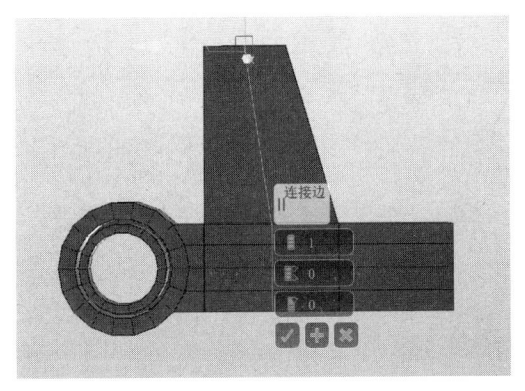

（18）在命令面板的【选择】卷展栏中单击【边】按钮，选择如图 6-163 所示的边，单击【环形】按钮，并右击选择的边，在弹出的快捷菜单中选择【连接】命令，设置【连接边分段】【连接边收缩】【连接边滑块】分别为 1、0、0，效果如图 6-164 所示。

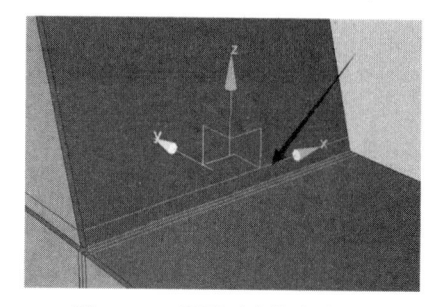

图 6-163　需要更改的边（8）　　　　图 6-164　连接后的效果（6）

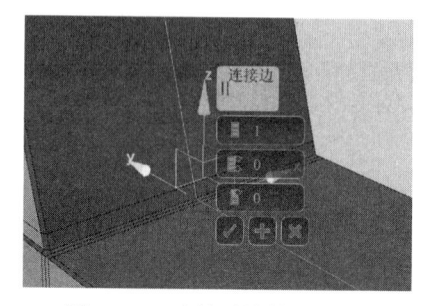

（19）在命令面板的修改器堆栈中选择【涡轮平滑】选项，产生涡轮平滑效果，如图 6-165 所示。

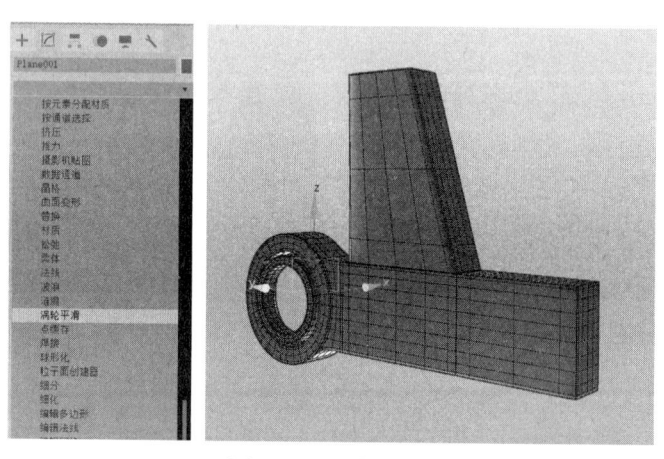

图 6-165　主体平滑

（20）在命令面板的修改器堆栈中选择【对称】选项，参数设置如图 6-166 所示。

图 6-166　主体对称的参数设置

6.3.3 制作弹夹

（1）在命令面板中单击【创建】→【几何体】按钮，在下拉列表中选择【扩展基本体】选项，在【对象类型】卷展栏中单击【切角长方体】按钮，创建切角长方体，并调整切角长方体的参数（【长度】为16、【宽度】为7、【高度】为31、【圆角】为0.06、【长度分段】为1、【宽度分段】为1、【高度分段】为9、【圆角分段】为2），制作弹夹，如图6-167所示。

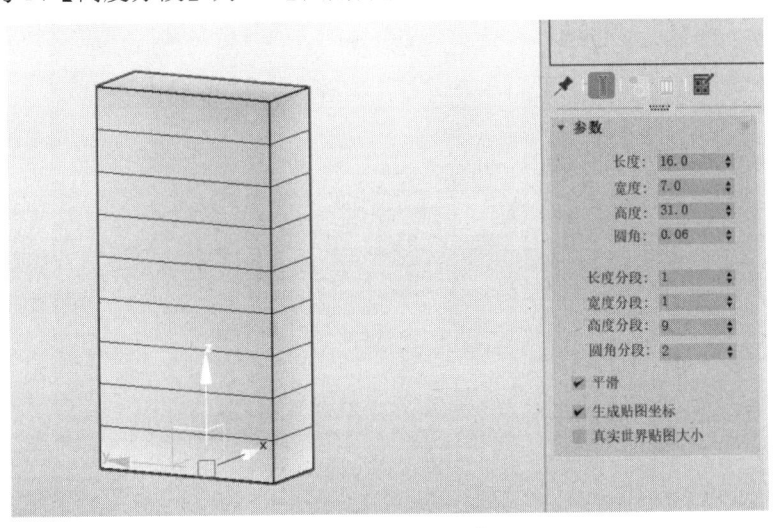

图 6-167　制作弹夹

（2）在命令面板中单击【创建】→【图形】→【矩形】按钮，创建矩形，调整矩形的参数（【长度】为17、【宽度】为7、【角半径】为0.4），右击矩形，在弹出的快捷菜单中选择【转换为】→【转换为可编辑样条线】命令，将其转换为可编辑样条线，如图6-168所示。

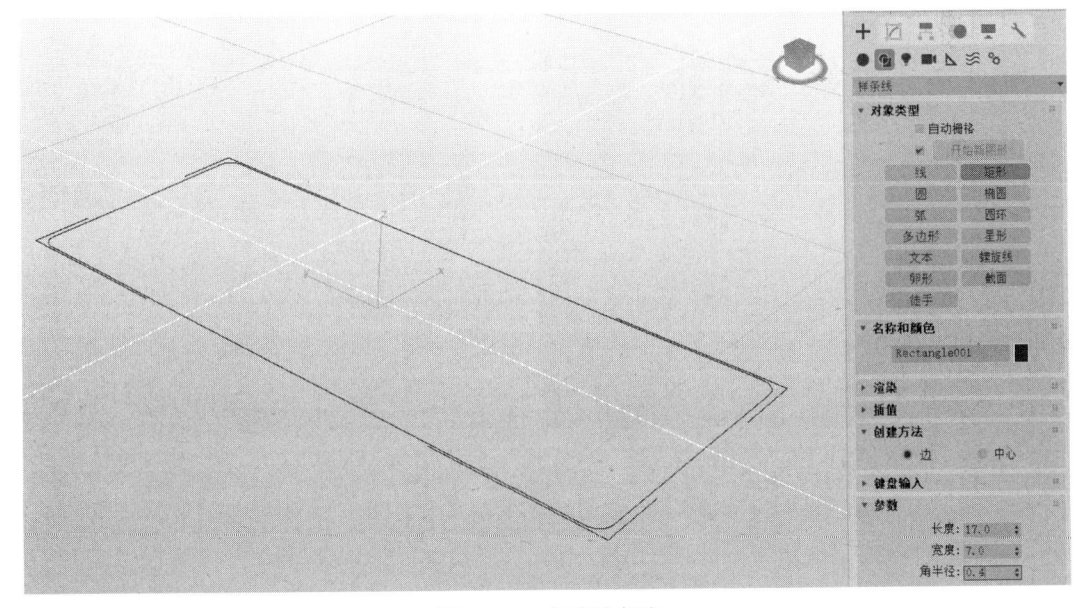

图 6-168　创建样条线

(3）在命令面板中选择【可编辑样条线】→【线段】选项，选择如图 6-169 所示的线段，并单击【拆分】按钮。

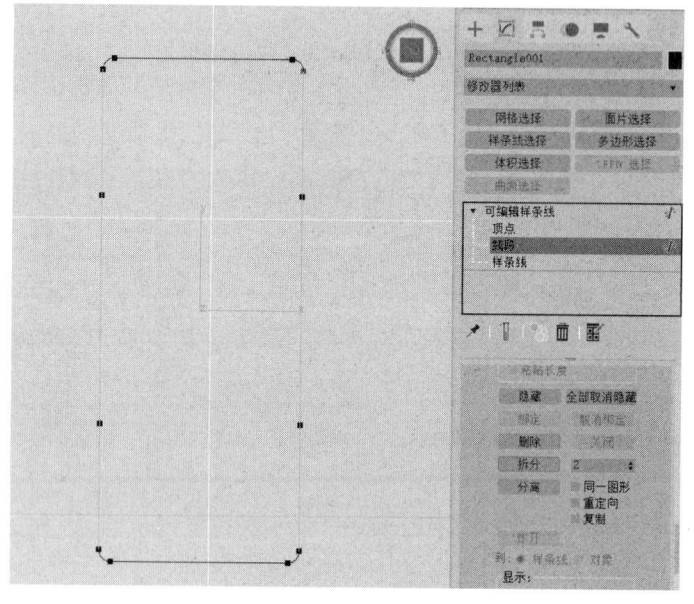

图 6-169　拆分样条线

（4）在命令面板中选择【可编辑样条线】→【顶点】选项，选择中间的顶点并将其移动至如图 6-170 所示的位置，选择两对顶点并右击，将其类型切换为【角点】类型，如图 6-171 所示。

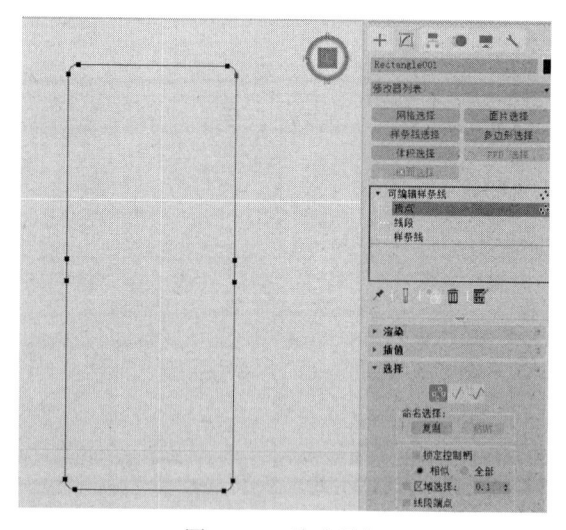

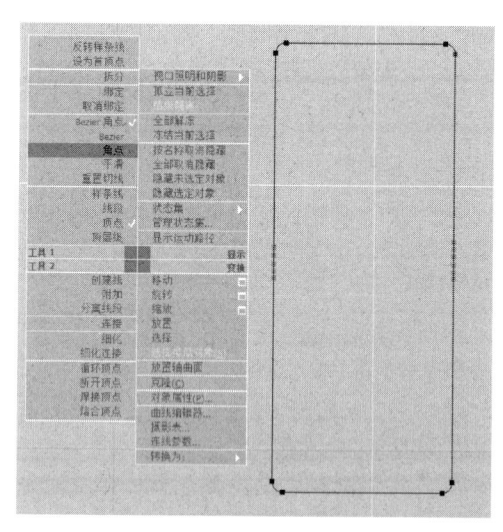

图 6-170　移动顶点　　　　　　　　图 6-171　将顶点类型切换为【角点】类型

（5）在命令面板中选择【可编辑样条线】→【顶点】选项，选择下端的 6 个顶点并将其移动至如图 6-172 所示的位置。

（6）选择在第（5）步中制作好的线框，在命令面板中单击【修改】→【倒角】按钮，效果如图 6-173 所示。

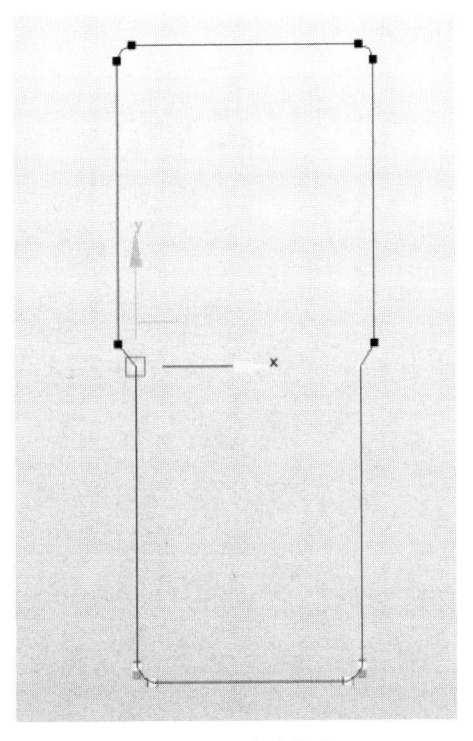

图 6-172　移动角点

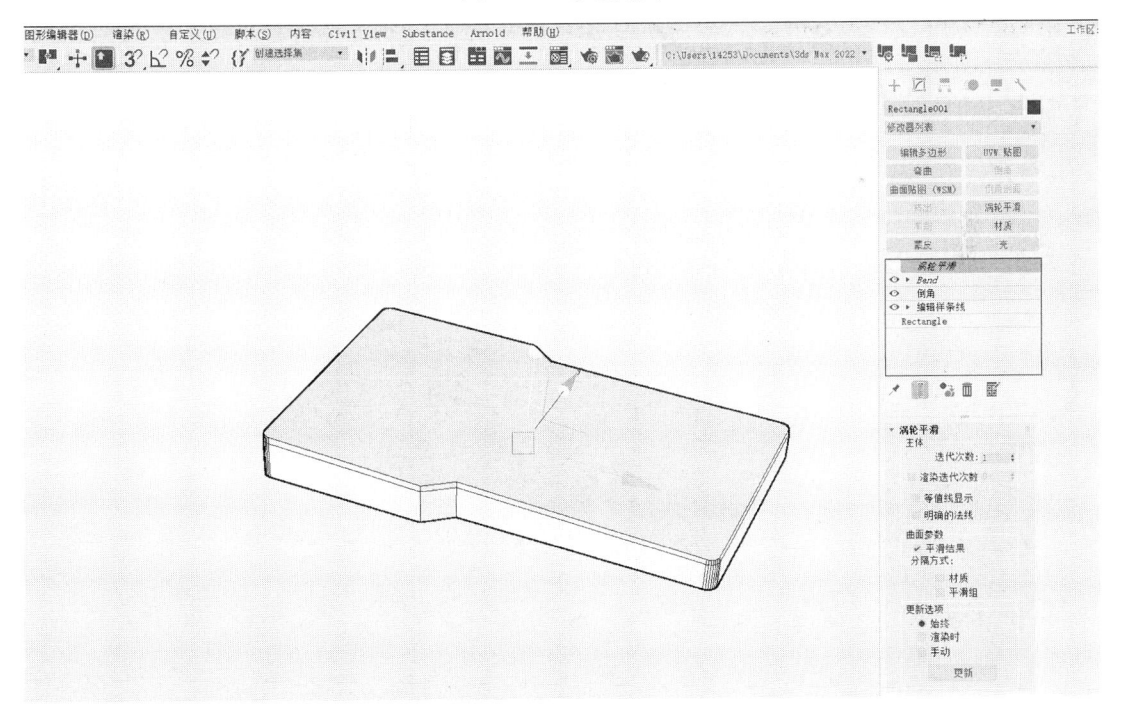

图 6-173　倒角后的效果

（7）单击工具栏中的【选择并移动】按钮（快捷键为【W】），在按住【Shift】键的同时，按住鼠标左键并拖动模型，松开【Shift】键和鼠标左键后弹出【克隆选项】对话框，参数设置如图 6-174 所示。

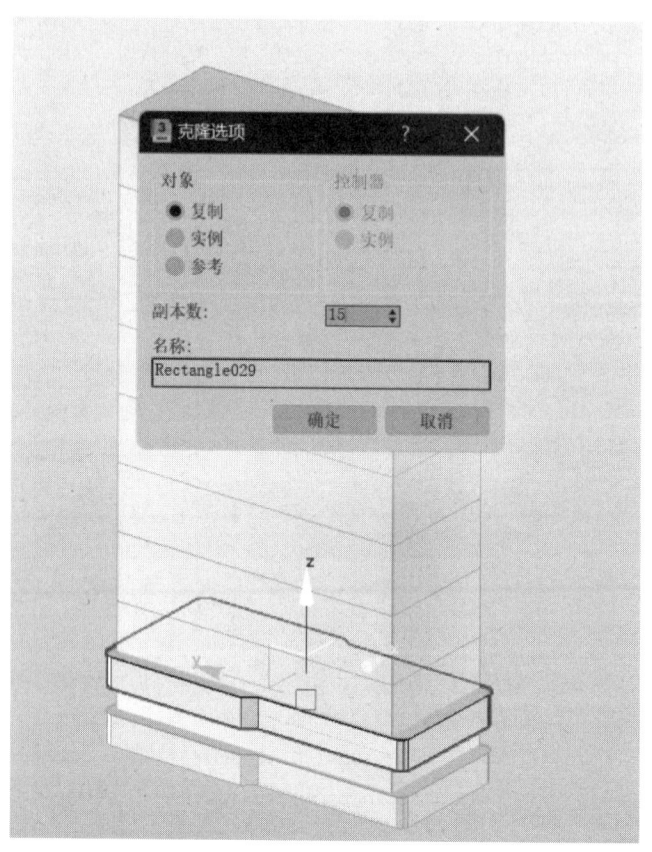

图 6-174　【克隆选项】对话框的参数设置（1）

（8）删除超出弹夹范围的面，效果如图 6-175 所示。

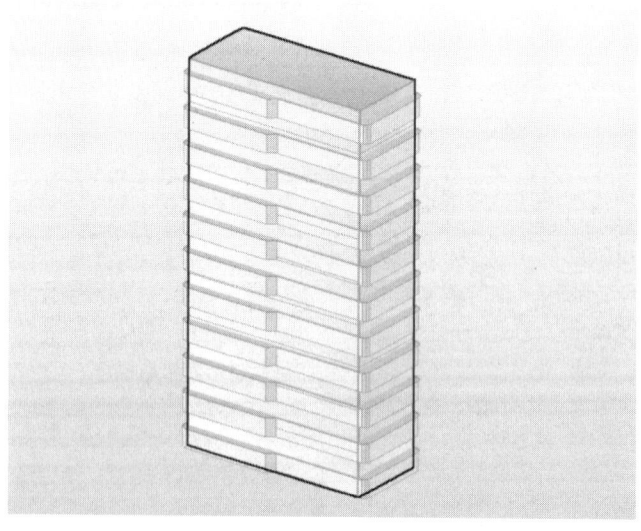

图 6-175　删除后的效果

（9）全选弹夹部分，选择【组】→【组】命令（见图 6-176），新建组，为弹夹添加【弯曲】修改器，弯曲后进行整体旋转，摆放好位置并调整好角度，具体效果如图 6-177 所示。

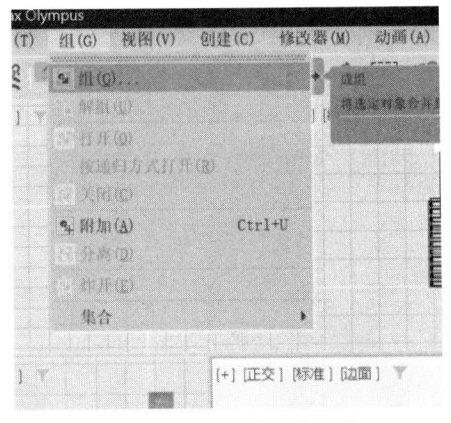

图 6-176　选择【组】命令　　　　　　　　图 6-177　具体效果

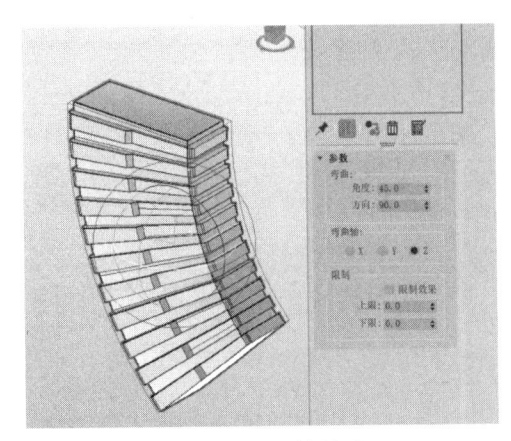

（10）在命令面板中单击【创建】→【几何体】→【球体】按钮，新建球体，并调整球体的参数（【半径】为 1.5、【分段】为 12），如图 6-178 所示。对球体进行缩放（快捷键为【R】），效果如图 6-179 所示。

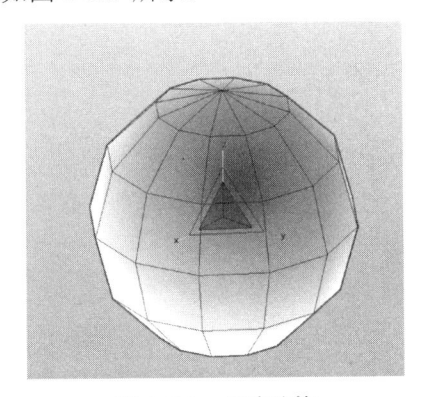

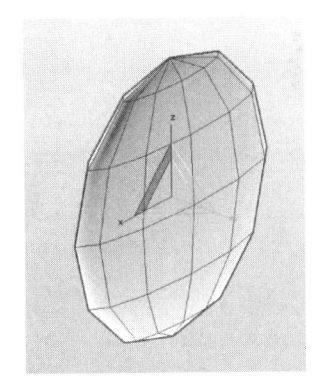

图 6-178　新建球体　　　　　　　　　　　图 6-179　缩放后的效果（1）

（11）单击工具栏中的【选择并移动】按钮（快捷键为【W】），在按住【Shift】键的同时，按住鼠标左键并拖动模型，松开【Shift】键和鼠标左键后弹出【克隆选项】对话框，参数设置如图 6-180 所示。对复制出的模型进行缩放（快捷键为【R】），效果如图 6-181 所示。将原模型和复制出的模型分别摆放到枪身和瞄准镜上。

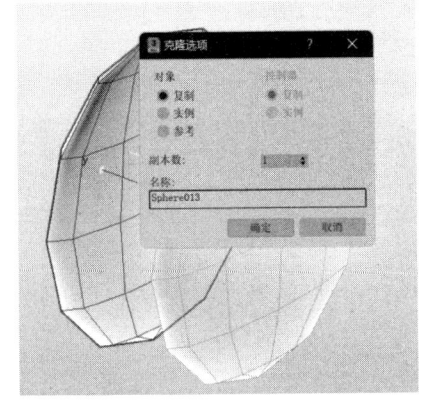

图 6-180　【克隆选项】对话框的参数设置（2）　　图 6-181　缩放后的效果（2）

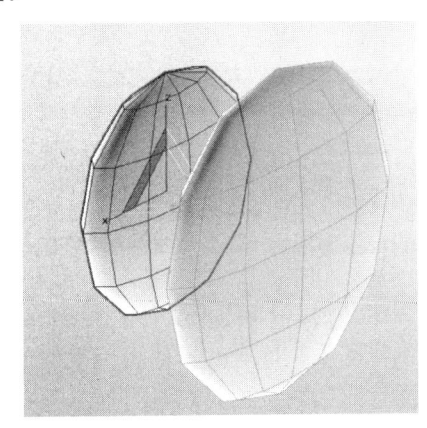

（12）按【T】键切换到顶视图，在命令面板中单击【创建】→【样条线】按钮，绘制如图 6-182 所示的样条线。在【渲染】卷展栏中勾选【在渲染中启用】和【在视口中启用】复选框，如图 6-183 所示。

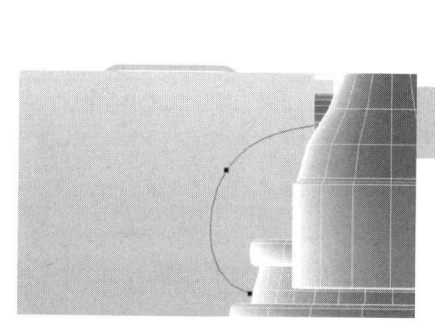

图 6-182　绘制样条线　　　图 6-183　勾选【在渲染中启用】和【在视口中启用】复选框

（13）调整各模型的摆放位置以完成制作，最终效果如图 6-184 所示。

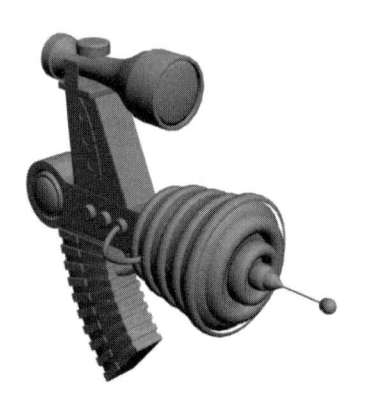

图 6-184　最终效果

任务 4　制作犀牛的 NPC 模型

▶ 任务描述

根据游戏公司提供的犀牛图片，制作一头犀牛的 NPC（Non-player Character，非玩家角色）模型，并自行规划制作过程。

▶ 任务分析

在制作动物的 NPC 模型时，需要深入刻画其身体结构与形体表现，从而确保后期贴图及动画的制作品质。优秀的形体表现能够使角色充满生命力，同时对形体进行概括性的表现也尤为重要，因为网络游戏模型的制作需要尽量减少面数。只有通过尽可能少的面来表现 NPC 模型，才能使其更简洁。

（1）使用线工具简单描绘出犀牛的形体，并将线的颜色修改为红色，以便在建模时参考。

（2）使用常用的编辑多边形工具（如切割工具、连接工具、滑动工具等），添加细节和优化模型的形状。

（3）掌握 FFD 3x3x3 变形技术，使用 FFD 3x3x3 变形工具改变模型的形状和轮廓，增加模型的真实感。

（4）掌握镜像工具的用法，利用对称性原理简化工作流程和优化模型形态。

任务实施

（1）单击【创建】→【几何体】→【平面】按钮，在前视图的中心位置创建一个平面，并将参考图片拖动至该平面上，确保该平面与图片比例相同，如图 6-185 所示。

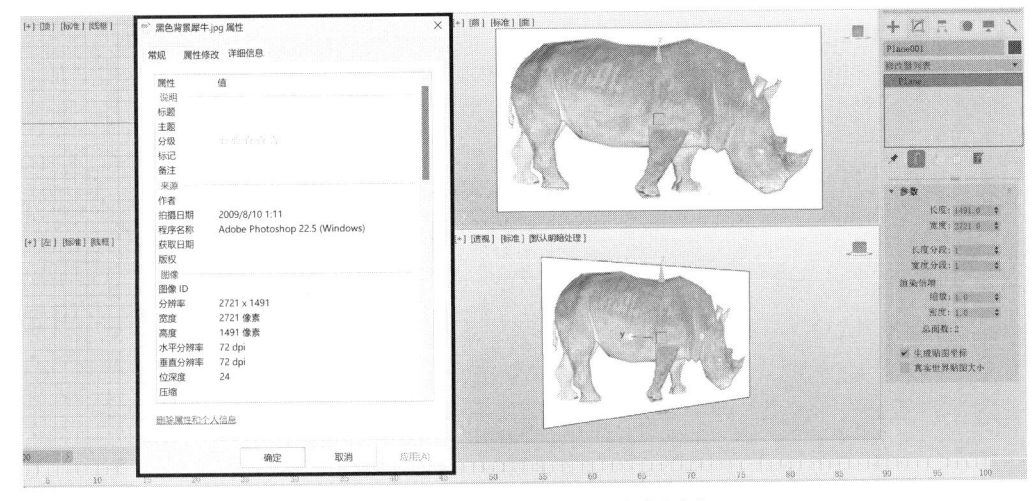

图 6-185　创建平面并导入参考图片

（2）在命令面板中单击【创建】→【图形】→【线】按钮，使用线工具，沿犀牛边缘绘制出犀牛的大致形状，如图 6-186 所示。

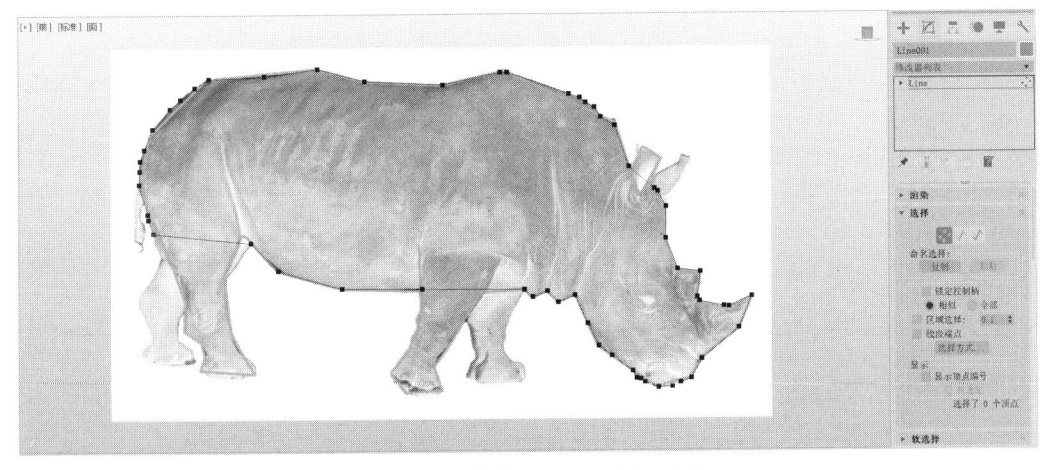

图 6-186　绘制出犀牛的大致形状

（3）选中样条线后执行【挤出】操作为样条线增加一定的厚度，如图 6-187 所示。

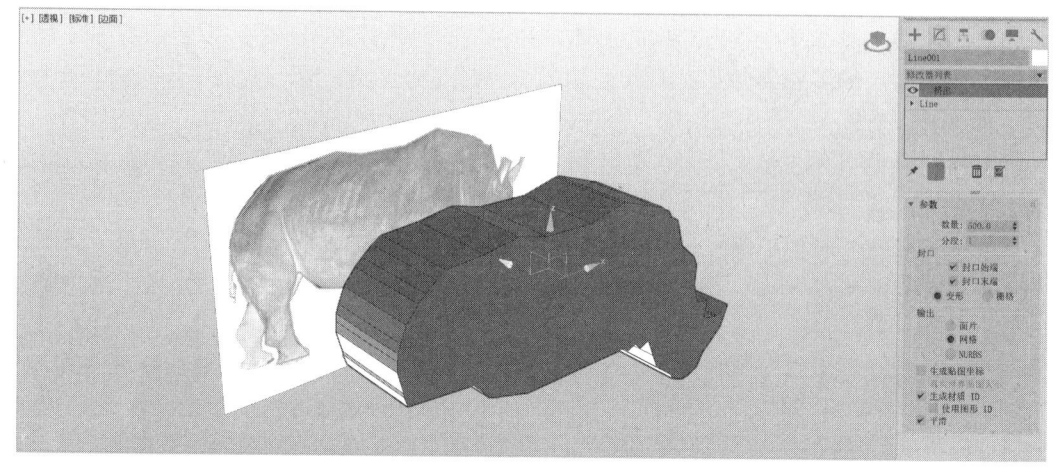

图6-187 挤出

(4)将模型转换为可编辑多边形,选择侧面的边,单击【环形】按钮,并右击选择的边,在弹出的快捷菜单中选择【连接】命令,在模型上连接出一条中线,如图6-188所示。

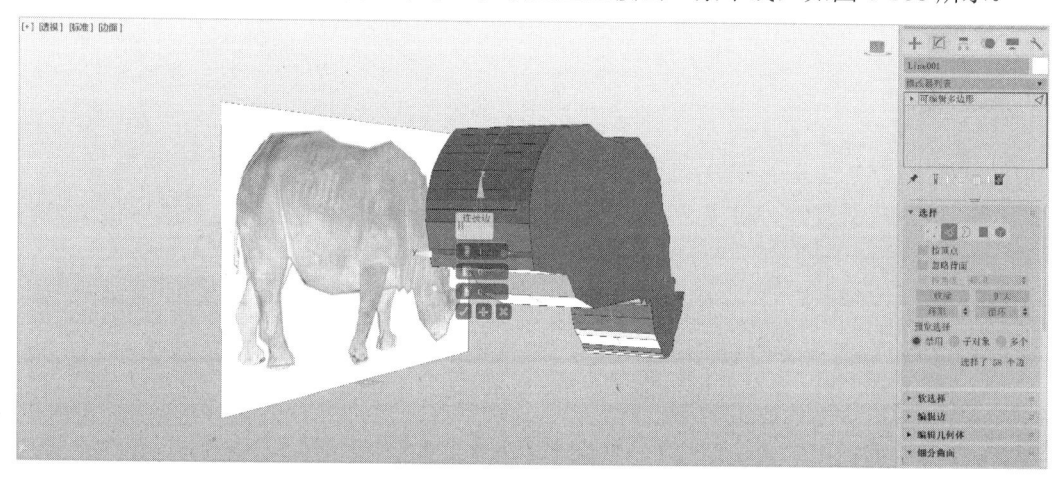

图6-188 连接出中线

(5)进入【顶点】层级,删除模型一半的顶点,如图6-189所示。

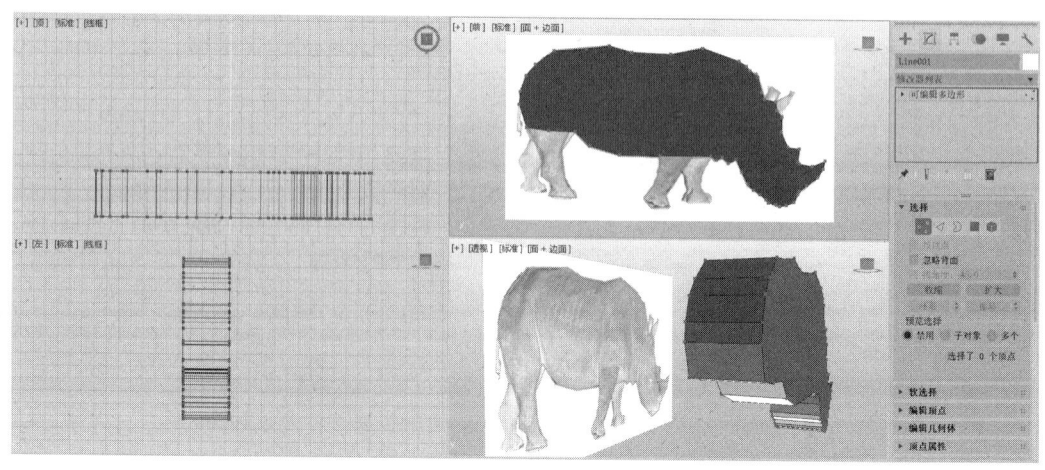

图6-189 删除模型一半的顶点

（6）在命令面板中单击【切割】按钮，在犀牛身体上切割出多条线，连接头尾，如图6-190所示。

图6-190 切割出多条线

（7）向外侧拉伸犀牛中间的两条线，并调整犀牛边缘上的顶点，使其呈现立体感，如图6-191所示。

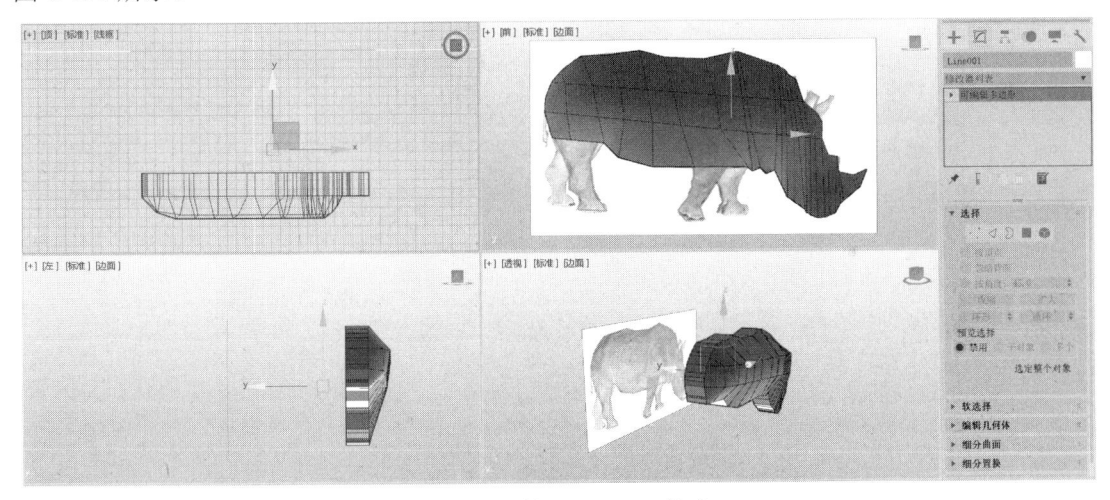

图6-191 使犀牛呈现立体感

（8）在命令面板中单击【层次】→【轴】→【仅影响轴】按钮，对齐坐标轴到犀牛的断口边上，如图6-192所示。

（9）切换到【修改】面板，选择犀牛右半边后执行【镜像】操作，沿 Y 轴实例克隆出犀牛左半边，如图6-193所示。

（10）选中犀牛底部的两个面进行【挤出】操作，挤出犀牛后腿，如图6-194所示。

（11）按【M】键打开【材质编辑器】窗口，为犀牛添加半透明材质，参考图片将犀牛后腿调整到合适的位置，如图6-195所示。

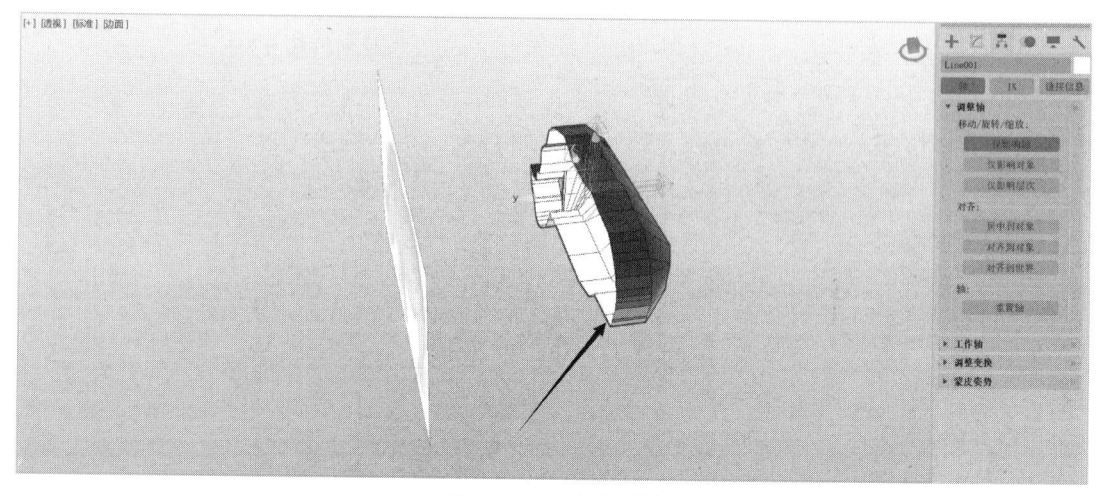

图 6-192 对齐坐标轴

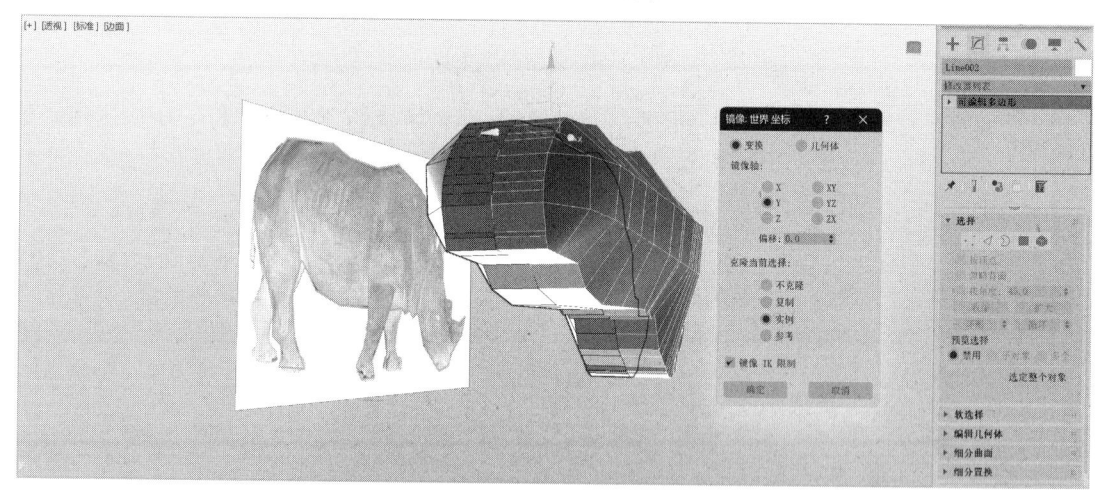

图 6-193 克隆出犀牛左半边

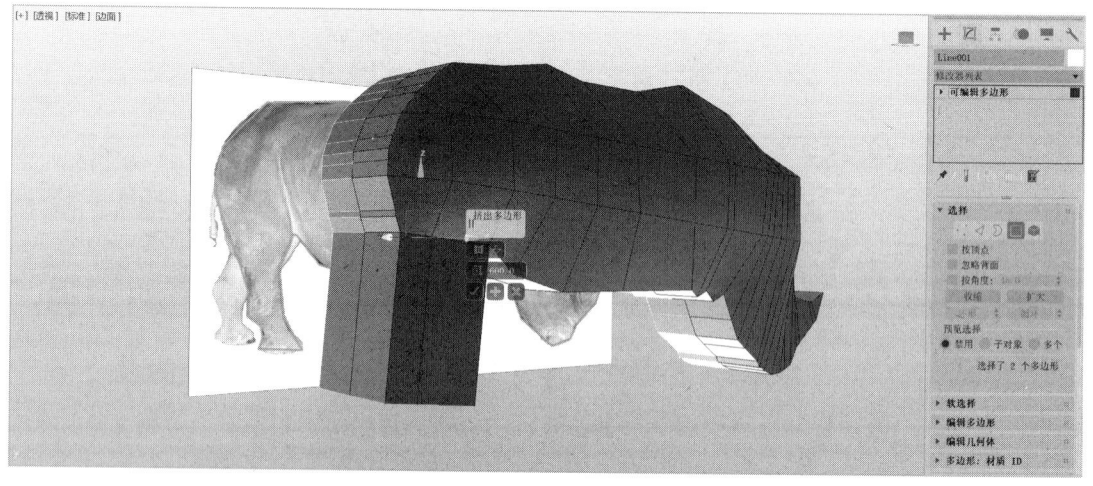

图 6-194 挤出犀牛后腿

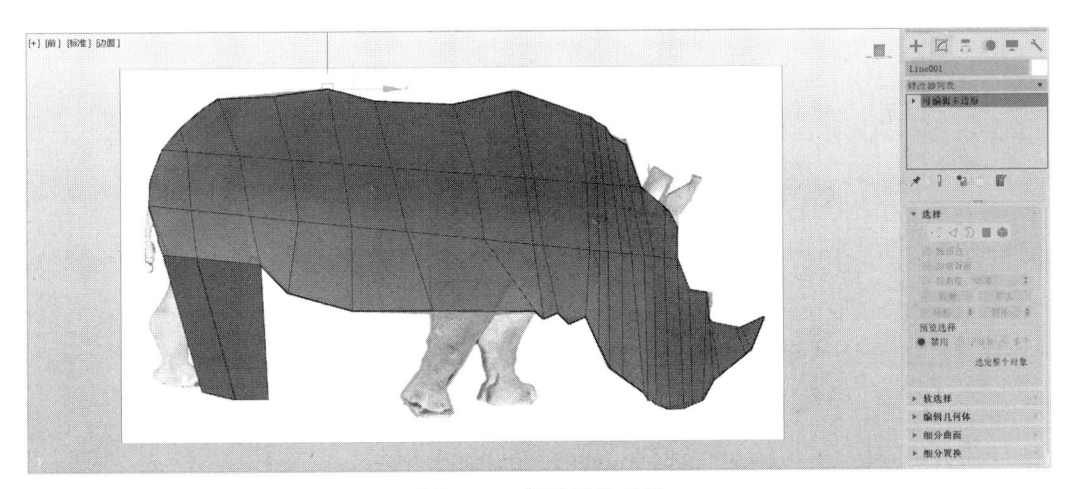

图 6-195　调整犀牛后腿

（12）选择犀牛后腿上的线，单击【环形】按钮，并右击选择的线，在弹出的快捷菜单中选择【连接】命令，连接出 3 条线，如图 6-196 所示。

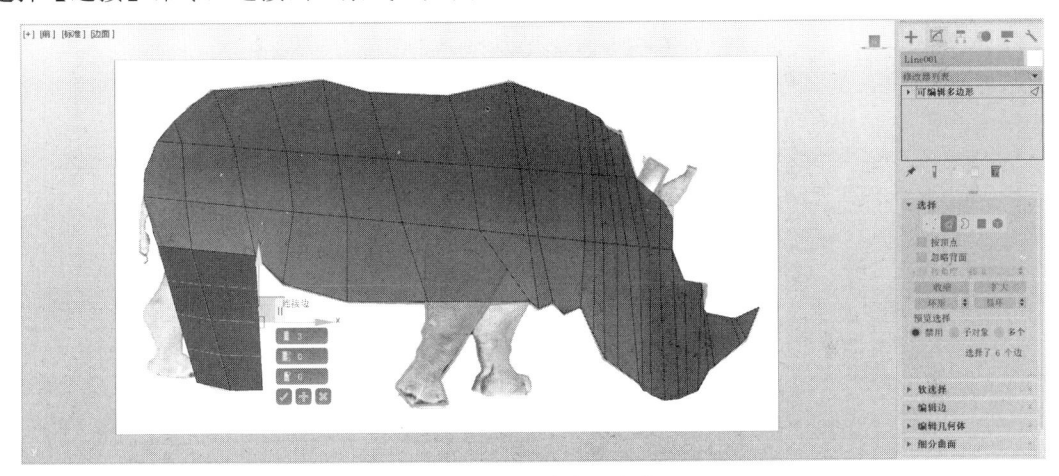

图 6-196　连接出 3 条线

（13）转换到【顶点】层级，参考图片调整犀牛后腿的形状，如图 6-197 所示。

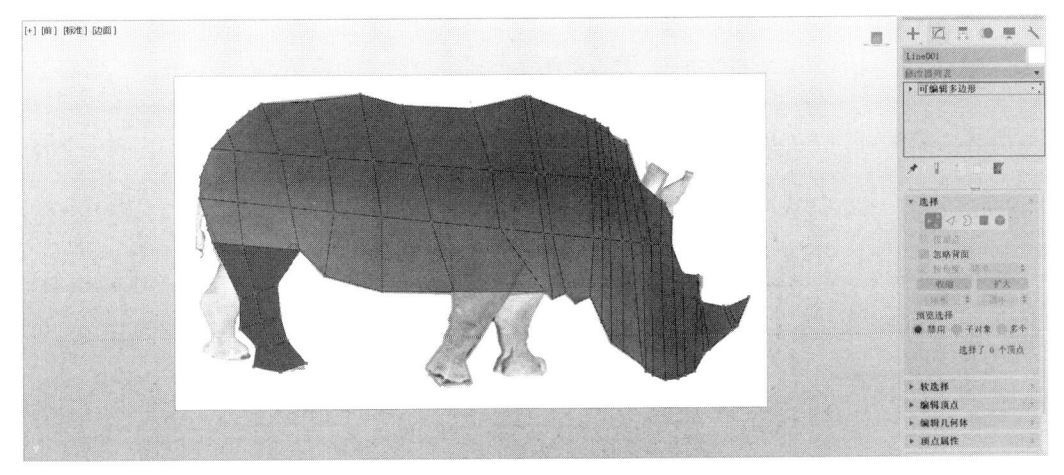

图 6-197　调整犀牛后腿的形状

149

（14）依照制作犀牛后腿的步骤，制作犀牛前腿，如图 6-198 所示。

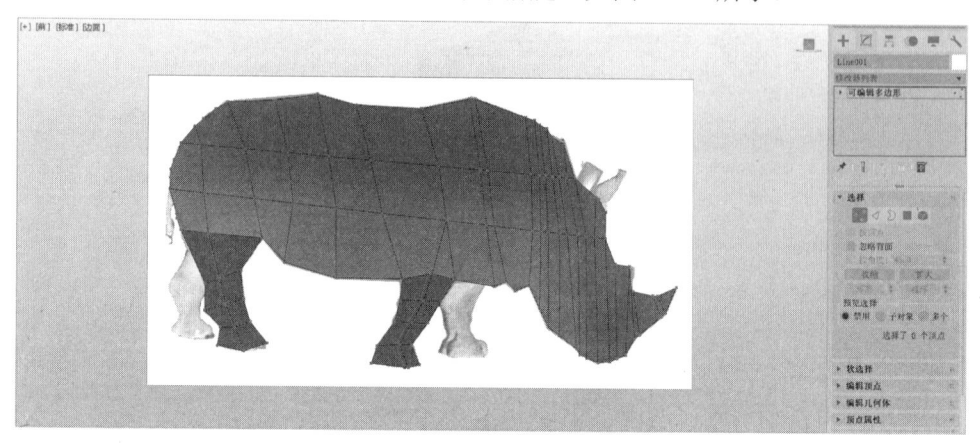

图 6-198　制作犀牛前腿

（15）调整犀牛腿上的顶点，使犀牛腿更加立体，避免犀牛腿的形状过于方正，如图 6-199 所示。

图 6-199　调整犀牛腿上的顶点

（16）制作尾巴。首先创建一个圆柱体并将其转换为可编辑多边形，然后删除顶面，效果如图 6-200 所示。

图 6-200　删除圆柱体顶面后的效果

（17）选择圆柱体顶面的线将其移动至合适的位置并执行【旋转】操作调整其角度，选择圆柱体侧面的线执行【连接】操作连接出两条线，效果如图6-201所示。

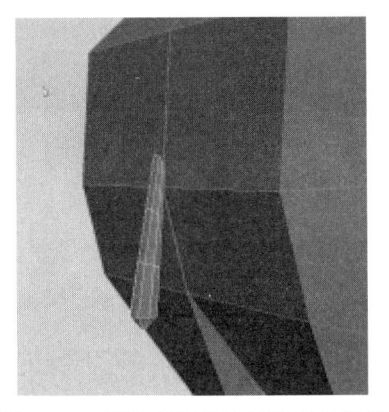

图6-201 调整位置并连接线后的效果

（18）通过移动和缩放边，调整尾巴的形状，效果如图6-202所示。

图6-202 调整尾巴的形状后的效果

（19）选择尾巴的底面，执行【挤出】操作挤出合适的量，在挤出的底面上右击，在弹出的快捷菜单中选择【塌陷】命令，完成尾巴的制作，如图6-203和图6-204所示。

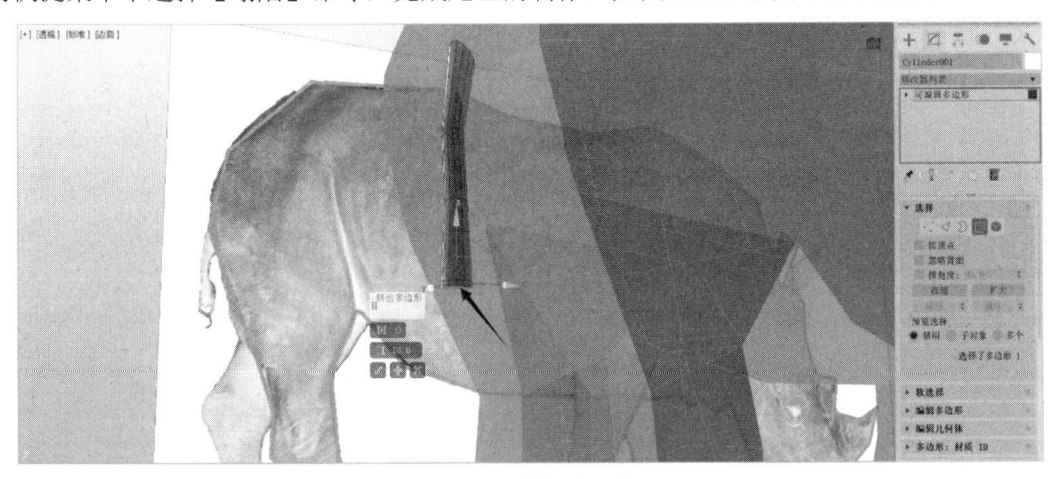

图6-203 制作尾巴（1）

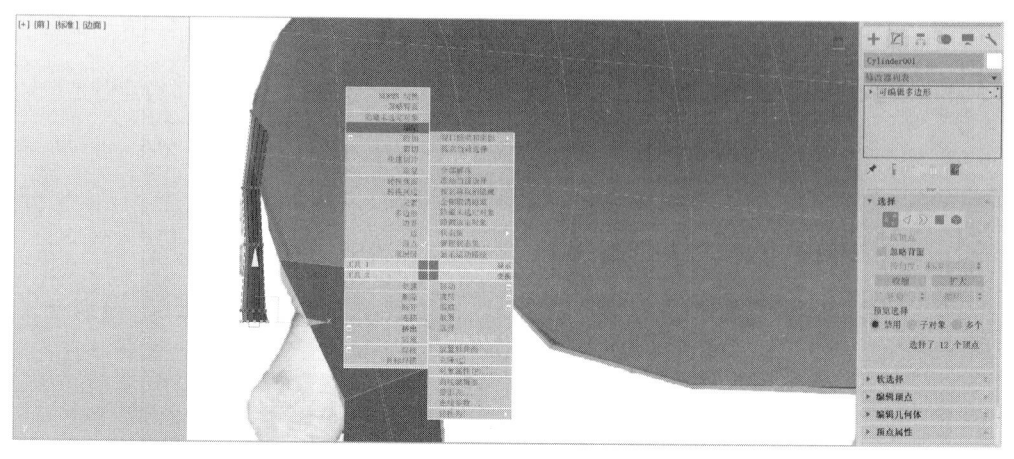

图 6-204 制作尾巴（2）

（20）按 T 键切换到顶视图，选择犀牛的身体，执行【FFD 3x3x3】命令，移动控制点以调整犀牛的整体身形，如图 6-205 所示。

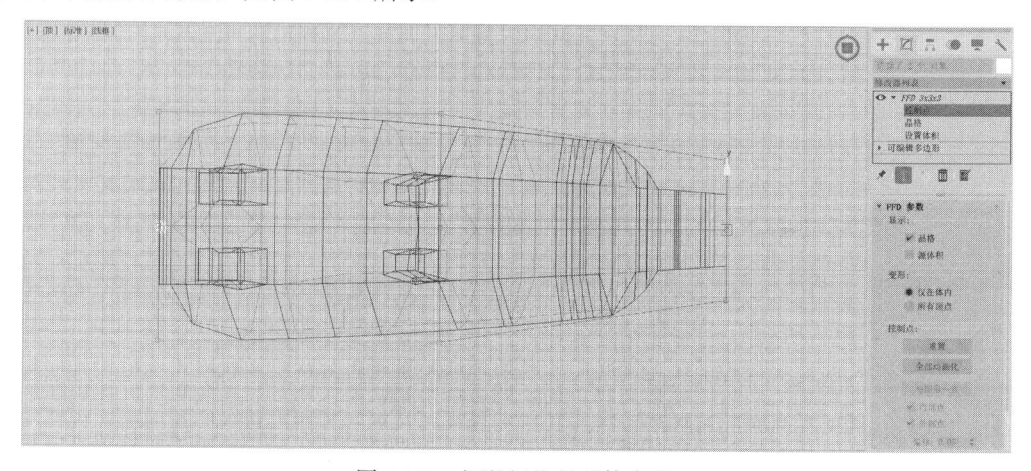

图 6-205 调整犀牛的整体身形

（21）制作耳朵。参考图片使用样条线画出耳朵轮廓，如图 6-206 所示。

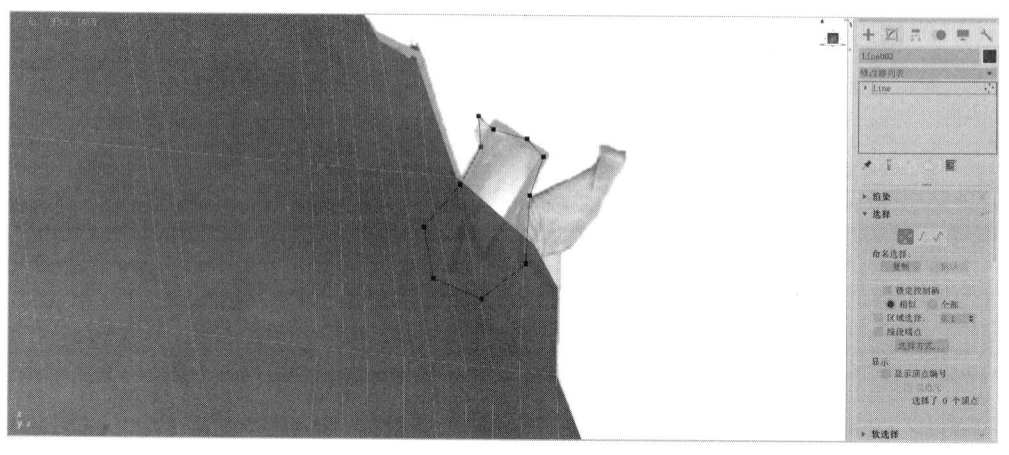

图 6-206 画出耳朵轮廓

（22）选择修改器堆栈中的【壳】选项，为耳朵增加合适的厚度，如图6-207所示。

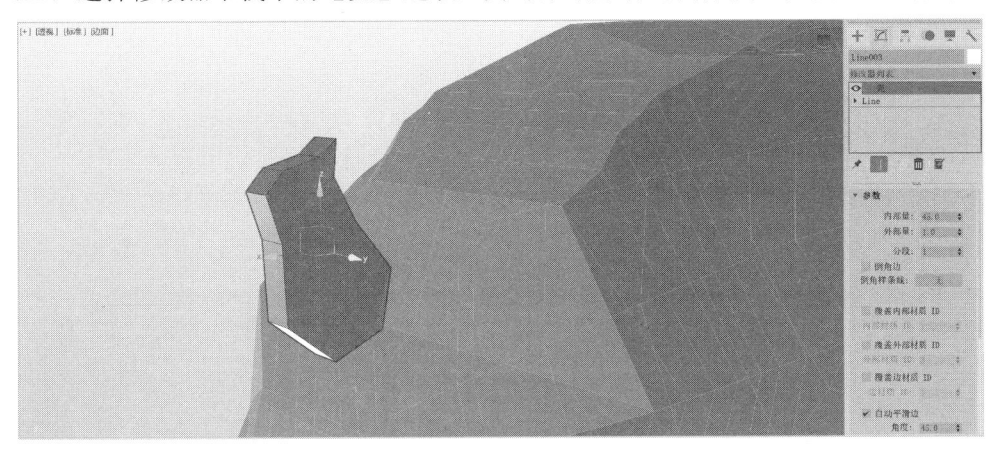

图6-207 为耳朵增加厚度

（23）将耳朵转换为可编辑多边形，在【选择】卷展栏中单击【顶点】按钮后连接相应的顶点，如图6-208所示。

图6-208 连接顶点

（24）在命令面板中单击【切割】按钮，在耳朵的一侧切割出一条边，如图6-209所示。

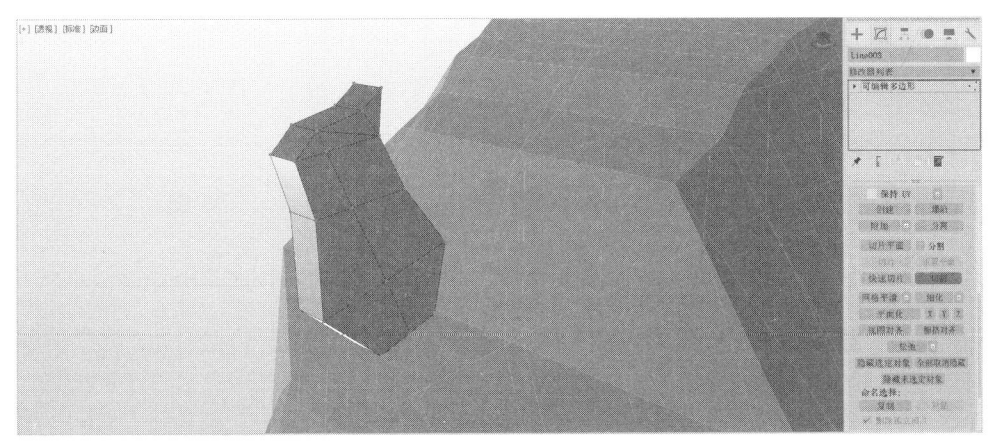

图6-209 切割边

（25）将耳朵移动至合适的位置，移动顶点、线完成耳朵形状的调整，如图 6-210 所示。

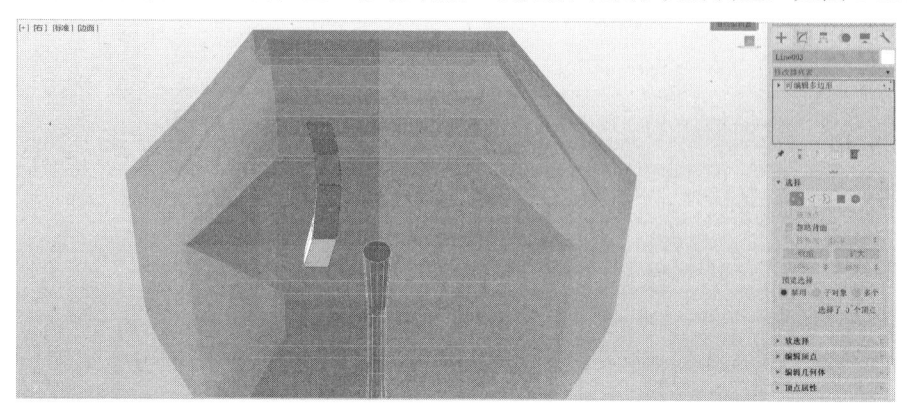

图 6-210　调整耳朵形状

（26）选择耳朵后执行【镜像】操作，沿 Y 轴实例克隆耳朵，将其调整到合适的位置，如图 6-211 和图 6-212 所示。

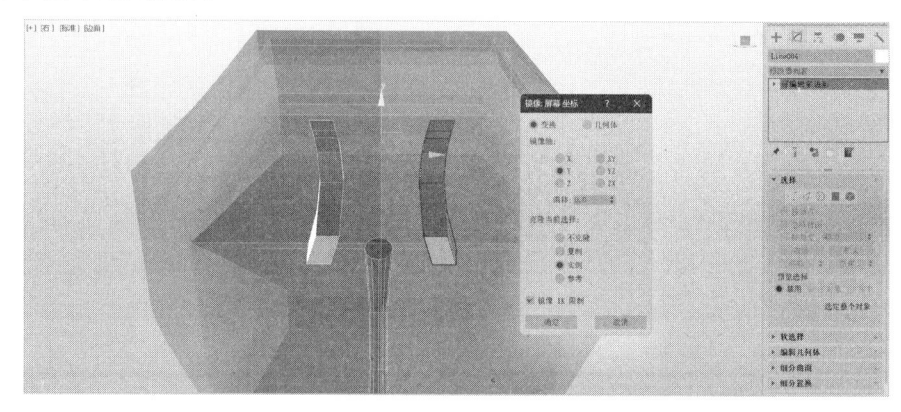

图 6-211　克隆耳朵并调整其位置（1）

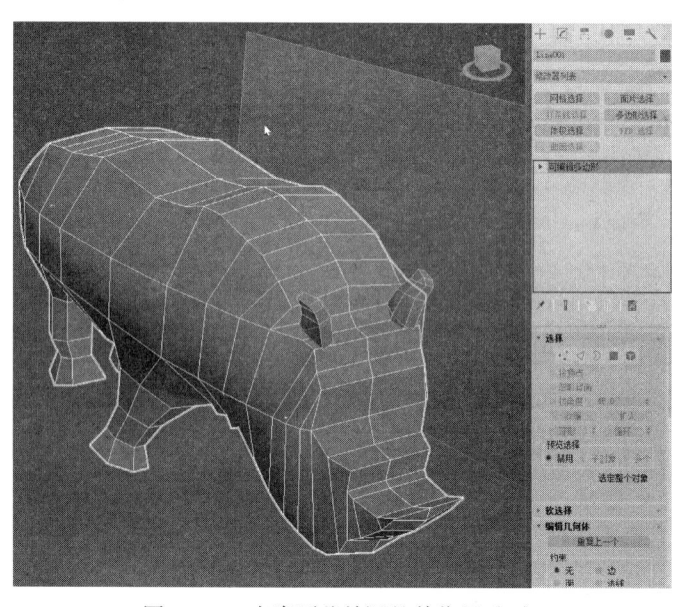

图 6-212　克隆耳朵并调整其位置（2）

（27）观察整体效果，完成制作。整体完成效果如图 6-213 所示。

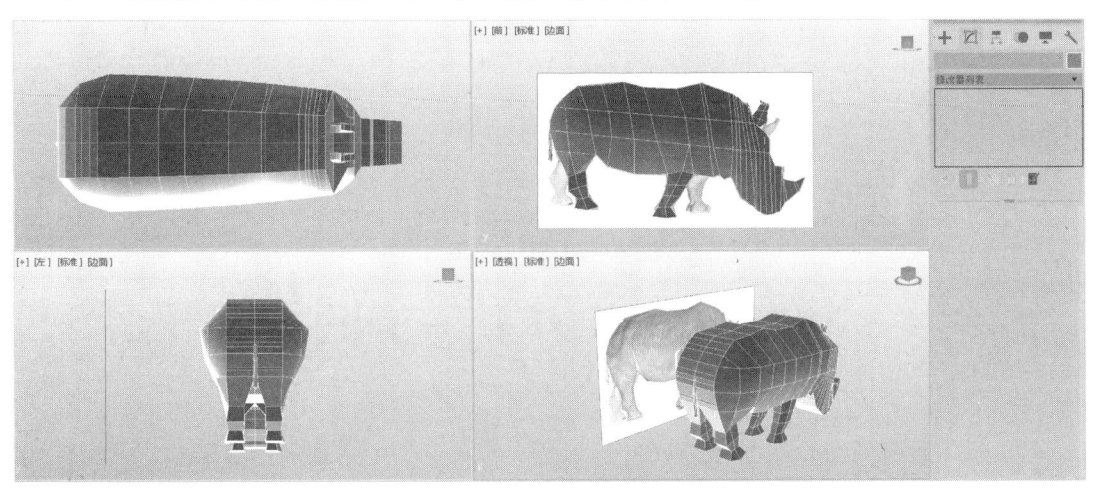

图 6-213　整体完成效果

练习题

运用多边形建模技术，制作如图 6-214 所示的咖啡杯、玩具枪、U 盘、犀牛模型。要求形状相似，结构完整，布线合理。

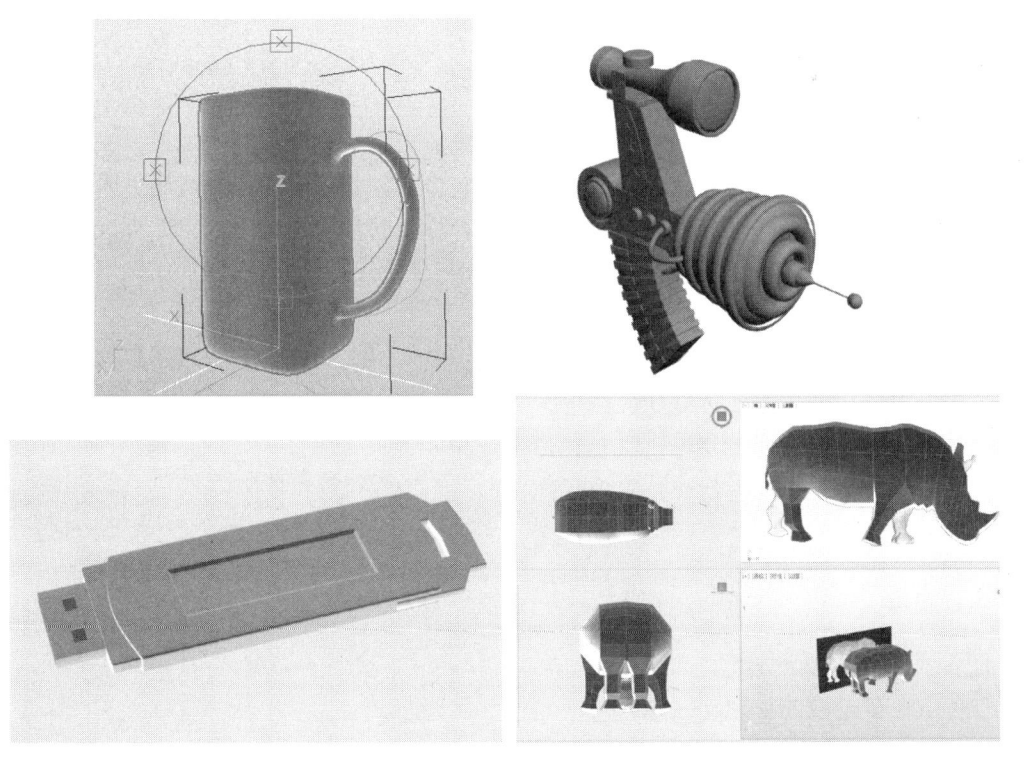

图 6-214　咖啡杯、玩具枪、U 盘、犀牛模型

项目 7

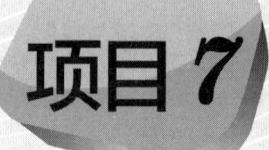

对象材质分析与制作

能力目标

在项目实施过程中，引导学生关注社会需求，以解决实际问题为导向，培养他们的社会责任感和为人民服务的意识。

通过鼓励学生进行自主探究和创新实践，培养他们的创新意识和实践能力。在本项目中，学生可以自由发挥想象力，进行材质设计、贴图制作等尝试，从而提高创新能力和动手能力。

项目介绍

在当今的数字时代，三维渲染和材质制作已经成为一个不可或缺的部分。无论是电影、游戏还是工业设计，都需要通过三维渲染和材质制作来创建逼真的视觉效果。本项目旨在让学生掌握渲染器的选择与基本设置方法，了解各种材质的参数设置方法，掌握玻璃、金属和油漆材质的设置与制作方法，以及贴图的用法。本项目将通过理论讲解和实例演示的方式，让学生了解渲染器和材质的基本概念及设置方法。

在本项目中，学生将通过实践操作，掌握渲染器的用法和各种材质的参数设置方法。学生可根据本书提供的实例场景进行实践操作，掌握玻璃、金属和油漆材质的设置与制作方法。学生可通过对【UVW 贴图】和【UVW 展开】按钮的学习与实践操作，了解如何提高渲染效率。学生还可通过小组讨论和课堂展示的方式，分享实践经验和技巧。

项目安排

任务 1　基本材质的设置与制作。
任务 2　UV 贴图的作用与编辑。

学习目标

【知识目标】

1．知道如何指定渲染器及调整渲染器的基本参数。
2．知道各种材质的特性。
3．知道【明暗器基本参数】卷展栏，以及贴图的功能和用法。

【技能目标】

1．掌握玻璃、金属和油漆材质的设置与制作方法。
2．掌握贴图及【UVW 贴图】和【UVW 展开】按钮的用法。

【素质目标】

1．提升对美的认识，深入生活，树立正确的艺术观和创作观。
2．培养认真严谨、精益求精的工作态度，充分发扬工匠精神和劳动精神。

任务 1　基本材质的设置与制作

➡ 任务描述

模型制作完成后，接下来的任务就是渲染出图，那么怎样才能渲染出高质量的图像呢？这就需要通过制作材质和贴图，使用合适的渲染器及参数进行逐步调整，使渲染图像能真实反映现实世界。为模型制作材质可以使其变得更加真实自然，增强视觉效果和提高艺术性，同时可以为建模师提供更好的表现手段，让建模更加精细、优美。

➡ 任务分析

3ds Max 材质制作的具体任务分析如下。

（1）收集材质与资源：从已有的素材库中或者互联网上收集需要的材质与资源，包括纹理图像、贴图、颜色、镜面反射率等。

（2）创建材质球：在 3ds Max 中，需要通过创建材质球来定义材质的属性和参数。一般来说，可以通过单击【材质编辑器】按钮打开【材质编辑器】窗口，在其中设置不同的材质信息。

（3）编辑材质：在【材质编辑器】窗口中，可以设置纹理、颜色、高光等参数，也可以应用一些特殊效果和映射技巧增加模型的真实感和立体感。不同的材质需要针对不同的模型进行不同的设置和调整。

（4）设置灯光和环境光：为了更好地展示模型的材质效果，需要设置合适的环境光和灯光。可以通过灯光工具来添加光源，或者通过环境参数来设置不同的光照效果。

（5）渲染：根据需要设置渲染参数，将模型和材质渲染出来，可以通过预览渲染和输出渲染两种方式来得到不同精度和不同分辨率的渲染图像。

7.1.1 制作玻璃材质

玻璃材质可以让三维场景中的物体更加逼真,下面是使用 3ds Max 制作玻璃材质的具体步骤。

(1)在 3ds Max 中,打开 3ds Max 场景文件【玻璃.max】,制作玻璃材质。

(2)在工具栏中单击【材质编辑器】按钮,打开【材质编辑器】窗口,选择一个材质球,单击【Standard】按钮,在打开的【材质/贴图浏览器】对话框中选择【光线跟踪】选项,如图 7-1 所示。

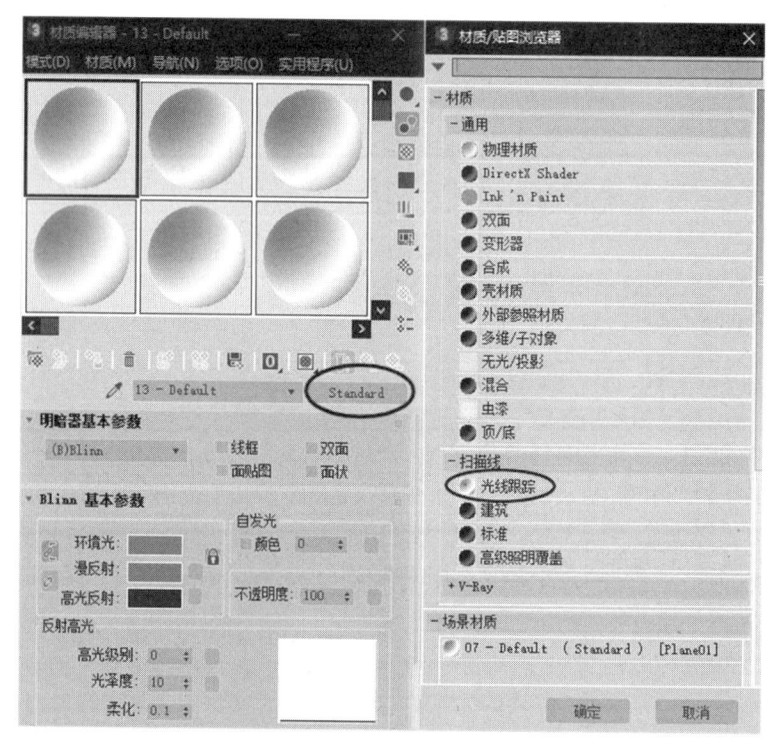

图 7-1 选择【光线跟踪】选项

(3)将【不透明度】颜色的 RGB 值设置为 240、240、240,如图 7-2 所示。

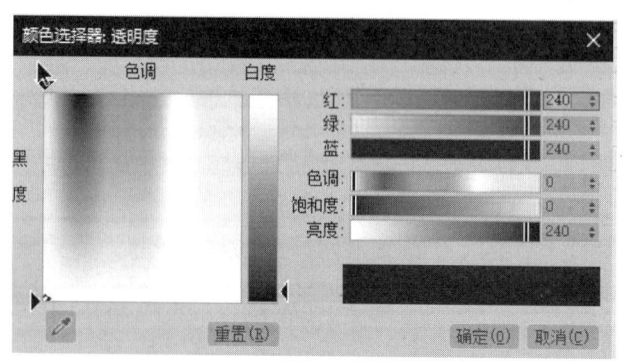

图 7-2 设置【不透明度】颜色的 RGB 值

（4）将第一个材质球的【折射率】设置为 1.55，这是玻璃材质的标准折射率，其他参数按照图 7-3 调整。

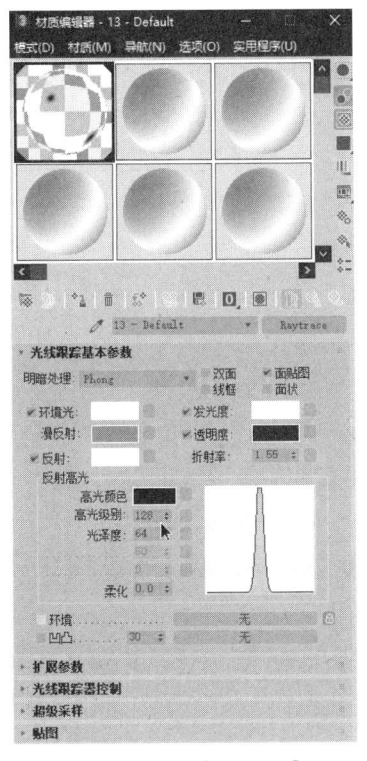

图 7-3　设置【折射率】

（5）制作环境贴图。

① 选择【渲染】→【环境】命令，打开【环境和效果】窗口，如图 7-4 所示。

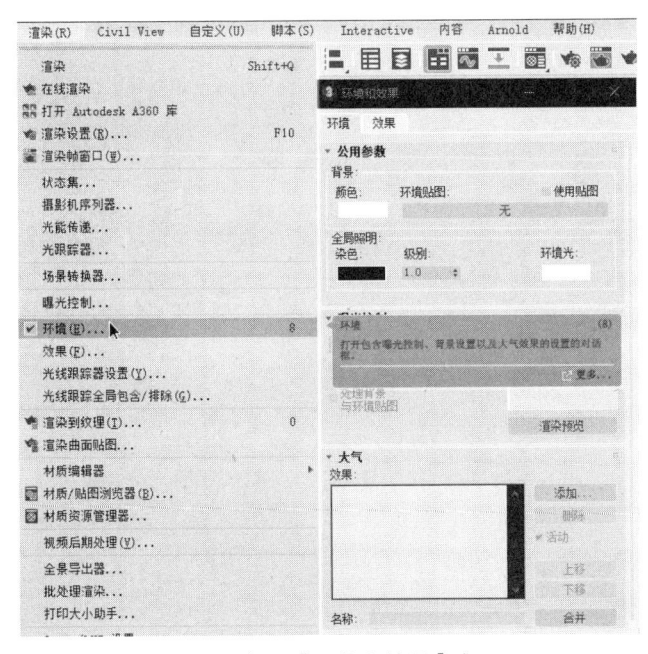

图 7-4　打开【环境和效果】窗口

② 单击【背景】模块下【环境贴图】后的【无】按钮，打开【材质/贴图浏览器】对话框，在该对话框中选择【位图】贴图，把位置指向 HDR 贴图存储的位置，打开 HDR 贴图。使用鼠标拖动环境贴图至空白的材质球处，在弹出的对话框中选中【实例】单选按钮，并在【材质编辑器】窗口的【坐标】卷展栏中选择【球形环境】选项，如图 7-5 所示，把平面贴图变成三维空间。

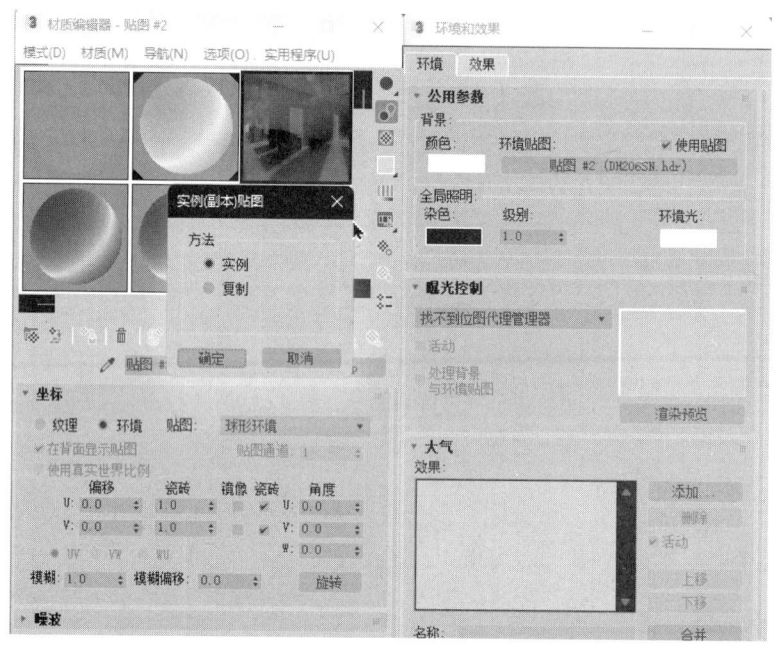

图 7-5　制作【球形环境】贴图

（6）将玻璃材质应用到需要渲染的物体上，并进行实时预览和输出渲染，可以通过调整场景中的光照和创建摄像机，并调整摄像机的视角来获得更加真实的玻璃材质效果。需要注意的是，玻璃材质的配置需要根据实际情况进行调整，如光照、环境和渲染设置等，以获得较好的效果，最终渲染效果如图 7-6 所示。

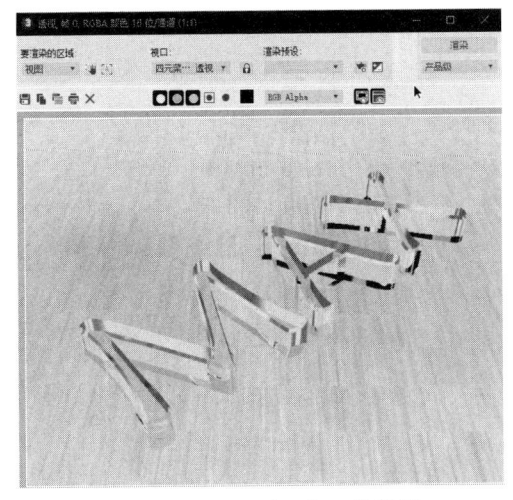

图 7-6 玻璃材质最终渲染效果

7.1.2 制作金属与油漆材质

1. 制作金属材质

（1）打开 3ds Max 场景文件【金属和油漆.max】。

（2）按【M】键打开【材质编辑器】窗口，单击【Standard】按钮，在打开的【材质/贴图浏览器】对话框中，选择【标准】选项，单击【确定】按钮。

（3）在【明暗器基本参数】卷展栏的下拉列表中选择【金属】选项，如图 7-7 所示，切换到金属材质参数设置界面。

（4）调整【高光级别】为 120、【光泽度】为 85，以反映金属材质的高光特性，如图 7-8 所示。

（5）单击【反射】后的【无贴图】按钮，打开【材质/贴图浏览器】对话框，单击【贴图】左侧的"+"图标，在弹出的下拉列表中选择【光线跟踪】选项，如图 7-9 所示。

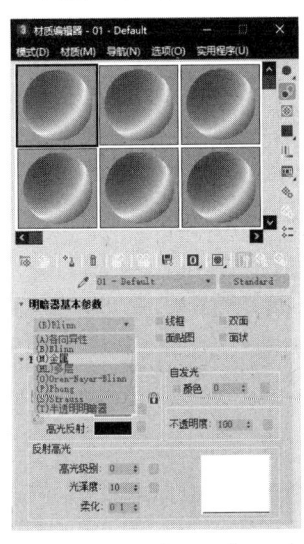

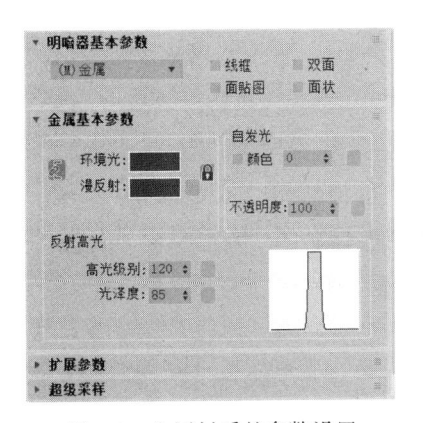

图 7-7 选择【金属】选项　　　　　　　　图 7-8 金属材质的参数设置

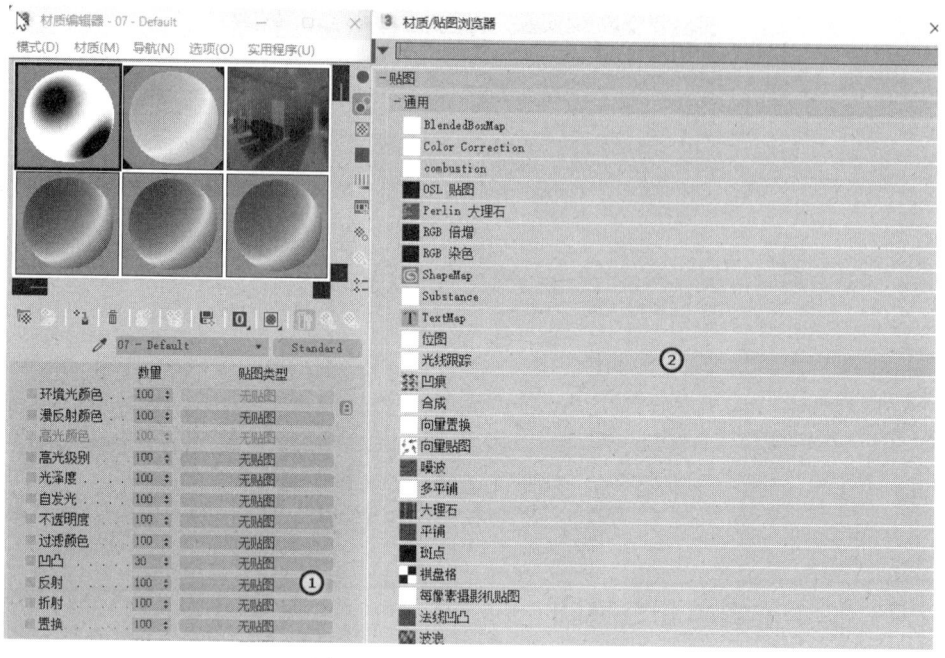

图 7-9　选择【光线跟踪】选项

（6）制作完成的材质效果如图 7-10 所示。

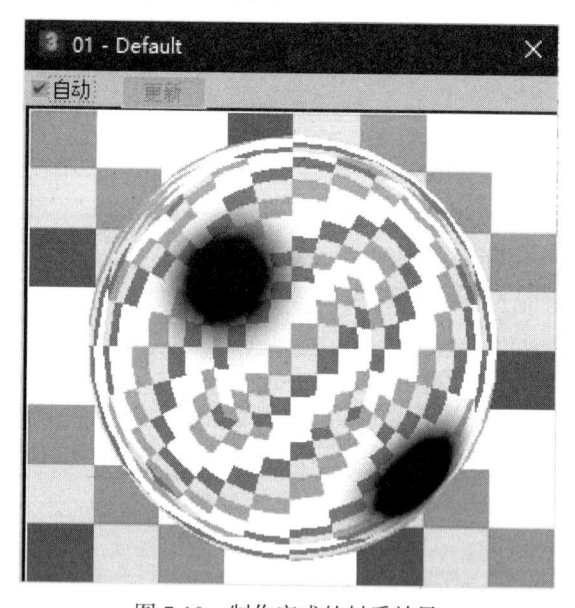

图 7-10　制作完成的材质效果

（7）按照 7.1.1 节中的方法制作环境贴图。

（8）调整贴图为双面贴图，可弥补壶盖与壶身中间部分透明的缺陷。通过调整反射数量为 30，并修改其他参数来实现金属材质效果。

（9）将材质指定到需要渲染的物体上，并进行实时预览和输出渲染，可以通过调整场景中的光照和创建摄像机，并调整摄像机的视角来获得更加真实的金属材质效果，如图 7-11 所示。

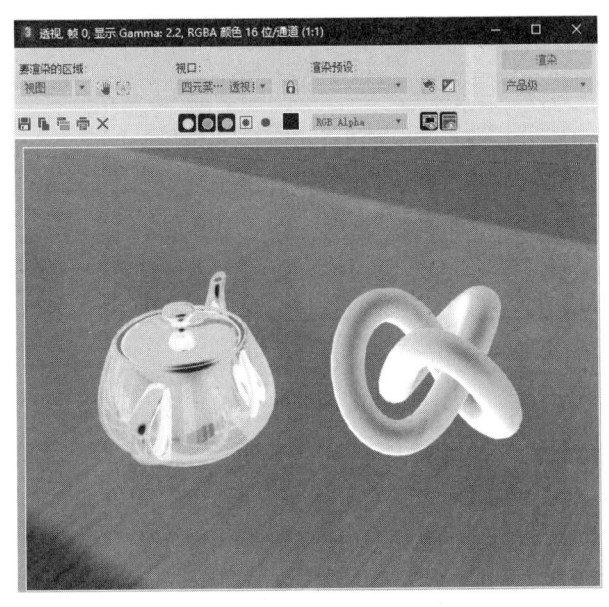

图 7-11　金属材质最终渲染效果

2. 制作油漆材质

（1）打开 3ds Max 场景文件【金属和油漆.max】。

（2）按【M】键打开【材质编辑器】窗口，单击【Standard】按钮，在打开的【材质/贴图浏览器】对话框中，选择【标准】选项，单击【确定】按钮。

（3）在【明暗器基本参数】卷展栏的下拉列表中选择【Blinn】选项，Blinn 是一种反射模型，通常用于展现三维场景中物体表面的光照效果，包括高光反射和漫反射。由于 Blinn 的计算速度相对较快，因此 Blinn 在计算机图形学中得到了广泛应用。在 Blinn 中，主要的参数包括反射率、高光反射的颜色、高光反射的锐利度。其中，反射率指的是光线射向表面后反射的比例，高光反射指的是表面在光源正面出现的明亮反射，锐利度指定了高光反射的尖锐程度。

（4）选择【Blinn】选项后，调整【漫反射】颜色的 RGB 值为 255、0、0（见图 7-12），并把材质指定给环形结。

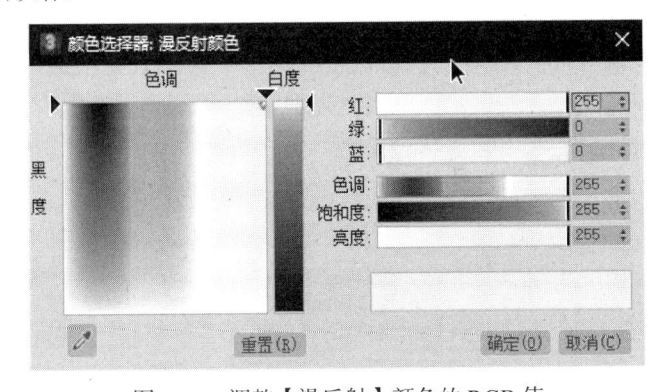

图 7-12　调整【漫反射】颜色的 RGB 值

（5）调整【反射高光】模块中的【高光级别】和【光泽度】，如图 7-13 所示。

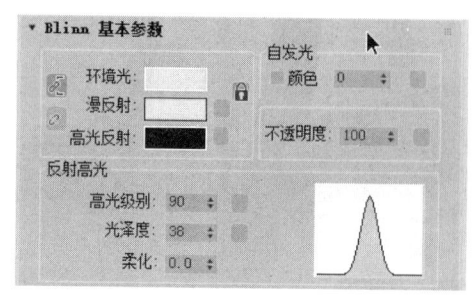

图 7-13　调整【反射高光】模块中的【高光级别】和【光泽度】

（6）展开【贴图】卷展栏，设置【反射】数量为 30，单击【反射】后的【无贴图】按钮，在弹出的【材质/贴图浏览器】对话框中选择【衰减】选项，如图 7-14 所示。单击【确定】按钮，进入衰减的参数设置界面。

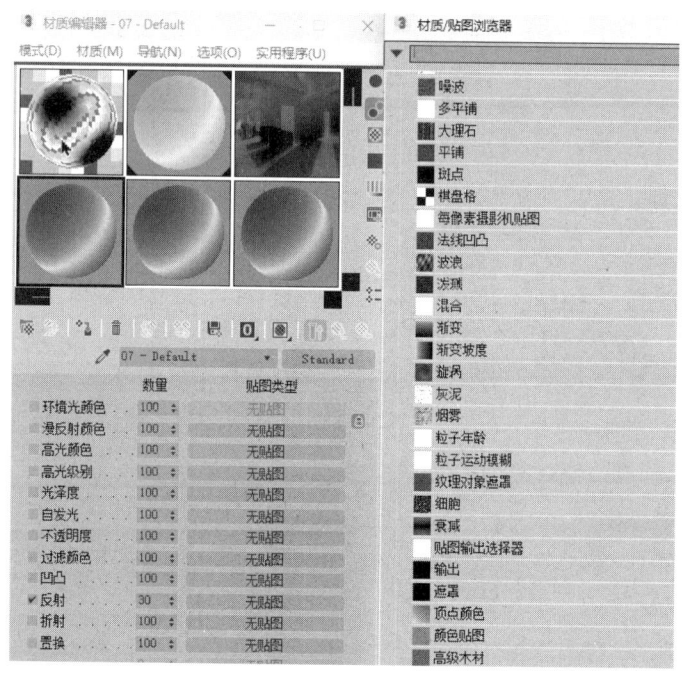

图 7-14　反射参数贴图（衰减）

（7）调整混合曲线，右击节点，在弹出的快捷菜单中选择【Bezier-角点】命令，并调整曲线为如图 7-15 所示的样式。

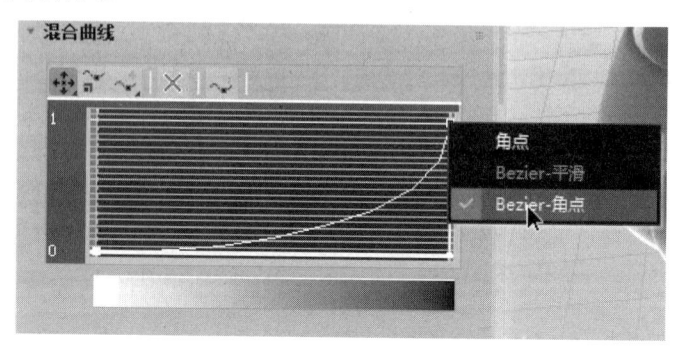

图 7-15　调整混合曲线

（8）单击【衰减参数】卷展栏中黑色色块后的【无贴图】按钮，在弹出的【材质/贴图浏览器】对话框中选择【光线跟踪】选项，并完成参数调整，如图 7-16 所示。

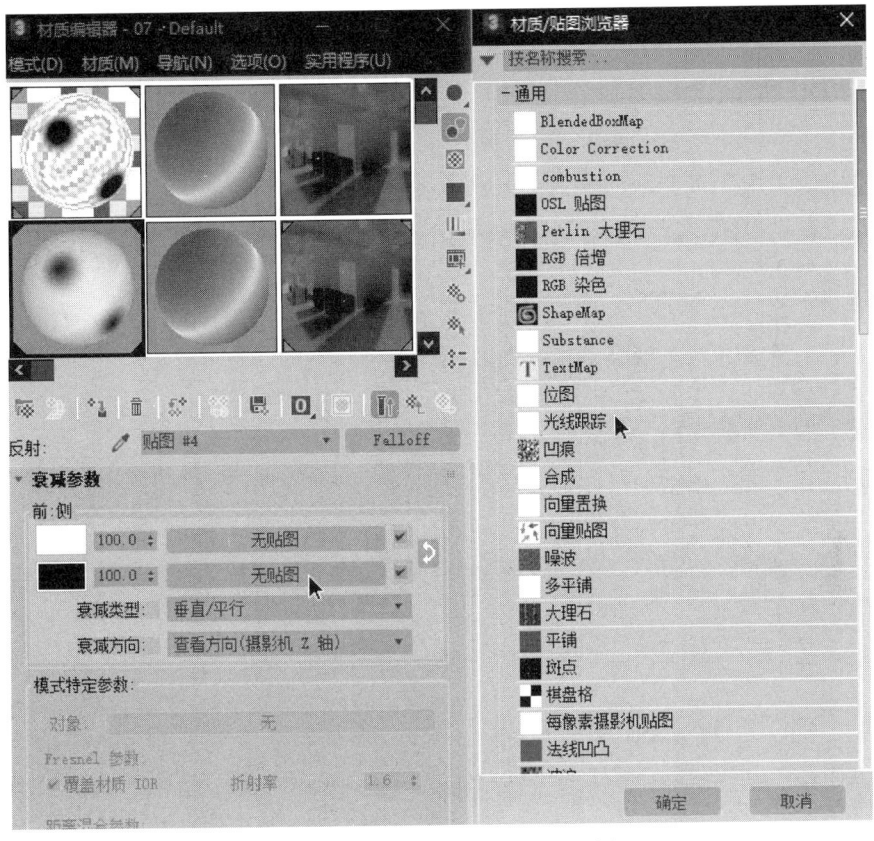

图 7-16　衰减参数贴图（光线跟踪）

（9）将材质应用到需要渲染的物体上，并进行实时预览和输出渲染，可以通过调整场景中的光照和创建摄像机，并调整摄像机的视角来获得更加真实的油漆材质效果，如图 7-17 所示。

图 7-17　油漆材质最终渲染效果

任务 2　UV 贴图的作用与编辑

🡪 任务描述

UV 贴图是一种将二维纹理图像映射到三维对象表面的技术。它的作用是将纹理图像贴到模型表面上，以便为模型增加更丰富、更生动的外观和细节。在游戏、影视等领域中，UV 贴图是非常重要的技术之一。

🡪 任务分析

通过如下两种方式可以编辑 UV 贴图。

一是利用命令面板中的【UVW 贴图】按钮确定贴图。

二是利用命令面板中的【UVW 展开】按钮展开对象的 UV 制作贴图。也就是说，将三维模型展开成二维平面，在这个平面上编辑纹理图像。创建 UV 区域：在将纹理图像映射到模型表面上时，需要将模型表面划分为一系列连续的、无重叠的 UV 区域。用户可以手动创建这些区域，并通过调整它们的大小、位置和方向来优化纹理图像的适应性和分辨率。

🡪 任务实施

7.2.1　制作蝴蝶贴图

（1）首先打开 3ds Max，然后打开【蝴蝶.max】文件，其中有制作好的蝴蝶模型。

（2）按【M】键打开【材质编辑器】窗口，选择一个空白的材质球，并把材质指定给蝴蝶模型。单击【漫反射】颜色色块后的灰色按钮，打开【材质/贴图浏览器】对话框，如图 7-18 所示。

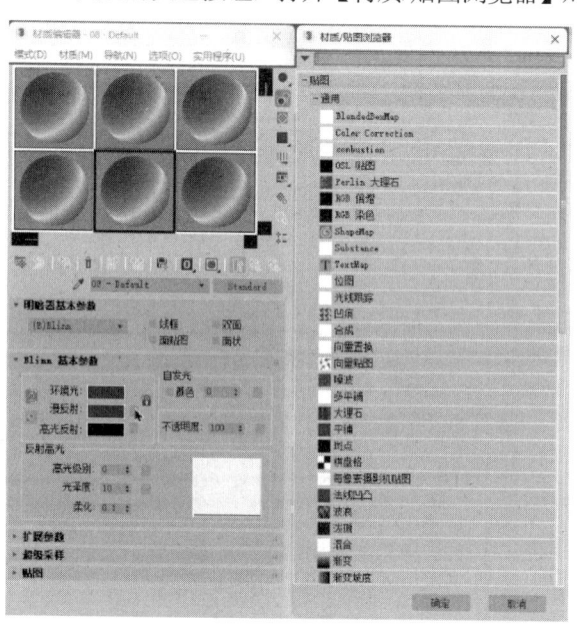

图 7-18　打开【材质/贴图浏览器】对话框

（3）在打开的【材质/贴图浏览器】对话框中选择【位图】贴图。打开【选择位图图像文件】对话框，找到并选择【timg.jpg】文件，如图 7-19 所示。

图 7-19　选择贴图文件

（4）单击【打开】按钮后，单击工具栏中的【视口中显示明暗处理材质】按钮，出现如图 7-20 所示的效果，此时的贴图并不正常。

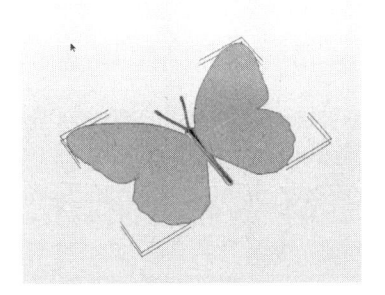

图 7-20　贴图效果

（5）在命令面板中单击【UVW 贴图】按钮，并选择贴图类型为【平面】，调整长度、宽度、高度以及 U、V、W 向平铺值，如图 7-21 和图 7-22 所示，从而实现想要的效果。

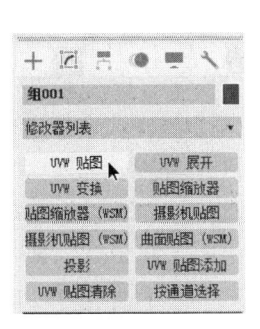

图 7-21　单击【UVW 贴图】按钮　　　图 7-22　调整参数

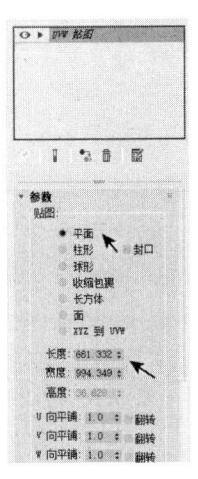

（6）至此，完成蝴蝶贴图的制作，最终效果如图7-23所示。

图 7-23　最终效果

7.2.2　制作茶叶包装盒贴图

（1）打开3ds Max，新建一个【茶盒.max】文件，在透视图中，制作一个长方体。

（2）按【M】键打开【材质编辑器】窗口，选择一个空白的材质球，并把材质指定给长方体。单击【漫反射】颜色色块后的灰色按钮，在打开的对话框中选择【茶.png】文件，贴图效果如图7-24所示。

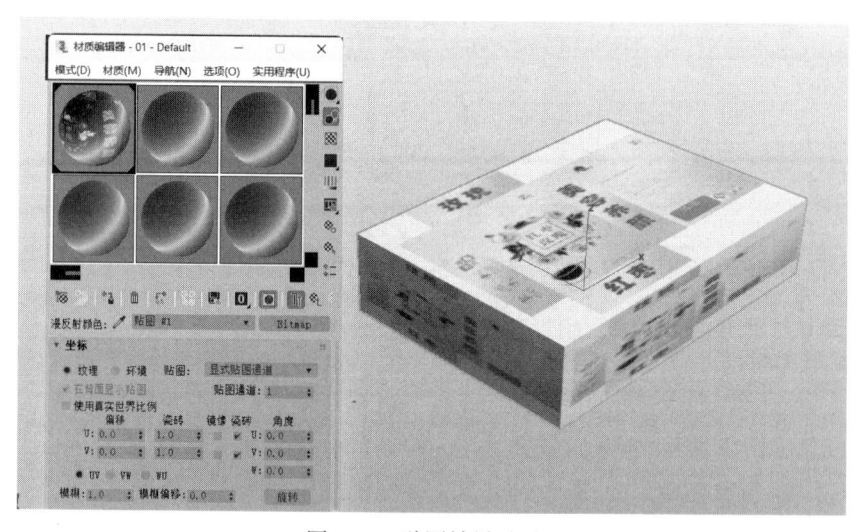

图 7-24　贴图效果（1）

（3）在命令面板的修改器堆栈中选择【UVW展开】选项，选中对象所有的面，在【编辑UV】卷展栏中单击【打开UV编辑器】按钮，进行UV编辑，如图7-25所示。

（4）在【编辑UVW】窗口右上角的下拉菜单中选择贴图并将其展平，如图7-26所示。

（5）以上操作务必在选中所有面的情况下进行。展平贴图后，就可以根据贴图的位置、大小一一对应地进行贴图。在操作时，可先选中其中的一个面，再把该面移动至需要贴图的相应位置上，调整大小和位置，并旋转方向，使面与贴图的位置一一对应，完成6个面的调整，即可完成贴图，效果如图7-27所示。

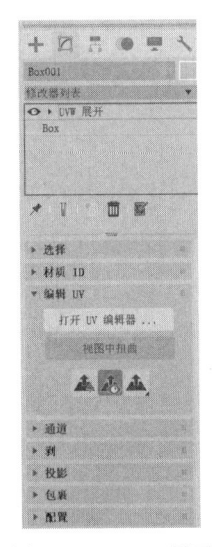

图 7-25　UVW 展开

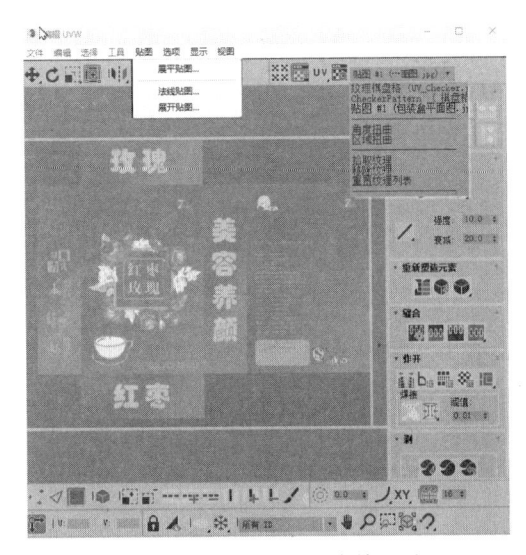

图 7-26　选择贴图并将其展平

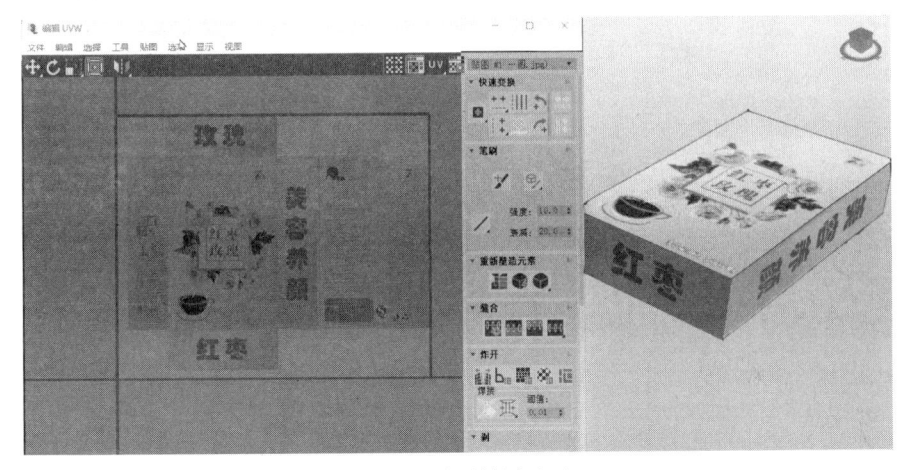

图 7-27　贴图效果（2）

（6）也可进行左下角顶点、边、面的调整，使面与贴图完美对应，如图 7-28 所示。

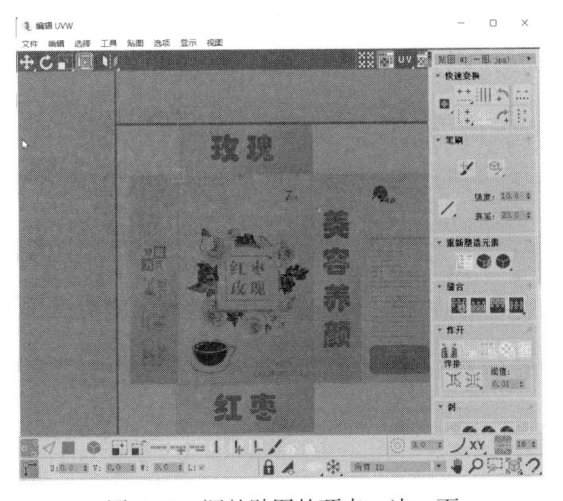

图 7-28　调整贴图的顶点、边、面

（7）最终效果如图 7-29 所示。

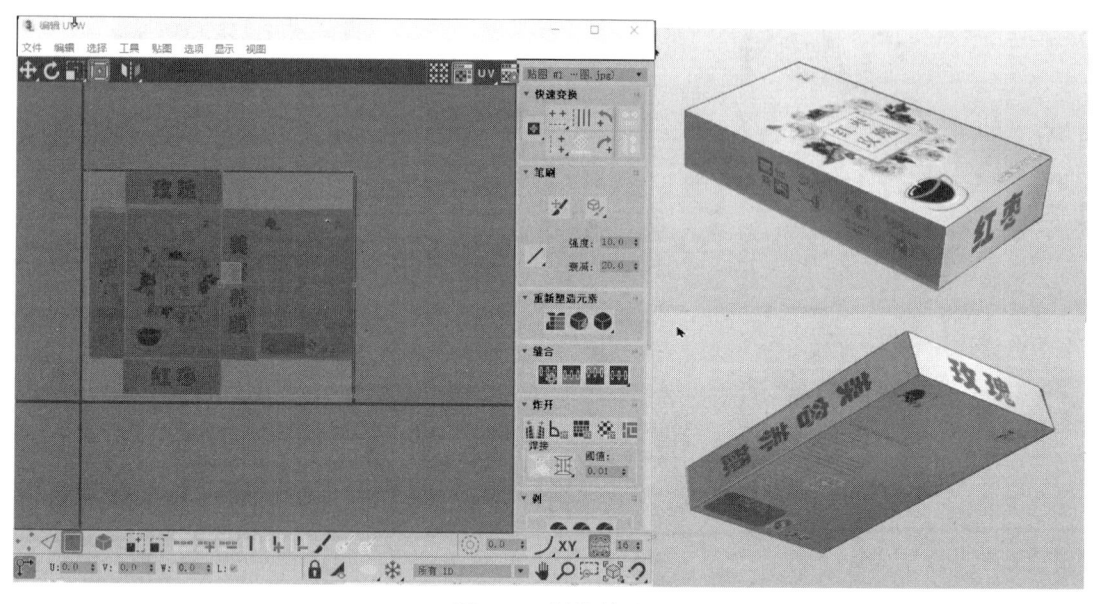

图 7-29　最终效果

练习题

运用建模和材质与贴图技术，先制作酒瓶和酒杯模型，再制作酒瓶和酒杯的玻璃及金属材质，并完成贴图，效果如图 7-30 所示。要求形状相似，结构完整，布线合理。

图 7-30　酒杯和酒瓶模型效果

项目 8 综合实训一

能力目标

本项目通过使用 3ds Max 创建逼真的蝴蝶模型并为其添加动画效果来培养学生的创新思维和精细操作能力,同时让他们感受科学、艺术和设计的综合应用过程。

通过项目实践,让学生掌握 3ds Max 的基础操作和技术,提高他们的技能水平,同时培养他们的创新意识和实践能力。发展素质教育,让学生在参与项目的过程中体验到科学、艺术和设计的综合应用,培养他们的综合素质和多元化发展潜力。

项目介绍

在 3ds Max 中,二维图形建模主要涉及以下几点:创建线,编辑线,通过修改器堆栈中的选项进行建模。在创建线之前,需要先选择线工具,然后可以使用直线工具或手绘曲线工具来创建线。编辑线:完成线的创建之后,可以通过编辑线工具对线进行编辑,包括修改线的形状、长度、摆放方向等。使用辅助线和网格:在进行二维图形建模时,可以使用辅助线和网格来辅助建模,以保证二维图形的精度和准确性。本项目来创建一个逼真的蝴蝶模型,并对其进行材质、贴图和动画制作。使用模型和材质呈现真实的外观,使用动画展示蝴蝶的飞行动作。

项目安排

任务 1 制作蝴蝶模型。
任务 2 制作蝴蝶贴图及动画。

学习目标

【知识目标】

通过学习本项目的实例制作，学会在 3ds Max 中对三维模型的建立、修改、加工方法，以及贴图和动画的制作方法，把之前所有学过的建模方法贯穿于实例当中，掌握并灵活使用 3ds Max 模型加工与设计方法。

1. 掌握模型制作的思路。
2. 掌握模型制作的方法，包括二维图形建模和多边形建模。
3. 掌握贴图的使用方法和调整方法。
4. 掌握关键帧动画的制作流程及约束动画的制作方法。

【技能目标】

1. 能结合多边形建模和二维图形建模完成蝴蝶的建模。
2. 能为蝴蝶应用贴图，并调整贴图。
3. 能通过关键帧和路径约束工具制作动画。
4. 能输出动画。

【素质目标】

1. 遵守职业道德，深入生活，树立正确的艺术观和创作观。
2. 培养认真严谨、精益求精的工作态度，充分发扬工匠精神和劳动精神。

任务 1　制作蝴蝶模型

➡ 任务描述

某企业在制作产品宣传片时，需要制作一段蝴蝶绕产品飞舞的动画。本任务需要学生制作模型，寻找相应的贴图，并制作动画。根据企业的要求，首先要设计或拍摄一张蝴蝶图片，然后按照图片进行三维模型的制作，并制作贴图和动画。

➡ 任务分析

（1）使用 3ds Max 建立一个高质量、逼真的蝴蝶模型，包括蝴蝶的身体、翅膀和触角等部分。蝴蝶模型的几何形状和比例应准确。

（2）制作合适的材质与贴图，对蝴蝶的身体、翅膀等部分进行细节处理。

（3）制作动画，展示蝴蝶的飞行和扇动翅膀等动作。在进行动画制作时，需要掌握 3ds Max 的动画制作方法，包括关键帧动画和约束动画等，并设置合理的参数和精确建立关键帧，使蝴蝶的飞行和扇动翅膀的动作尽可能逼真。

步骤：首先用线工具制作出蝴蝶翅膀的左半部分，然后用镜像工具复制出蝴蝶翅膀的右半部分，通过不断调整制作出蝴蝶身体。

任务实施

8.1.1 制作蝴蝶翅膀

技术点睛：
- 按照蝴蝶图片制作二维线后，调整顶点，使之与蝴蝶图片贴合，通过执行【挤出】操作制作出蝴蝶翅膀。
- 蝴蝶身体通过更改长方体的分段数或加线来调整特征点。
- 在进行贴图之前要对所有模型进行组合，否则会影响贴图效果。

（1）查看蝴蝶素材大小，如图 8-1 所示。

（2）启动 3ds Max，在顶视图中新建一个大小为 616cm×800cm 的平面，将蝴蝶素材拖动至平面内，如图 8-2 所示。

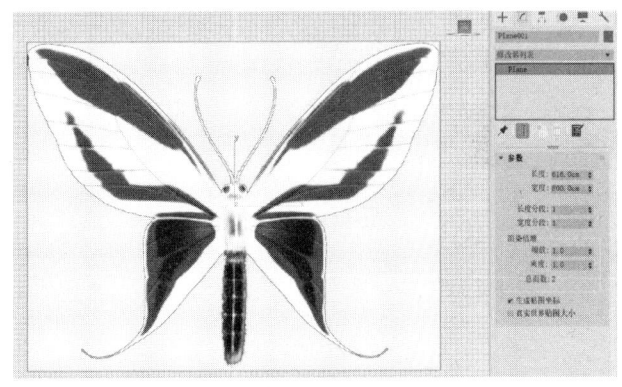

图 8-1　查看蝴蝶素材大小　　　　　　图 8-2　新建平面并插入蝴蝶素材

（3）选中蝴蝶并右击，在弹出的快捷菜单中选择【对象属性】命令，在弹出的【对象属性】对话框中取消勾选【以灰色显示冻结对象】复选框，并单击【确定】按钮，如图 8-3 和图 8-4 所示。右击平面，在弹出的快捷菜单中选择【冻结当前选择】命令。

（4）利用线工具沿蝴蝶图片边缘，画出蝴蝶翅膀的轮廓，在【顶点】层级下通过更改顶点的类型进行微调，如图 8-5 所示。选中二维线，使用工具栏中的镜像工具复制出另一侧的翅膀，效果如图 8-6 所示。

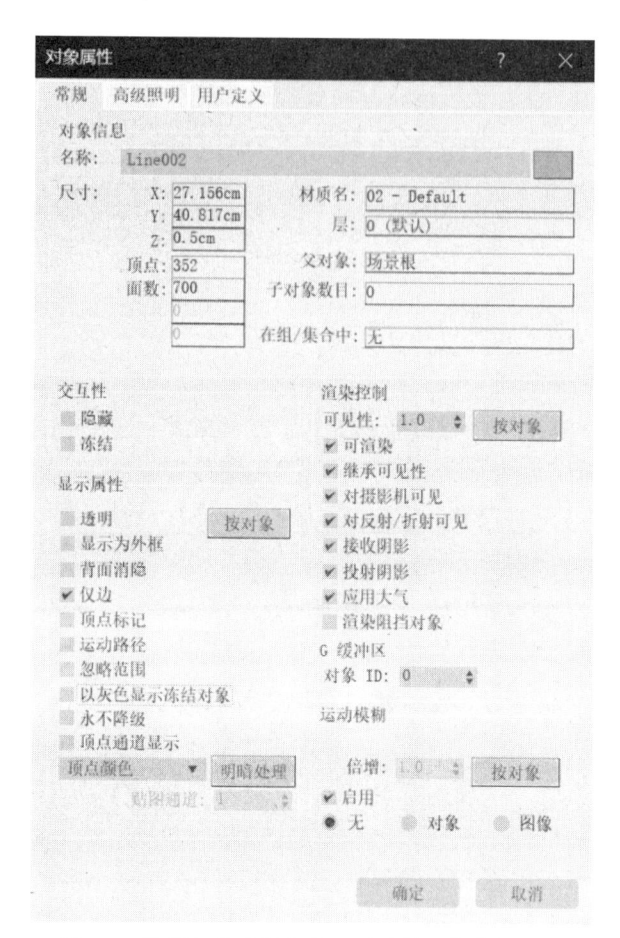

图 8-3　选择【对象属性】命令

图 8-4　取消勾选【以灰色显示冻结对象】复选框

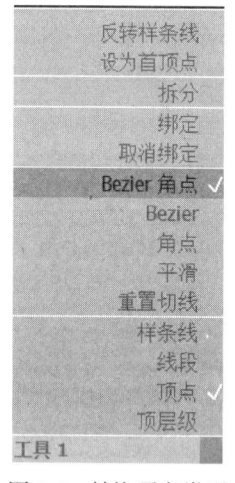

图 8-5　转换顶点类型

图 8-6　镜像效果

（5）选中制作好的二维线，给它添加【挤出】修改器，调整挤出厚度，完成翅膀的制作，效果如图 8-7 所示。选中蝴蝶翅膀并右击，在弹出的快捷菜单中选择【隐藏选定对象】命令。

图 8-7 挤出效果

8.1.2 制作蝴蝶身体

（1）创建一个大小为 200cm×40cm×40cm 的长方体，将【长度分段】设置为 6，按住【Alt+X】快捷键并单击长方体，使其变为透明效果，如图 8-8 所示。

图 8-8 更改长方体的分段数并将其修改为透明效果

（2）右击长方体，在弹出的快捷菜单中选择【转换为】→【转换为可编辑多边形】命令，在【顶点】层级下，选中同排的 4 个顶点（指第 2 个分段的 2 个顶点及其背后的 2 个顶点，一共 4 个）。单击【环形】按钮，并右击选择的边，在弹出的快捷菜单中选择【连接】命令，单击【缩放】按钮（快捷键为【R】），改变长方体的形状，使之与图片上的身体大小贴合；再次选中其他顶点，分别调整大小和形状，效果如图 8-9 所示。如果有些特征点没有边来表达，则可在【边】层级下选择边增加分段数，效果如图 8-10 所示。依次进行操作，使所有的特征点都有边或顶点来表达。按住【Alt+X】快捷键并单击长方体取消其透明效果，调整好之后，给它添加【涡轮平滑】修改器制作出蝴蝶身体。

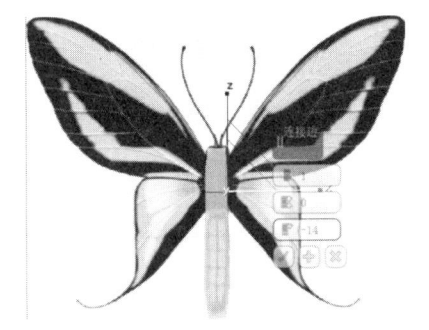

图 8-9 【顶点】层级缩放效果   图 8-10 【边】层级增加分段数后的效果

（3）使用线工具绘制出触角，在【修改】面板的【渲染】卷展栏下勾选【在渲染中启用】和【在视口中启用】复选框，将二维线转换成三维对象，如图8-11所示。右击触角，将它转换为可编辑多边形，在【边】层级下选择边，单击【环形】按钮，并右击选择的边，在弹出的快捷菜单中选择【连接】命令增加分段数，调整出触角顶端的效果，最终效果如图8-12所示。

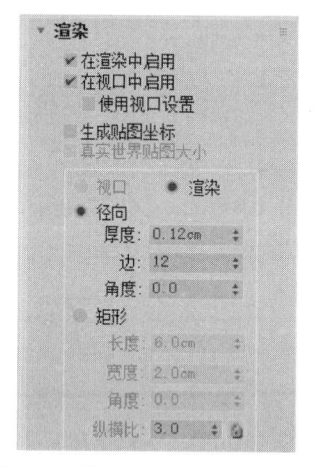

图8-11　将二维线转换成三维对象　　　　图8-12　最终效果

任务2　制作蝴蝶贴图及动画

任务描述

首先给蝴蝶制作贴图，然后用关键帧动画制作蝴蝶扇动翅膀的动作，最后用路径约束工具制作蝴蝶跟随路径移动的动画，以便制作通过指定路径让模型运动的简单动画。

任务分析

先组合模型，选择贴图，给指定的模型进行贴图；然后解组模型，利用关键帧动画，分别制作左右两只翅膀的扇动动画，扇动动画可通过旋转翅膀来实现，在旋转之前要先调整好旋转轴心；最后通过线工具绘制二维线，并编辑二维线，作为蝴蝶飞行的路径，用路径约束工具，通过指定路径让模型运动。

任务实施

1. 制作蝴蝶贴图

（1）右击顶视图中的空白处，在弹出的快捷菜单中选择【全部取消隐藏】命令，选中所有模型，选择【组】→【组】命令，在弹出的【组】对话框中设置【组名】为【成组】，单击【确定】按钮，效果如图8-13所示。

图 8-13　蝴蝶成组后的效果

（2）单击工具栏中的【材质编辑器】按钮，打开【材质编辑器】窗口，选择一个空白的材质球，单击【漫反射】颜色色块后的【M】按钮，在弹出的对话框中选择【位图】贴图，找到蝴蝶素材并打开，如图 8-14 所示。在顶视图中选中蝴蝶，在【材质编辑器】窗口的工具栏中单击【视口中显示明暗处理材质】按钮，并单击【将材质指定给选定对象】按钮。在命令面板的修改器堆栈中选择【UVW 贴图】选项，在【参数】卷展栏中调整长度和宽度，将其调整至合适大小，贴图效果如图 8-15 所示。

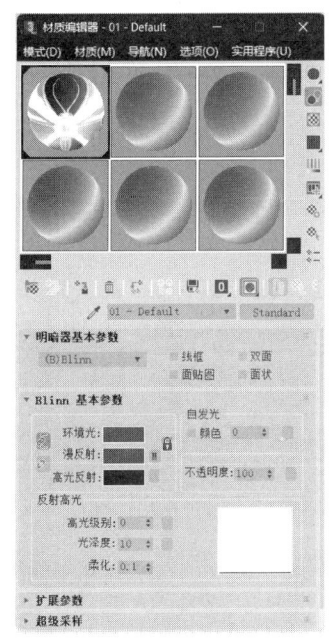

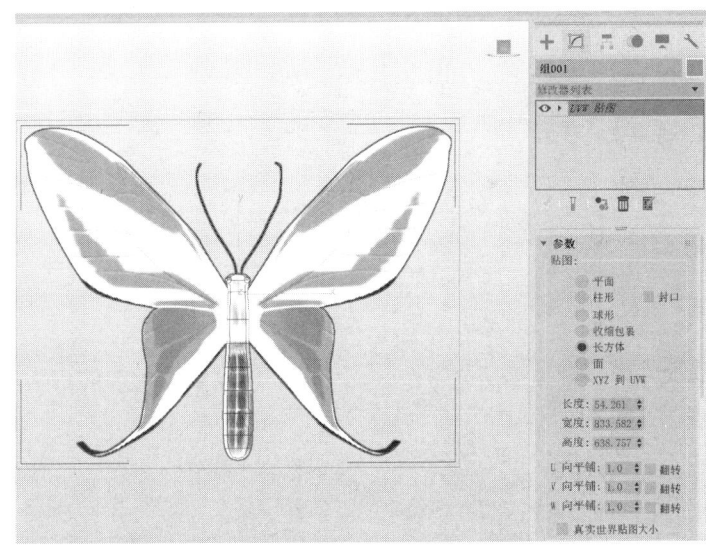

图 8-14　添加蝴蝶素材　　　　　　　　　图 8-15　贴图效果

（3）选中蝴蝶并解组，选中蝴蝶翅膀，在命令面板中单击【层级】→【轴】→【仅影响轴】按钮，在顶视图中移动坐标轴到旋转中心，位置靠近翅膀与身体重叠部分。

2．制作蝴蝶动画

（1）分别制作左、右翅膀扇动动画。单击【动画】面板工具栏中的【自动关键帧】按钮，添加关键帧。右击【角度捕捉切换】按钮，在弹出的【栅格和捕捉设置】窗口中，将捕捉角度更改为 60 度。在第 0 帧处将翅膀向下旋转 60 度，将光标放到第 5 帧处，将翅膀向上旋转 120

177

度，将光标放到第 10 帧处，将翅膀向下旋转 120 度，效果如图 8-16 所示。

图 8-16　添加关键帧后的效果

（2）打开曲线编辑器，选择【编辑】→【控制器】→【超出范围类型】命令，在打开的【参数曲线超出范围类型】对话框中选择【循环】类型，单击【确定】按钮，制作出蝴蝶翅膀扇动动画，如图 8-17 所示。选中所有模型将其组成一个组。

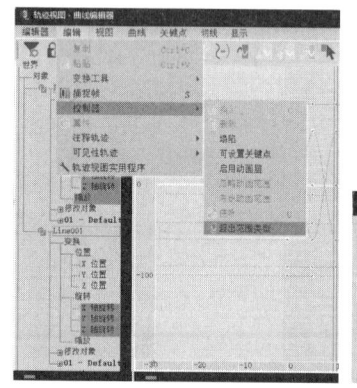

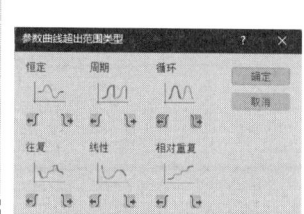

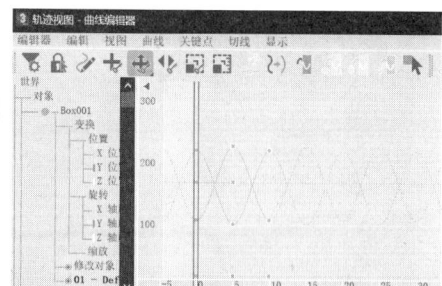

图 8-17　利用曲线编辑器制作出蝴蝶翅膀扇动动画

（3）使用线工具绘制出蝴蝶的运动路径。选中蝴蝶，选择【动画】→【约束】→【路径约束】命令，打开【运动】面板，在【路径选项】模块中勾选【跟随】复选框，调整蝴蝶的初始位置。打开【时间配置】对话框，将【速度】调整为 1/4x，单击【确定】按钮，如图 8-18 所示。

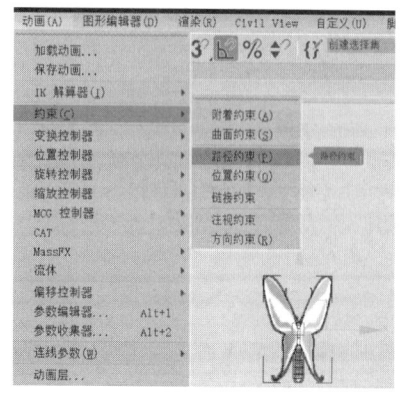

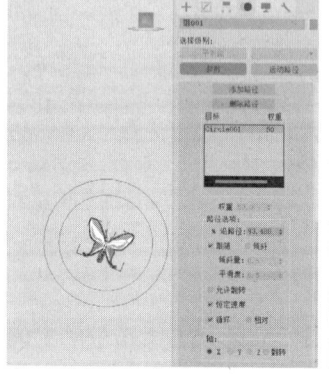

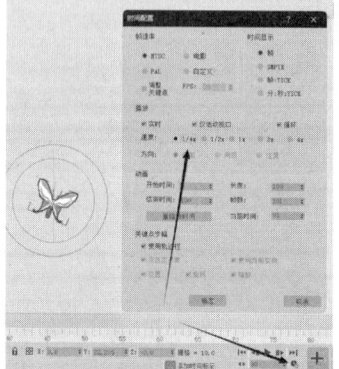

图 8-18　制作蝴蝶飞行动画

（4）单击工具栏中的【渲染】按钮，打开【渲染设置】对话框，进行渲染设置。在【公用参数】卷展栏中选中【范围】单选按钮，设置范围为 0～100 帧，设置【输出大小】为 800px×600px，如图 8-19 所示。在【渲染输出】模块中单击【文件】按钮，在打开的对话框中选择保存位置，修改文件名为【蝴蝶】，选择格式为【.avi】，单击【确定】按钮。在【渲染设置】对话框中单击【渲染】按钮，进行渲染输出，效果如图 8-20 所示。

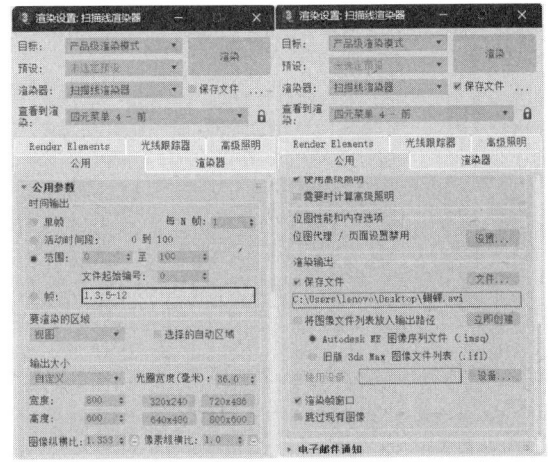

图 8-19　渲染设置　　　　　　　　　　图 8-20　蝴蝶动画效果

练习题

运用建模和材质与贴图技术，完成模型和材质与贴图的制作，效果如图 8-21 所示。要求形状相似，结构完整，布线合理，并制作蝴蝶绕圆圈飞舞的动画效果。

图 8-21　蝴蝶模型效果

项目 9

综合实训二

能力目标

本次实训旨在让学生体会创新思维的重要性。在制作椅子的过程中，不仅要考虑实用性，还要考虑美观度和创新性。在实训过程中，学生之间需要紧密合作，共同完成任务，每个人都有自己的专长和优点，通过协作可以将其充分发挥出来。在制作椅子的过程中你可能会遇到很多困难和挑战，此时不要感到沮丧和失落，通过与老师和其他同学的交流，将逐渐学会如何克服困难和解决问题。这也让我们更加坚定了要不断学习和提高自己的决心。

项目介绍

使用多边形建模工具，可以制作一些曲面的、复杂的造型，其比项目 3 和项目 4 讲述的一些命令要复杂，而且功能更强大。本项目通过制作椅子模型来介绍建模的方法和思路，并通过制作椅子材质，最终完成椅子模型的制作。

项目安排

任务 1　制作椅子模型。
任务 2　制作椅子材质。

学习目标

【知识目标】

1. 熟练使用切角工具、挤出工具和桥工具创建椅腿、凳面、靠背、裙边部分。
2. 熟练使用多边形建模工具创建椅子模型。
3. 熟练使用 FFD 3x3x3 变形工具调整椅子模型的细节，进行弯曲、简化等操作。

【技能目标】

1. 能够掌握观察模型的能力，由基本模型制作大体框架，并进行细节处理来完成模型的制作。
2. 能够灵活运用不同的工具，以提高建模效率，并且能够高效地完成椅子模型的构建。
3. 能够运用所学的建模技巧，创建出具有高质量的椅子模型，同时独立完成建模工作。
4. 能够运用建模技巧，解决实际场景中遇到的建模问题，并且具备模型调整和优化的能力，使模型更符合实际需求。
5. 具备良好的沟通和团队合作能力，能够与设计、制作等部门人员合作，达成共同目标。

【素质目标】

1. 对待学习，勤学好问，广览博采；对待困难，勇敢正视，不怕吃苦。
2. 热爱祖国，增强民族自豪感，坚定"四个自信"，践行社会主义核心价值观。

任务 1 　 制作椅子模型

➡ 任务描述

把椅子模型分成椅腿、凳面、靠背三部分进行制作。椅腿部分，通过 FFD 3x3x3 变形工具进行调形；凳面部分，通过切角工具制作圆角；靠背部分，首先通过桥工具制作靠背，然后通过【连接】命令添加线调整形状，最后通过【布尔】命令制作孔洞。

➡ 任务分析

椅子模型的建模任务，可以分为以下几个步骤。

（1）收集相关资料和参考图片，了解椅子的基本构造和细节。如果有不熟悉的部分，则需要进行一些实际操作和学习。

（2）根据收集到的相关资料和参考图片，使用 3ds Max 中的基本体创建椅子模型的基础形状，包括椅腿、凳面、靠背部分。

（3）使用挤出工具创建椅腿、凳面、靠背部分，并保证模型的精度。

（4）使用切角工具给椅子模型添加圆角，并对椅子模型进行调整和优化。

（5）使用 FFD 3x3x3 变形工具对椅子模型进行自由变形，并调整细节部分，进行弯曲、简化等操作，以提高建模效率和模型的准确性。

（6）根据实际需求，调整椅子模型的尺寸和比例，最终生成高质量的椅子模型。

（7）进行椅子模型的材质和贴图处理与渲染，同时进行椅子模型的轻微调整和修正。可以尝试使用 3ds Max 中的各种插件工具进行优化。

（8）导出椅子模型，以便进行后续的使用或开发。

任务实施

9.1.1 制作椅脚

(1) 在前视图中创建一个长方体,将【高度分段】设置为8,为其添加【FFD 3x3x3】修改器,在前视图和左视图中分别对控制点进行调整,使椅脚产生一定的弧度,如图 9-1 所示。

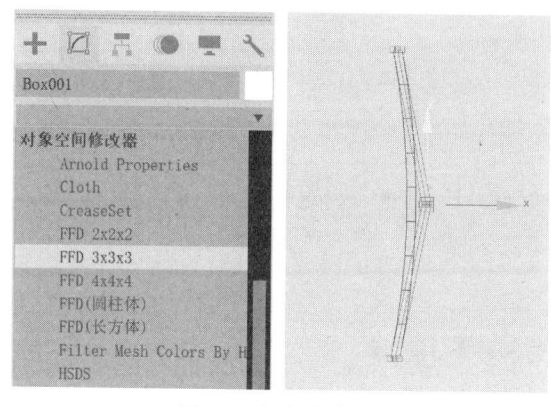

图 9-1 调整控制点

(2) 将椅脚转换为可编辑多边形,选中角边,单击【切角】按钮,制作椅脚的切角,如图 9-2 所示。

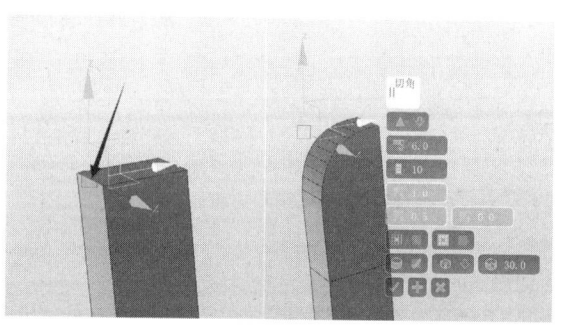

图 9-2 制作切角

(3) 在前视图中创建一个长方体,把它当作前椅脚,把前椅脚摆放在适当位置后,选中两个椅脚,执行【镜像】命令复制椅脚并将复制后的椅脚摆放在适当位置,如图 9-3 所示。

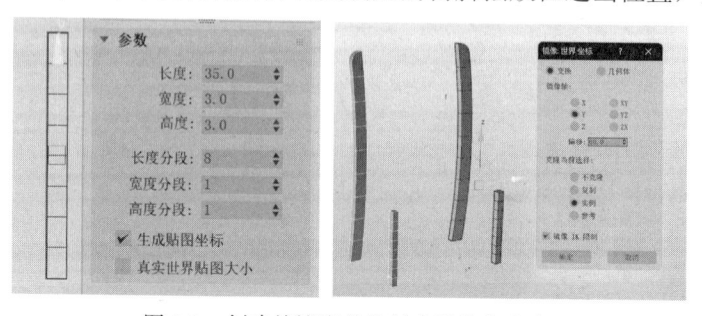

图 9-3 创建前椅脚并执行【镜像】命令

9.1.2 制作凳面

(1)在顶视图中创建长方体,调整长方体的大小使其与椅脚位置相适应,如图9-4所示。

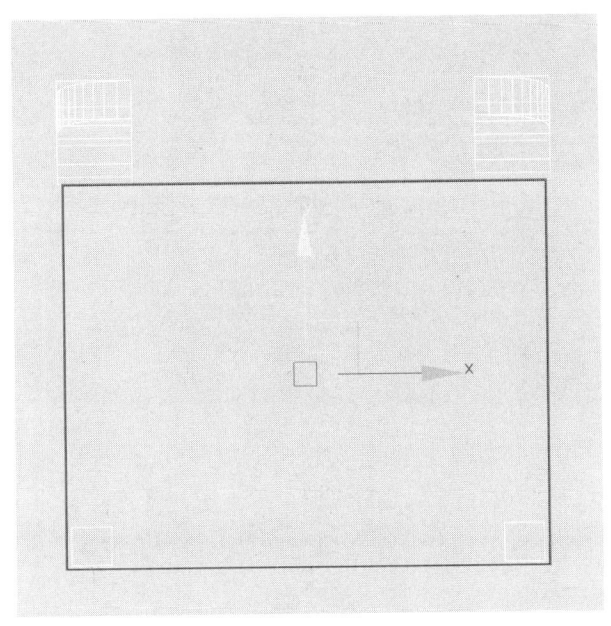

图9-4 创建凳面并调整其大小

(2)选中凳面顶部的4条边,单击【切角】按钮,切角的参数如图9-5(1)所示。选中凳面上的一条边,单击【环形】按钮,选中所有的环形边,使用【连接】命令连接出4条线,连接后线的两端是斜的,双击线,单击【平面化】按钮,使所有的连接线垂直,如图9-5(2)所示,效果如图9-5(3)所示。

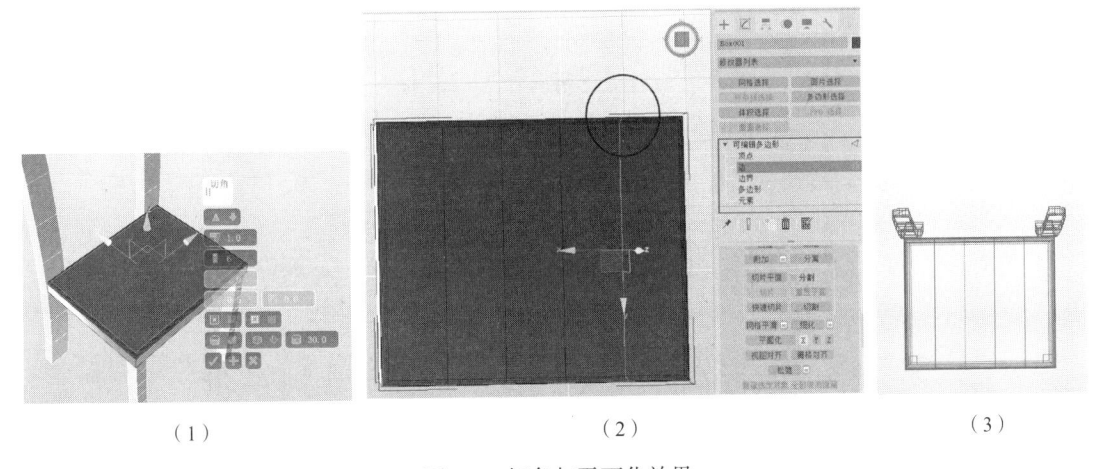

(1) (2) (3)

图9-5 切角与平面化效果

同理,在凳面横面处连接出4条线,平面化后,选中全部线,将其向左或向右移动至适当位置,使内部线框刚好处在裙边位置,之后,选中相应的面,单击【挤出】按钮,形成4个面的裙边,如图9-6所示。

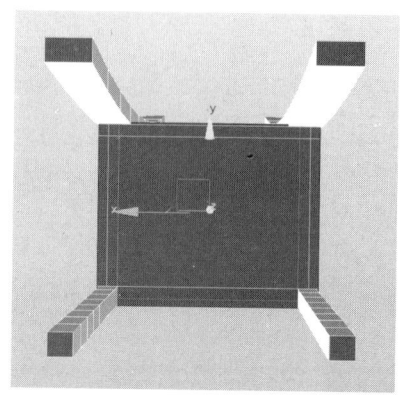

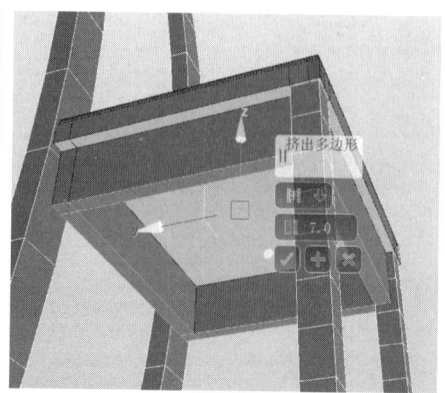

图 9-6 挤出裙边

9.1.3 制作靠背

（1）单击【附加】按钮将靠背上的两只椅脚附加在一起，选择其中一只椅脚的边，单击【环形】按钮，并右击选择的边，在弹出的快捷菜单中选择【连接】命令，在需要制作靠背的位置连接出两条线；同理，对另一只椅脚的相应位置进行相同操作，以便桥接出靠背的挡板，效果如图 9-7 所示。

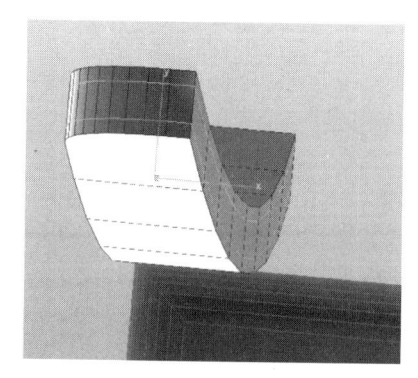

图 9-7 连接效果

选择相对应的面，单击【桥】按钮进行桥接，制作靠背；同理，使用相同的方法，制作第 2 块靠背，如图 9-8 和图 9-9 所示。

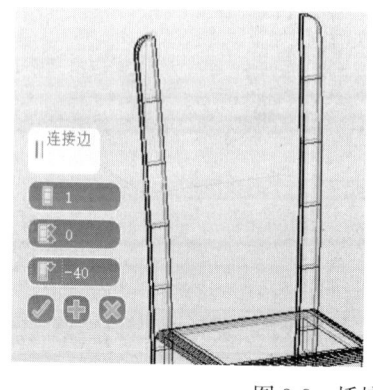

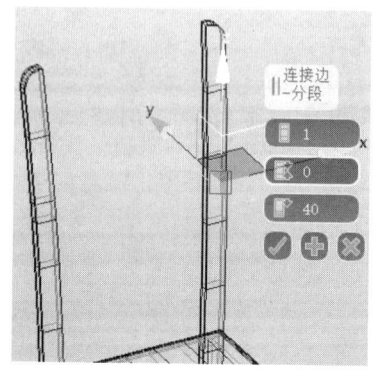

图 9-8 桥接的参数设置

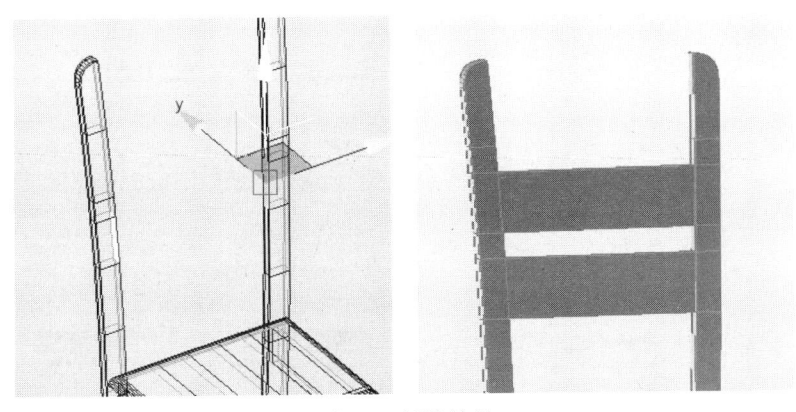

图 9-9　桥接效果

（2）制作最上方的靠背，选中相应的面进行桥接，通过【连接】命令来给靠背添加适当的垂直边，并通过调整顶点来调整形状，如图 9-10 所示。

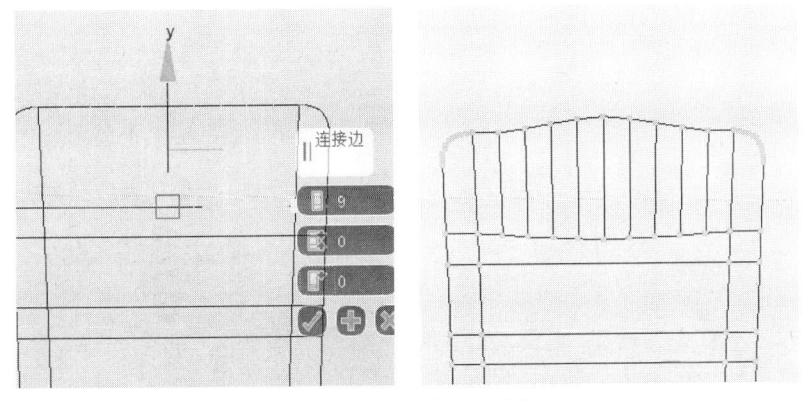

图 9-10　连接并调整形状

（3）创建一个大小适当的长方体，将长方体对齐到最上方靠背的中部，并将其转换为可编辑多边形，选中相应的 4 条边，单击【切角】按钮执行【切角】操作。执行【切角】操作后，选中水平线，通过【连接】命令添加垂直边，单击【弯曲】按钮，并调整参数，如图 9-11 所示。

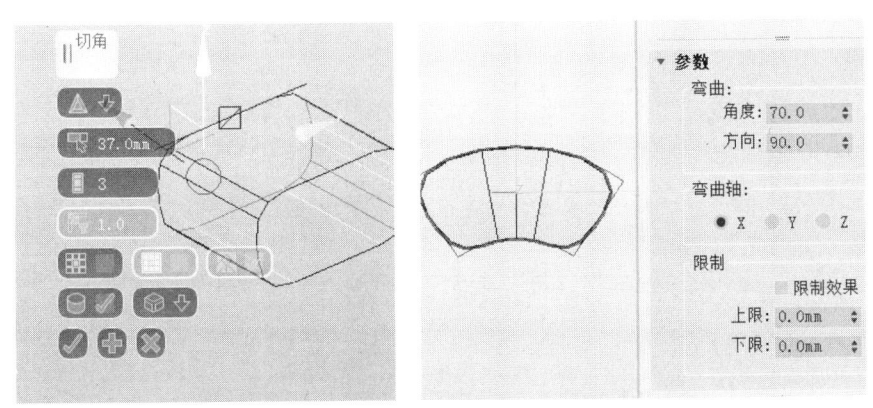

图 9-11　执行【切角】操作后再弯曲

（4）执行【法线对齐】操作将长方体对齐到靠背上并移动至适当位置，选中长方体前、后两个面上的外轮廓线，单击【切角】按钮，调整参数，如图 9-12（1）所示；选中长方体，单击【涡轮平滑】按钮对长方体进行平滑处理，如图 9-12（2）所示。

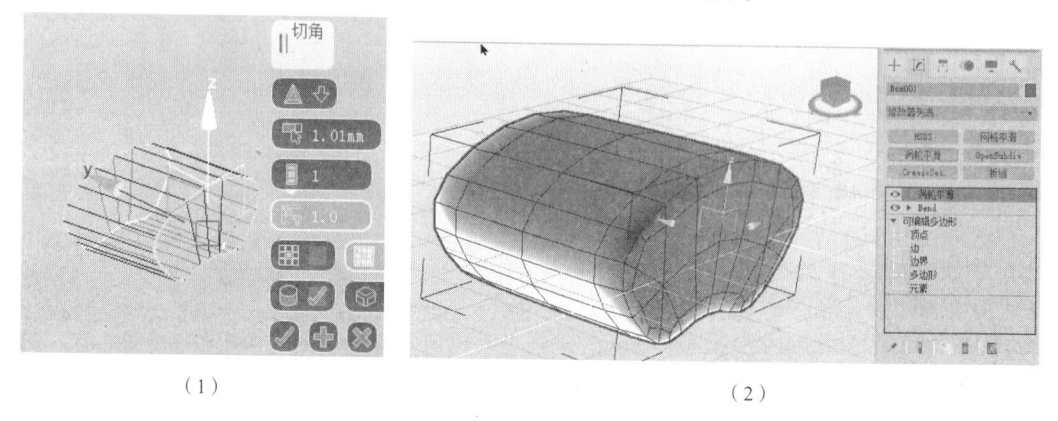

（1）　　　　　　　　　　　　　　　　（2）

图 9-12　切角与涡轮平滑

（5）首先选中椅子，单击【创建】按钮，在下拉列表中选择【复合对象】选项，在【对象类型】卷展栏中单击【布尔】按钮添加运算对象，然后选中长方体，单击【差集】按钮就完成了椅子模型的制作，最后调整整体的形状比例，如图 9-13 和图 9-14 所示。

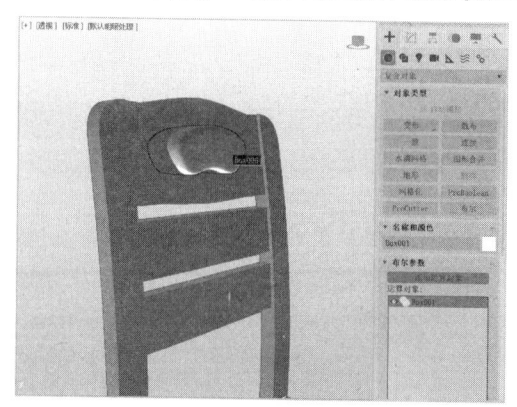

图 9-13　添加运算对象　　　　　　　图 9-14　布尔运算效果

任务 2　制作椅子材质

▶ 任务描述

材质相对于模型显得更加抽象，参数调节起来更加灵活，学生在学习过程中需要多做对比并进行深入理解，综合运用各种材质的基本参数和贴图类型制作椅子材质。

▶ 任务分析

在【材质编辑器】窗口中，单击【漫反射】颜色色块后的灰色按钮，打开【材质/贴图浏览器】对话框，导入贴图，调整【反射高光】模块中的参数制作材质细节，使用【UVW 贴图】按钮调整椅子整体效果。

任务实施

9.2.1 设置椅子材质

打开【材质编辑器】窗口,选择一个空白的材质球,单击【漫反射】颜色色块后的【M】按钮,打开【材质/贴图浏览器】对话框,在该对话框中选择【位图】贴图,为椅子材质添加【位图】贴图,设置【高光级别】和【光泽度】,如图 9-15 所示,将材质赋予椅子。

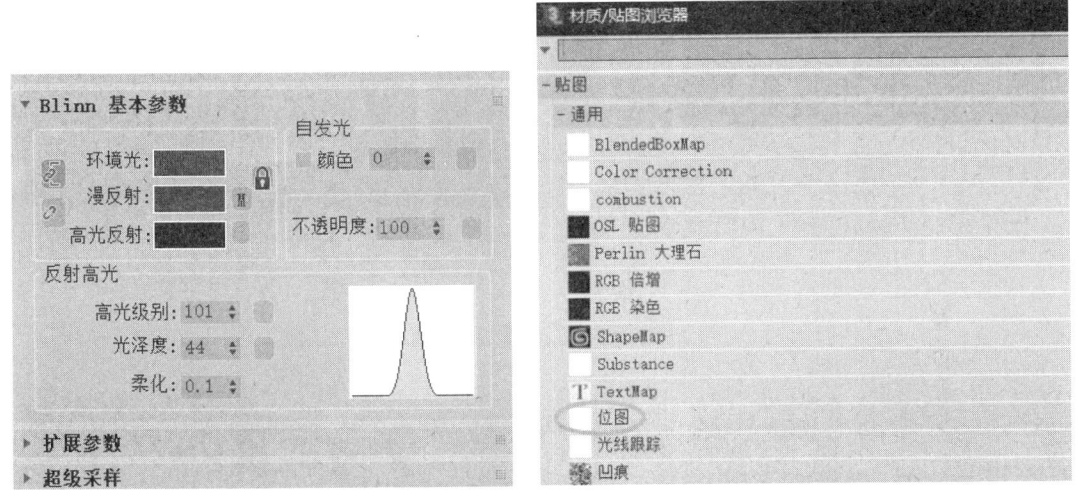

图 9-15　添加【位图】贴图并设置【高光级别】和【光泽度】

9.2.2 调整椅子材质

(1)选择椅子,在命令面板中单击【UVW 贴图】按钮,在【参数】卷展栏中选择贴图类型为【长方体】,根据效果调整贴图的【长度】【宽度】【高度】,如图 9-16 所示。

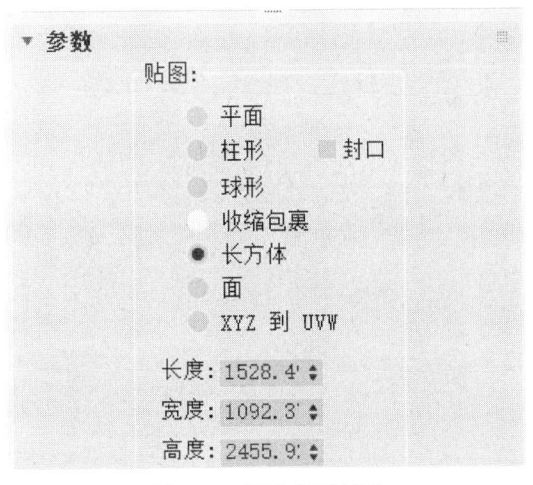

图 9-16　调整椅子材质

（2）最终效果如图9-17所示。

图9-17　最终效果

练习题

运用建模和材质与贴图技术，完成椅子模型和材质与贴图的制作，效果如图9-18所示。要求形状相似，结构完整，布线合理。

图9-18　椅子模型效果